高等学校"十二五"规划教材

电子与通信工程系列

# 现 代 通 信 技 术

## Modern Communication Technologies

韩宇辉　吕鑫淼　主　编

张伟超　谭　丽　副主编

哈尔滨工业大学出版社

## 内 容 提 要

本书对现代通信领域的主要技术进行了比较系统和全面的介绍,并涵盖了近年来出现的新兴技术。

全书共分 10 章,主要内容包括:现代通信技术概述、数字通信技术、电话网技术、数据通信技术、光纤通信技术、微波与卫星通信技术、移动通信技术、多媒体通信技术、接入网与接入技术以及短距离无线通信技术。

本书可作为高等院校通信或电子信息专业本科高年级学生的教材或教学参考书,也可作为从事相关专业工作的科研和工程技术人员的参考书或培训教材。

**图书在版编目(CIP)数据**

现代通信技术/韩宇辉,吕鑫淼主编. —哈尔滨:哈尔滨工业大学出版社,2013.8
ISBN 978 - 7 - 5603 - 4215 - 3

Ⅰ.①现… Ⅱ.①韩…②吕… Ⅲ.①通信技术–高等学校–教材 Ⅳ.①TN91

中国版本图书馆 CIP 数据核字(2013)第 191394 号

電子与通信工程
图书工作室

| | |
|---|---|
| 责任编辑 | 李广鑫 |
| 封面设计 | 刘长友 |
| 出版发行 | 哈尔滨工业大学出版社 |
| 社　　址 | 哈尔滨市南岗区复华四道街 10 号　邮编 150006 |
| 传　　真 | 0451 - 86414749 |
| 网　　址 | http://hitpress.hit.edu.cn |
| 印　　刷 | 黑龙江省委党校印刷厂 |
| 开　　本 | 787mm×1092mm　1/16　印张 15　字数 344 千字 |
| 版　　次 | 2013 年 8 月第 1 版　2013 年 8 月第 1 次印刷 |
| 书　　号 | ISBN 978 - 7 - 5603 - 4215 - 3 |
| 定　　价 | 28.00 元 |

# 前 言

## *PREFACE*

通信技术在信息社会中具有不可或缺的重要地位,极大地影响和改变着我们的工作和生活方式。通信技术和通信产业是当今时代发展最快的领域之一,新技术不断涌现。我国的通信产业虽然起步相对较晚,但发展也极为迅速。

本书对现代通信领域的主要技术进行了比较系统和全面的介绍,并涵盖了近年来出现的新兴技术。全书共分 10 章。第 1 章对现代通信技术进行概述,介绍了通信的发展简史、通信的基本概念、通信技术的发展趋势等内容;第 2 章介绍了数字通信技术的基本概念和原理;第 3 章介绍了电话网的基本概念与技术,包括电话网组成与结构、编号计划、路由选择、程控交换技术以及综合业务数字网和智能网;第 4 章对数据通信的概念、交换技术以及数据通信网进行了介绍;第 5 章介绍了光纤通信技术,涉及光信号的产生、传输、检测以及组网技术;第 6 章介绍了微波与卫星通信技术的基本概念、系统组成;第 7 章介绍了移动通信技术,主要包括无线电波的传播特性、多址方式以及 GSM 和 CDMA 移动通信系统;第 8 章对多媒体通信的基本概念、音频信息处理技术、图像信息处理技术等进行了介绍;第 9 章介绍了接入网和接入技术的基本概念以及几种常见接入技术的特点、系统组成、基本原理和典型应用等内容;第 10 章对蓝牙、红外数据通信、Zigbee、无线射频识别这几种目前使用较广泛的短距离无线通信技术进行了介绍。

本书的第 1 章、第 2 章和第 4 章由哈尔滨理工大学韩宇辉编写;第 3 章、第 5 章和第 6 章由哈尔滨理工大学吕鑫淼编写;第 8 章和第 9 章由哈尔滨理工大学张伟超编写;第 7 章和第 10 章由哈尔滨理工大学谭丽编写。全书由韩宇辉统稿。

由于作者水平所限,书中难免存在疏漏之处,恳请广大读者朋友批评指正。

编 者
2013 年 7 月

# 目　录

## CONTENTS

# 第 1 章

# 现代通信技术概论

　　信息交流是人类社会存在和发展的基础。通信技术的发展改变着人们的生活和生产方式,是推动人类社会发展和进步的巨大动力。现代通信技术作为信息化社会的支柱产业,对社会经济和人们的生活有着巨大的影响。本章对现代通信技术进行概括性的介绍,主要内容包括通信的发展简史、通信的基本概念、通信系统、通信网、通信业务、通信技术的发展趋势以及标准化组织。

## 1.1　通信发展简史

　　早在 3 000 年前,我国古代的周朝就出现了广为人知的烽火传讯,通过在烽火台点燃烟火传递军事情报。古代人类进行远距离通信比较具有代表性的方式还包括信鸽传书、旗语、邮递信件等。这些原始的通信方式利用自然界的基本规律和人的基础感官(视觉、听觉等)可达性实现信息的传递,不仅要耗费很多的人力、物力,信息传递的速度也十分有限。

### 1. 电报的发明

　　人类掌握了电的知识之后,开始研究利用电实现远距离通信的方法。1835 年,一位美国的画家、科学爱好者塞缪尔·莫尔斯(图 1.1)将电磁原理应用于电报传输,成功研制出世界上第一台电磁式电报机(图 1.2)。莫尔斯还发明了著名的"莫尔斯电码",利用电流的"通""断"不同排列顺序来代表不同的英文字母、数字和标点符号等。1843 年,美国修建了从华盛顿至巴尔的摩的电报线路,全长 64.4 千米。1844 年 5 月 24 日,莫尔斯在国会大厦联邦最高法院会议厅用莫尔斯电码向巴尔的摩发出了人类历史上的第一份电报:"上帝创造了何等的奇迹!"此后,莫尔斯人工电报机和莫尔斯电码在世界各国得到广泛应用。电报最初用架空明线传送,只能在陆地上使用。1850 年英国在英吉利海峡敷设了海底电缆,1866 年横渡大西洋的海底电缆敷设成功,实现了越洋电报通信。后来各大洲之间和沿海各地敷设了许多条海底电缆,构成了全球电报通信网。电报的发明是有线通信的开始,标志着电信时代的到来。由于以电信号作为信息的载体,信息传递的速度大大加快了。

图 1.1　塞缪尔·莫尔斯

图 1.2　早期的电报机

### 2. 电话的发明

电报的发明给人类的通信带来了前所未有的变化。但是电报传送的是符号，发送一份电报必须先将报文译成电码，再用电报机发送出去；在收报一方，要经过相反的过程，即将收到的电码译成报文，然后送到收报人的手里。这不仅手续麻烦，而且也不能进行及时双向信息交流。因此，人们开始探索一种能直接传送人类声音的通信方式，这就是现在无人不晓的"电话"。1876 年，苏格兰人亚历山大·贝尔（图 1.3）应用电磁感应原理发明了电话机，3 月 10 日，贝尔第一次用电话传送了一句完整的话。从此，电磁波不仅可以传输文字，还可以传输语音。在此基础之上，美国发明家托马斯·爱迪生发明了炭精送、受话器，提高了电话的灵敏度、音量和接收距离。1877 年，在美

图 1.3　亚历山大·贝尔

国波士顿架设了第一条电话线，开始了电话通信业务。1878 年在相距 300 公里的波士顿和纽约之间进行了首次长途电话实验，并获得了成功。最早的电话交换机是人工电话交换机，电话的接续工作是由接线员人工完成的。1889 年美国人史端乔发明了自动交换的步进制电话交换机，利用用户拨号发出的脉冲控制交换机完成接续工作。自动电话交换机的问世使电话的接续工作变得更加简便和快速，用户打电话时只需拨对方的电话号码，而不必再与接线员对话了。随后，纵横制电话交换机、程控电话交换机、程控数字电话交换机等相继问世。电话交换机从人工接续发展到自动接续，从机械式结构发展到半电子、电子结构，再发展到由电子计算机操纵的程控方式，在技术上发生了翻天覆地的变化，不仅电话的接续速度大大加快，通话质量明显提高，而且还增加了许多新的功能，促使电话通信有了更大的发展。电话发明至今已有 130 多年，但它依然是当今社会人们最主要的通信工具之一。

### 3. 无线通信的兴起

电报和电话的发明，使人们的信息交流变得既迅速又方便，然而这种交流仅是在两个人或较少的群体之间进行的。现代社会有大量的信息需要及时让各处的人们分享，无线通信的兴起满足了人们的这种需求。1864 年，英国物理学家和数学家詹姆斯·克拉克·麦克斯韦（图 1.4）预言了电磁波的存在，并推导出电磁波的传播速度等于光速，指出通常

的可见光不过是波长在一定范围内的特殊电磁波。1887 年德国青年物理学家海因里希·鲁道夫·赫兹(图 1.5)用实验验证了电磁波的存在。1895 年,意大利工程师伽利尔摩·马可尼(图 1.6)利用火花放电产生电磁波,把莫尔斯电码传送到几百米以外,实现了无线电通信的实验。同年,俄罗斯科学家波波夫(图 1.7)也独立完成了用电磁波传送电报信号的实验。无线电通信最初用于海上救援,随后被海军应用于军事通信。1903 年和 1906 年真空二极管和真空三极管的发明使电信号的放大问题得到解决,为远距离无线电通信铺平了道路,推动了无线电通信的飞跃发展。1906 年在柏林召开的第一次国际无线电会议上通过了无线电规则和国际公约,确定了各种无线通信的频率划分,并建立了负责无线电台登记的管理部门。

图 1.4　詹姆斯·克拉克·麦克斯韦

图 1.5　海因里希·鲁道夫·赫兹

图 1.6　伽利尔摩·马可尼

图 1.7　波波夫

　　1920 年,美国无线电专家康拉德在匹兹堡建立了世界上第一家商业无线电广播电台,标志着商业无线电广播的开始。1925 年,英国人贝尔德发明了机械扫描式电视机。1927 年,英国广播公司试播了 30 行机械扫描式电视,开启了电视广播的历史。1928 年美国西屋电器公司的兹沃尔金发明了光电显像管,并同工程师范瓦斯合作,实现了电子扫描方式的电视发送和传输。1945 年在三基色原理的基础上,美国无线电公司制成了世界上第一台全电子管彩色电视机。广播和电视的出现,促进了人类的文化交流,极大地影响了人们的生活方式、工作方式和行为模式。它将整个世界更紧密地联系在一起,使世界各地的人们能够迅速地了解地球上任何地方发生的事情。

1957 年,前苏联成功发射了世界上第一颗人造地球卫星"卫星一号";1965 年,国际卫星通信组织成功发射了世界上第一颗商用通信卫星"晨鸟号(Early Bird)",标志着同步卫星通信时代的开始。

1973 年,美国摩托罗拉公司的马丁·库帕博士发明了第一台移动电话。1978 年美国在芝加哥试验成功第一个移动电话通信系统 AMPS(Advanced Mobile Phone System,高级移动电话系统),并于 1979 年投入试运行,这是世界上第一个蜂窝模拟通信系统。1988 年,第二代数字蜂窝移动系统 GSM(Global System of Mobile Communication,全球移动通信系统)的标准制定完成,并于 1990 年投入商用。2000 年,第三代蜂窝移动通信系统标准提出。目前,第四代蜂窝移动通信系统标准已经开始制定。

### 4. 电子计算机和计算机网络的出现

1946 年,世界上第一台电子计算机(图 1.8)在美国宾夕法尼亚大学问世。这台名为 ENIAC 的计算机使用了大约 18 000 只真空电子管,占地面积 170 $m^2$,重 30 t,每秒可以进行 5 000 次加法运算或 400 次乘法运算。1947 年,世界上第一个晶体管诞生于贝尔实验室;1959 年美国工程师杰克·基尔比发明了集成电路;1967 年,大规模集成电路诞生。电子元器件的革新进一步促使电子计算机朝高速化、小型化、高精度、高可靠性方向发展。为了解决资源共享问题,单一计算机很快发展成了计算机网络,实现了计算机之间的数据通信、数据共享。通信介质从普通导线、同轴电缆发展到双绞线、光纤导线、光缆。电子计算机的输入输出设备也飞速发展起来,扫描仪、绘图仪、音频视频设备等使计算机如虎添翼,可以处理更多的复杂问题。1969 年,美国国防部创建了第一个分组交换网 ARPA-NET;1983 年 TCP/IP 协议成为 ARPANET 上的标准协议,标志着全球最大的互联网络因特网的诞生。电子计算机和通信技术的紧密结合,标志着数字化信息时代的到来。

图 1.8　世界第一台电子计算机 ENIAC

随着各种新兴的通信技术不断涌现,各种新的电信业务也应运而生,使人们的生活更加便利。通信技术正向着数字化、智能化、综合化、宽带化、个人化的方向迅速发展。

# 1.2　通信的基本概念

## 1.2.1　信息与信号

我们生活在一个信息时代,"信息"已成为一个使用频率非常高的字眼。那么,什么是信息? 信息论奠基人香农(Shannon)认为"信息是用来消除随机不确定性的东西";控制论创始人维纳(Norbert Wiener)认为"信息是人们在适应外部世界,并使这种适应反作用于外部世界的过程中,同外部世界进行互相交换的内容和名称";我国著名的信息学专家钟义信教授认为"信息是事物存在方式或运动状态,以这种方式或状态直接或间接地表述"。实际上,很难对信息给出一个明确定义。正如维纳所说,"信息就是信息,不是物质,也不是能量"。越是基本的概念越难以给出确切的定义,就像物质和能量一样。

尽管从不同的角度出发对信息存在不同的理解,但是信息的一些基本性质还是得到了共识。

（1）信息的普遍性

只要有事物的地方,就必然存在信息。信息在自然界和人类社会活动中广泛存在。

（2）载体依附性

信息不能独立存在,需要依附于一定的载体,而且同一个信息可以依附于不同的载体。

（3）信息的可识别性

人类可以通过感觉器官和科学仪器等方式来获取、整理、认知信息,这是人类利用信息的前提。

（4）信息的可传递性

信息可以通过各种媒介在人与人之间、人与物之间、物与物之间传递。

（5）信息的可共享性

信息与物质、能量显著不同的一点是信息在传递过程中并不是"此消彼长",同一信息可以在同一时间被多个主体共有,而且还能够无限地复制、传递。

（6）信息的可扩充性

相对物质和能量而言,信息资源没有限度,永远不会耗尽,而且会越来越多。

信息是抽象的内容,必须通过语言、文字、图像、数据等将其表示出来,即信息通过消息来表示。在通信中,消息是以信号作为载体来进行传送的。从广义上讲,信号的形式包括光信号、声信号和电信号等。例如,古代人利用点燃烽火而产生的滚滚狼烟,向远方军队传递敌人入侵的消息,这属于光信号;当我们说话时,声波传递到他人的耳朵,使他人了解我们的意图,这属于声信号;如果两个人是通过电话交谈,声音以电流的形式被传送到对方,则属于电信号。人们通过对光、声、电信号进行接收,才知道对方要表达的消息。在各种形式的信号中,电信号由于具有传递速度快、传输距离远以及处理方便的特点成为通信信号的主要形式。近年来,随着光纤的问世,光信号也越来越多地应用于通信中。

信号按照其波形特征可分为模拟信号和数字信号两大类。模拟信号是指信息参数

（幅度、频率或相位）在给定范围内表现为连续的信号,即代表信息的信号参数可能是某一个有限范围内的任意值。如代表信息的信号参数为幅度,则模拟信号的幅度取值有无限多个。模拟信号在时间上可以是连续的,也可以是离散的,如图 1.9 所示。例如,温度随时间变化的信号波形在时间上是连续的,属于连续的模拟信号;如果每隔一定的时间间隔测量一次温度,相应的信号波形在时间上是离散的,就属于离散的模拟信号。

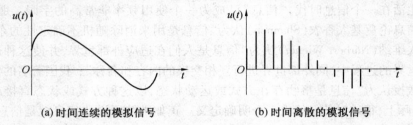

(a) 时间连续的模拟信号　　　　　　　(b) 时间离散的模拟信号

图 1.9　模拟信号

数字信号是指信息参数（幅度、频率或相位）离散的信号,即代表信息的信号参数的取值被限制在有限个数值之内。图 1.10(a)所示为二进制数字信号的波形,它的状态只有两个;图 1.10(b)所示为四进制数字信号的波形,它的状态只有四个。

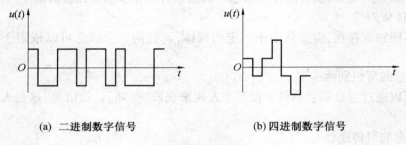

(a)　二进制数字信号　　　　　　　(b)　四进制数字信号

图 1.10　数字信号

## 1.2.2　通信方式

根据信息传送的方向与时间的关系,通信方式可以分为单工通信、半双工通信以及全双工通信三种。

单工通信(Simplex Communication)是指信息只能单方向传输的工作方式,如图 1.11 所示。单工通信信道是单向信道,发送端和接收端的身份是固定的,发送端只能发送信息而不能接收信息,接收端只能接收信息而不能发送信息,信息流是单方向的。有线电视、从计算机主机输出数据到显示器或打印机都属于单工通信方式。

半双工通信(Half Duplex Communication)是一种可以实现双向传输的通信方式,但两个方向上的通信不能同时进行,必须轮流交替地进行,如图 1.12 所示。半双工通信方式中,通信信道的每一端都可以是发送端,也可以是接收端,但同一时刻信息只能有一个传输方向。例如,使用同一频率的无线电对讲机采用的通信方式就是半双工方式。

全双工通信(Full Duplex Communication)是指通信双方可以同时进行收发信息的工作方式,如图 1.13 所示。电话系统、计算机网络等大多数通信系统采用的都是全双工通信方式。

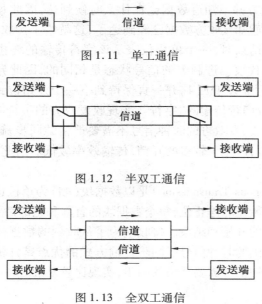

图 1.11　单工通信

图 1.12　半双工通信

图 1.13　全双工通信

## 1.2.3　信息传输方式

**1. 串行传输与并行传输**

数字通信系统中,按照数字信号码元排列方法的不同,信息传输方式可以分为串行传输与并行传输两类。

将数字信号码元序列按时间顺序一个接一个地在信道中传输的方式称为串行传输,如图 1.14 所示。如果将数字信号码元序列分割成两路或两路以上同时在信道中传输,则称为并行传输,如图 1.15 所示。串行传输相对并行传输而言,传输速度慢,但只需一条物理信道,线路投资小,易于实现,特别适合远距离传输,是目前数据传输的主要方式。

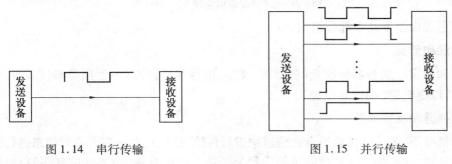

图 1.14　串行传输　　　　图 1.15　并行传输

**2. 异步传输与同步传输**

按照同步方式的不同,数字信号的传输方式还可以分为异步传输和同步传输两类。

异步传输(Asynchronous Transmission)通常以字符为单位进行传送。发送方可以在任何时刻发送这些字符,而接收方并不知道它们会在什么时候到达。一个常见的例子是计算机键盘与主机的通信,按下一个字母键、数字键或特殊字符键,就发送一个8比特的ASCII代码。由于接收方并不知道数据会在什么时候到达,因此每次异步传输的字符都以一个起始位开头,它通知接收方数据已经到达了,这就给了接收方响应、接收和缓存数据比特的时间;在传输结束时,一个停止位表示该字符传输的终止。按照惯例,空闲(没有传送数据)的线路与代表二进制1的信号状态是相同的,因此异步传输的起始位使信号变成0,停止位使信号重新变回1,并一直保持到下一个开始位到达。起始位和停止位的作用就是为了能区分串行传输的"字符",实现收发双方的字符同步。异步传输方式的优点是实现比较容易,收、发双方的时钟信号不需要严格的同步;缺点是由于每个字符都要加上起始位和停止位,产生了较多的开销,传输效率较低。因此,异步传输常用于低速设备。

同步传输(Synchronous Transmission)是以数据块(帧)为单位进行传送的。在同步传输方式下,字符间无起始位和停止位,每个数据块的首部和尾部都要附加一个特殊的比特序列,标记一个数据块的开始和结束。接收端为了从收到的数据流中正确地区分出各个码元,必须首先建立准确的时钟信号。同步传输方式的优点是开销较小,传输效率较高;缺点是收、发双方的时钟信号需要严格的同步,实现比较复杂。

# 1.3　通　信　系　统

## 1.3.1　通信系统的基本模型

一个点对点的单向通信系统可以用如图1.16所示的模型进行描述。

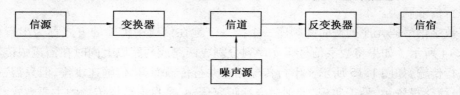

图1.16　单向点对点通信系统的一般模型

通信系统由以下几个部分组成:

**1. 信源和信宿**

信源和信宿分别是各种信息(如语言、文字、图像和数据等)的发出者和接收者,可以是人,也可以是机器(如计算机等)。

**2. 变换器和反变换器**

通常情况下,为了使信息适合在信道中进行传输,往往在发送端需要对信息进行必要的加工和处理,这些加工和处理的过程统称为变换。在接收端,为了将信息还原,要进行相应的反变换。常见的变换和反变换主要包括能量变换、调制与解调、编码与解码以及模/数变换与数/模变换。

（1）能量变换

通信中需要传输的信息形式是多种多样的，如声音、图像、文字和数据等。现代通信中，普遍采用电信号来传输信息。这就需要在发送端通过能量变换将非电量的信息转换为电信号，然后利用电信号的传输实现通信的目的，接收端再将电信号还原为原始的信息形式。完成能量变换的装置通常称为换能器。

（2）调制与解调

调制最重要的作用就是将信号的频谱搬移到指定的频段上。另外调制的作用还包括：使信号特性与信道特性相匹配，减少噪声和干扰的影响，信道的复用等。模拟信号的基本调制方式包括调幅（AM）、调频（FM）、调相（PM）；数字信号的基本调制方式包括幅度键控（ASK）、频移键控（FSK）、相移键控（PSK）。解调则是对应于调制的反过程。

（3）编码与解码

编码通常用来对数字信号进行处理。通信系统的编码主要包括信源编码和信道编码。信源编码主要是根据信源的统计特性进行处理，其目的是为了提高信息的传输效率，也称为有效性编码。信道编码主要是根据信道的统计特性进行处理，其目的是为了提高信息传输的可靠性，也称为可靠性编码或差错控制编码。解码则是对应于编码的反过程。

（4）模/数变换与数/模变换

模/数变换与数/模变换是数字通信中特有的变换形式。例如，在数字电话通信中，在发送端需要将模拟话音信号变换成数字信号后进行传送，在接收端再将数字信号还原成模拟信号。

**3. 信道**

信道是信号传输的通道。信道的特性直接影响整个通信系统的性能。按照传输介质的类型信道可以分为有线信道和无线信道两类。有线信道使用的传输介质主要包括明线、双绞线、同轴电缆以及光纤等。常用的无线信道主要有微波接力信道、卫星中继信道、短波电离层反射信道以及微波散射信道等。

**4. 噪声源**

从广义上讲，噪声是指通信系统中有用信号以外的有害干扰信号。系统的噪声来自各个部分，发出和接收信号的周围环境、各种设备的电子器件以及信道所受到的外部电磁场干扰都会对信号形成噪声影响。为了简化分析的过程，可以将系统内存在的所有干扰均折合到信道中，用噪声源来表示。

通信系统中的噪声可以分为外部噪声、内部噪声以及信道特性不理想（时变性或非线性）所引起的噪声三类。常见的通信系统的外部噪声包括各种电器开关通断时产生的短促脉冲、其他邻近通信系统的干扰、雷电干扰、宇宙辐射等。这类噪声大多数带有突发性短促脉冲性质，其能量主要集中在 20 MHz 以下频段。通信系统的内部噪声主要包括通信设备中使用的电子元器件、转换器以及天线或传输线等所引起的噪声。例如，电阻及各种导体都会在分子热运动的影响下产生热噪声，电子管或晶体管等电子器件会由于电子发射不均匀等产生器件噪声。这类干扰是由无数个自由电子作不规则运动所引起的，因此它的波形也是不规则变化的，通常称为起伏噪声或白噪声。通信系统的外部噪声和内部噪声是独立于信号之外的噪声,与信号存在与否无关,并且是以叠加的形式对信号形成干扰,因此,称它们为加性噪声。信道特性不理想所引起的噪声在有线信道中主要表现为多对传输线间产生的不必要的耦合。无线信道中,信道特性不理想所引起的噪声情况如短波通信中,电离层的随机变化引起信号的随机变化,而构成对信号的干扰。这类噪声只有在信号出现在上述信道中才表现出来,它不会主动对信号形成干扰,因而称为乘性干扰。

### 1.3.2　通信系统的分类

通信系统可以按照以下不同的方式进行分类。

**1. 按照消息的类型分类**

根据消息的类型,通信系统可以分为电报通信系统、电话通信系统、数据通信系统、图像通信系统等。

**2. 按照传输媒介分类**

按照传输媒介,通信系统可以分为有线通信系统和无线通信系统两大类。

**3. 按照信号形式分类**

按照信道中传输的信号形式不同,可以将通信系统分为模拟通信系统和数字通信系统。数字通信系统由于具有抗干扰能力强、保密性好、易于集成化等优点,因而得到了越来越广泛的应用。

**4. 按照调制方式分类**

根据是否采用调制,通信系统可以分为基带传输和频带(调制)传输两类。基带传输是将未经频带调制的信号直接传送,如音频市内电话、数字信号基带传输等。频带传输是指对信号调制后再进行传输。

**5. 按照复用方式分类**

为了在一条物理信道上实现多路信号的传输,需要采用多路复用技术,也就是在发送端将多路信号进行组合,然后在一条专用的物理信道上实现传输,接收端再将复合信号分离出来。最基本的复用方式有三种:频分复用、时分复用和码分复用。传统的模拟通信中大多采用频分复用方式。随着数字通信的发展,时分复用和码分复用的应用越来越广泛。

### 1.3.3　通信系统的主要性能指标

通信系统的性能指标涉及其有效性、可靠性、适应性、标准性、经济性以及维护使用等,其中最重要的是有效性和可靠性。

**1. 有效性**

模拟通信系统的有效性可以用系统的有效传输带宽来衡量。有效传输带宽越大,则传输的话路越多。因此,模拟通信系统的有效性也常常用传输的话路多少来表示。例如,1 路模拟话音信号的带宽为 4 kHz,1 对架空明线最多容纳 12 路模拟话音信号,1 对双绞线最多容纳 120 路模拟话音信号,而同轴电缆最多可容纳 1 万路模拟话音信号。

数字通信系统的有效性常用码元传输速率、信息传输速率以及频带利用率来衡量。码元传输速率又称码元速率或传码率,是指单位时间内传送码元的数目,单位为码元/秒或波特(baud)。码元传输速率与码元的进制无关,只与码元宽度有关,它们之间的关系为

$$R_B = \frac{1}{T} \qquad (1.1)$$

式中　$R_B$——码元传输速率;

　　　　$T$——码元宽度。

信息传输速率又称为信息速率或传信率,是指单位时间内传送的信息量,单位是比特/秒(bit/s 或 bps)。当采用二进制传输,并且数字 0、1 等概分布时,一个二进制数字携带的平均信息量就等于 1 bit。此时,码元速率和信息速率在数值上是相等的,但是单位不同。若采用 $M$ 进制传输,并且各个码元等概分布,则每个码元携带的平均信息量等于 $\log_2 M$ bit,信息传输速率与码元传输速率之间的关系为

$$R_b = R_B \log_2 M \qquad (1.2)$$

式中　$R_b$——信息传输速率。

例如,系统每秒传输 1 200 个码元,则该系统的码元速率为 1 200 波特。若采用二进制传输,则系统的信息速率为 1 200 bit/s;若采用四进制传输,则系统的信息速率为 2 400 bit/s。

由于不同通信系统的带宽不同,在比较不同通信系统的有效性时,仅仅考虑码元传输速率和信息传输速率是不够的,还应考虑频带的利用效率。频带利用率有两种表示方式:码元频带利用率和信息频带利用率。码元频带利用率是指单位频带内的码元传送速率,即

$$\eta/(\mathrm{baud} \cdot \mathrm{Hz}^{-1}) = \frac{R_B}{B} \qquad (1.3)$$

式中　$\eta$——频带利用率;

　　　　$B$——系统带宽。

信息频带利用率是指单位频带内的信息传送速率,即

$$\eta/(\mathrm{bit} \cdot (\mathrm{s} \cdot \mathrm{Hz})^{-1}) = \frac{R_b}{B} \qquad (1.4)$$

### 2. 可靠性

模拟通信系统的可靠性通常用整个通信系统的输出信噪比来衡量。信噪比是信号的平均功率与噪声的平均功率之比。信噪比越高,通信的质量越好。令人满意的电话系统输出信噪比应该在 30 dB 左右,而效果比较理想的电视系统输出信噪比应该在 60 dB 左右。整个系统的输出信噪比不仅与信道输出的信噪比有关,还与调制方式有关。不同调制方式在同样信道输出信噪比下所得到的最终解调后的信噪比是不同的。如调频信号抗干扰性能比调幅好,但调频信号所需传输带宽却大于调幅。

数字通信系统的可靠性通常用误码率和误信率来衡量。误码率也称为误符号率,是指通信过程中系统传输错误的码元数与传输的总码元数的比值,通常用 $P_e$ 表示,即

$$P_e = \frac{错误码元数}{传输总码元数} \qquad (1.5)$$

误信率也称为误比特率,是指通信过程中系统传输错误的比特数与传输的总比特数的比值,通常用 $P_b$ 表示,即

$$P_b = \frac{错误比特数}{传输比特元数} \qquad (1.6)$$

在二进制的情况下,误码率与误信率相等。

# 1.4　通　信　网

## 1.4.1　通信网的组成

通信网是一种利用交换设备和传输链路,将地理上分散的用户终端设备互连起来实现通信和信息交换的通信体系。一个完整的通信网由硬件和软件组成。

通信网的硬件是构成通信网的物理实体,包括终端设备、传输链路以及交换设备。终端设备是通信网中的源点和终点,其主要功能包括:发送和接收信息;将用户信息变换成适合于在传输链路上进行传输的形式以及相应的反变换;完成信令的产生和识别。根据通信业务的不同,通信终端可以分为音频通信终端、图形图像通信终端、视频通信终端、数据通信终端和多媒体通信终端等几类。传输链路的主要功能是将网络节点连接在一起,提供信息传输的通路。交换设备是通信网的核心,负责集中、转发终端设备的信息。常见的交换设备包括电话交换机、分组交换机、路由器等。

除了硬件之外,为了使整个通信网协调地工作,还需要一些软件,如信令方案、路由方案、编号方案、资费制度与质量标准等。

## 1.4.2　通信网的组网结构

通信网的基本组网结构主要包括网状型网、星型网、总线型网、环型网以及复合型网。

**1. 网状型网**

网状型网也称为完全互连网,网内任意两个节点之间均有直达线路相连,如图 1.17 所示。如果网内有 $N$ 个节点,则需要 $N(N-1)/2$ 条传输链路。这种结构的最大优点是通信建立过程中不需要任何形式的转接,接续质量高,网络的稳定性好;其主要缺点是冗余度大,线路利用率不高,经济性较差。网状型网一般用于局间业务量较大或分局数较少的情况。

网孔型网如图 1.18 所示,它是网状型网的一种变形,也就是不完全网状型网。网内大部分节点之间有直接线路相连,小部分节点之间没有直接线路相连。两个节点之间是否需要直达线路通常根据业务量而定。同网状型网相比,网孔型网线路利用率有所提高,但稳定性稍有下降。

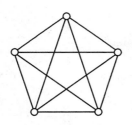

图 1.17　网状型网

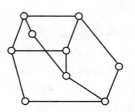

图 1.18　网孔型网

**2. 星型网**

　　星型网也称为辐射网,它将一个节点作为中心节点,该节点与其他节点之间均有直达线路相连,如图 1.19 所示。如果网内有 $N$ 个节点,则需要 $N-1$ 条传输链路。星型网的中心节点就是转接交换中心,其余 $N-1$ 个节点之间的相互通信都需要通过中心节点的交换设备。星型网的优点是需要的传输链路少,线路利用率高;缺点是需要交换设备,中心节点一旦出现故障会造成全网的瘫痪,安全性差。

　　实用的星型网可以是多层次的,这种结构有时也称为树型网,如图 1.20 所示。

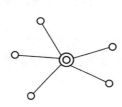

图 1.19　星型网

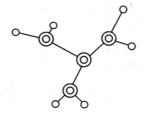

图 1.20　树型网

**3. 总线型网**

　　总线型网中,所有节点都通过相应的硬件接口直接连接在总线上,如图 1.21 所示。总线型网的主要优点是增加或减少节点比较方便,线路利用率较高;缺点是稳定性较差。

**4. 环型网**

　　环型网如图 1.22 所示。如果网内有 $N$ 个节点,则需要 $N$ 条传输链路。环型网的主要优点是结构简单,易于实现,线路利用率高;其主要缺点是安全性较差,当一个单元出现故障时,整个系统就会瘫痪,另外可扩展性和灵活性也较差。为了提高环型网的安全性,可以采用自愈环对网络进行自动保护。

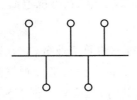

图 1.21　总线型网

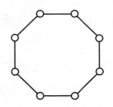

图 1.22　环型网

**5. 复合型网**

常见的一种复合型网是由星型网和网状型网复合而成，如图 1.23 所示。它是以星型网为基础，并在通信量较大的区间采用网状型网结构。这种网络结构兼具有星型网和网状型网的优点，比较经济合理且稳定性好，因此在一些大型的通信网络中应用较广。

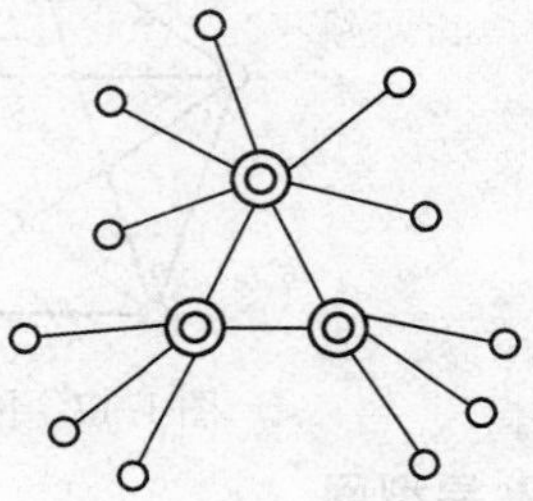

### 1.4.3　通信网的质量要求

图 1.23　复合型网

对于一般通信网的质量要求主要包括：接通的任意性与快速性，信号传输的透明性与传输质量的一致性，网络的可靠性与经济合理性。

接通的任意性与快速性是指网内的任意两个用户之间都可以快速地接通，这是对通信网的最基本要求。影响接通的任意性与快速性的主要因素包括网络的拓扑结构、网络的可靠性以及网络中是否有足够的可用资源。

信号传输的透明性是指在规定业务范围内的任何信息都可以在网内传输；传输质量的一致性是指网内任意两个用户之间的通信都应具有相同或相近的传输质量，而与用户之间的距离无关。

可靠性对通信网来说是至关重要的，但绝对可靠的网络是不存在的。所谓可靠是指在概率意义上，使平均故障间隔时间达到要求。提高可靠性往往要增加投资，因此应根据实际需要在可靠性与经济性之间进行合理的设置。

## 1.5　通　信　业　务

通信的最终目的是为用户提供他们所需的各类通信业务。从一定意义上来说，正是不断发展的业务需求推动着现代通信技术的发展。通信业务的种类繁多，根据信息载体的不同，通信业务可以分为视音频业务、数据通信业务和多媒体通信业务。

### 1.5.1　视音频业务

尽管在现代通信系统中数据业务和多媒体业务发展非常迅速，但视音频业务在所有通信业务中仍然占有主要地位。音频信号和视频信号是随时间变化的连续媒体，要求有比较强的时序性，即较小的时延和时延抖动。视音频业务主要包括普通电话、IP 电话、模拟广播电视、数字视频广播、视频点播、移动电话、数字电话、可视电话、会议电视等。

**1. 普通电话**

普通电话业务是发明最早和应用最为普及的一种通信业务，它在基于电路交换的电话交换网络支持下，向人们提供最基本的点到点话音通信功能。根据通信距离和覆盖范围，电话业务可分为市话业务、国内长途业务和国际长途业务。基于这样一个电话交换网络，除了可以提供基本的点到点话音通信之外，还可以为用户提供来电显示、三方通话、呼叫转移、会议电话等增值业务。此外，通过电话交换网络还可以提供传真、互联网拨号接入等业务。

**2. IP 电话**

以话音通信为目的而建立的公共交换电话网络(Public Switched Telephone Network, PSTN)采用电路交换技术,可以保证较好的通话质量,但通话期间始终占用固定带宽,因此频带利用率较低。以数据通信为目的而建立起来的国际互联网 Internet 采用分组交换技术,所有业务共享线路,从而大大提高了网络带宽的利用率,但由于数据包是非实时的,因此 Internet 通常无法保证语音传输的质量。然而,人们一直在寻求利用廉价的 Internet 传输话音的方法,因此 IP 电话应运而生。

IP 电话也称为 Internet 电话或网络电话,其工作原理是先将话音信号进行模/数转换、编码、压缩和打包,之后通过 Internet 进行传输,到达接收端后再相应地进行拆包、解压、解码和数/模转换,从而恢复出话音信号。由于 Internet 中采用"存储-转发"的方式传递数据包,不独占电路,并且对语音信号进行了压缩处理,因此一路 IP 电话的带宽仅为 8 ～ 10 kbit/s,再加上分组交换网的计费方式与距离的远近无关,大大降低了长途通信的费用。

IP 电话采用的关键技术可以归纳为以下几个方面:

(1)语音压缩技术

目前用于 IP 电话的语音压缩技术标准是 G. 723. 1,它是基于多脉冲最大似然量化(Multi-Pulse Maximum Likelihood Quantization, MP-MLQ)和代数码本激励线性预测(Algebraic Code Excited Linear Prediction, ACELP)的编码方法,高码率时采用 MP-MLQ,提供 6. 3 kbit/s的码流;低码率时采用 ACELP,提供5. 3 kbit/s的码流。

(2)静噪抑制技术

研究表明,在话音通信过程中,通常只有 36% ～40% 的信号是有效的。这是由于当一方在讲话时,另一方在听,并且讲话过程中还有大量显著的停顿。静噪抑制技术又称语音激活技术,是指检测到通话过程中的安静时段即停止发送话音包的技术。通过静噪抑制技术,可以大大节省网络带宽。

(3)回声抵消技术

在用户交换机或局用交换机侧,有少量的电能未被充分转换而沿原路返回,就会形成回声。如果打电话者离用户交换机或局用交换机较近,则回声返回很快,人耳就听不出来;但当回声返回时间超过 10 ms 时,人耳就可以听到明显的回声。为了防止回声,一般采用回声抵消技术。因为一般 IP 网络的延时很容易达到 40～50 ms,所以回声抵消技术对 IP 电话系统十分重要。利用自适应滤波器可以抵消回声,根据滤波器的输出量来控制滤波器的某个或某些参数,从而达到较好的接收信号质量。

(4)话音抖动处理技术

时延抖动较大是 IP 网络的一个显著特征,它可以导致 IP 通话质量明显下降。为了减小这种抖动的影响,可以采用抖动缓冲技术,即在接收端设置一个缓冲池,话音包到达时首先进行缓存,然后系统以稳定平滑的速率将话音包从缓冲池中取出并处理,再播放给受话者。

（5）话音优先技术

话音通信对实时性要求较高。在 IP 网络中，一般需要采用话音优先技术，即在 IP 网络路由器中将话音包的优先级设置为最高。这样，网络时延和时延抖动对话音的影响均将得到明显改善。

（6）IP 包分割技术

有时网络上有长数据包，一个数据包长达上千字节，这样的长包如不加以限制，在某些情况下也会影响话音质量。为了保证 IP 电话的通话质量，通常将 IP 包的大小限制为不超过 2 556 字节。

（7）IP 网络上传送话音（Voice over Internet Protocol，VoIP）前向纠错技术

为了保证话音质量，有些先进的 VoIP 网关采用信道编码以及交织等技术。IP 包在传送过程中有可能被损坏或丢失，采用前向纠错技术可以减少传输过程中的误码积累。当然，对丢、误包率均较低的内部网络，可以不必采用该技术。

IP 电话的通信方式包括以下三种：

（1）纯 IP 网中的话音业务

纯 IP 网中的话音业务，即所谓的"PC 到 PC"，可以是 PC 机到 PC 机的通话，PC 机到 IP 电话机的通话，以及 IP 电话机到 IP 电话机的通话。其特点是通信双方均直接连接在 IP 网络上。IP 电话机是一种基于 H.323 协议或会话初始化协议（Session Initiation Protocol，SIP），具备以太网接口的通信终端。它占用一个独立的 IP 地址，可以直接接入 IP 网络实现话音通信。

（2）IP 电话机与普通电话机之间的通话和 PC 机与普通电话机之间的通话

IP 电话机与普通电话机之间的通话和 PC 机与普通电话机之间的通话，即所谓的"PC 到 PHONE"。利用普通电话机的一方要先经过本地 PSTN 网络，再通过网关才能接入 IP 网，从而实现 IP 通话功能。

（3）普通电话机之间利用 IP 网络进行的通话

普通电话机之间利用 IP 网络进行的通话，即所谓的"PHONE 到 PHONE"。其特点是通信双方均要先经过本地 PSTN 网络，再通过网关才能接入 IP 网，从而实现 IP 通话功能。

"PHONE 到 PHONE"方式的 IP 电话系统结构如图 1.24 所示。从图中可以看出，整个系统由终端设备、IP 网关、多点控制单元（Multi Control Unit，MCU）和网络管理者等部分组成。其中，网关是关键设备，它是连接公用电话交换网和 IP 网的桥梁，其作用是传递信息、变换信息和寻址。若某甲地用户想要通过 Internet 与某乙地用户进行电话联系时，可以利用电话拨通本地网关 A，根据语音提示，再拨乙地用户的电话号码；网关 A 根据乙地用户的电话号码找到乙地的网关 B 的 IP 地址，并接通连接乙地用户的电路；网关 A 将甲地用户发来的话音信号进行量化、编码、压缩、打包等处理后，转发给网关 B；网关 B 对网关 A 发来的数据进行重组、解码、解压缩等处理，使其恢复为话音，最后通过乙地的公用电话交换网传送给乙地的用户。这就是 IP 电话通信的大致过程。

**3. 模拟广播电视**

模拟广播电视每一套电视节目信号所占的带宽为 8 MHz，可以通过无线广播发射，也可以利用有线信道进行传输。其中，图像信号采用的是残留边带调幅，伴音信号采用的是

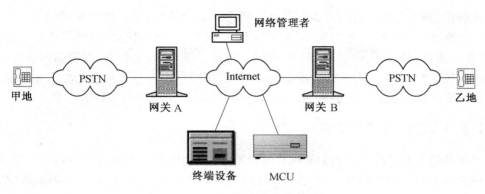

图 1.24　IP 电话系统结构

调频方式。

　　在无线电频谱中,48~958 MHz 的频率范围被划分为 5 个频段,其中 I 频段为广播电视的 1~5 频道;II 频段划分给调频广播和通信使用;III 频段为广播电视的 6~12 频道;IV 频段为电视广播的 13~24 频道;V 频段为广播电视的 25~68 频道。广播电视的这 68 个频道中,1~12 频道属于甚高频(Very High Frequency,VHF)频段, 13~68 频道属于特高频(Ultra High Frequency,UHF)频段。

　　在广播电视不同频段之间均留有一定的频率间隔,这些频率被分配给调频广播、电信业务和军事通信等应用。开路广播电视是不能使用这些频率的,否则会造成广播电视与其他应用间的相互干扰。但由于有线电视是一个独立、封闭的系统,因此可以用这些频率以扩展节目的数量,这就是有线电视系统中的增补频道。

**4. 数字广播电视**

　　数字广播电视采用先进的数字视频压缩技术和信道调制技术,大大提高了信道利用率,在传送一路模拟电视节目的带宽内可以传送 4~6 路的数字压缩电视节目,从而降低了每路节目的传输费用。另外,为了增强其通用性,数字广播电视的核心系统采用了对包括卫星、地面无线发射、有线电缆与光缆等各种传输媒体均适用的通用技术。

**5. 视频点播**

　　视频点播即 VOD(Video On Demand),是一种受用户控制的视频分配和检索业务。视频点播区别于广播电视的最主要的两个方面是主动性和选择性。广播电视业务中,观众是被动接受者;而视频点播则将主动权交给用户,用户可以根据自己的需求主动获得视频信息,自由决定何时观看何种节目。

## 1.5.2　数据通信业务

　　数据通信业务是随着计算机的广泛应用而发展起来的。由于计算机与其外部设备之间,以及计算机与计算机之间都需要进行数据交换,特别是随着计算机网络的快速发展,需要高速、大容量的数据传输与交换,因而出现了数据通信业务。

　　由于数据信号也是一种数字信号,因此数据通信是建立在数字通信的基础上的。但数据通信与数字通信的概念并不完全等同。数字通信是指所传输使用的信号是数字信号而不是模拟信号,它所传输的内容可以是数字化的音频信号、数字化的视频信号,也可以是数据。根据所承载的信息内容不同,数字通信需要采取不同的传输手段和处理方式。可见,数字通信的概念比数据通信更为宽泛。相对于视、音频业务,数据通信业务对实时性的要求较低,可以采取存储转发的交换方式;数据通信业务对可靠性的要求非常高,因此必须采取严格的措施来避免数据在传输过程中丢失并降低产生差错的概率。

### 1.5.3 多媒体通信业务

多媒体通信业务融合了人们对现有的视频、音频和数据通信等方面的需求。其关键特性在于信息载体的多样性、交互性和集成性,所处理的文字、数据、声音、图像和视频等媒体数据是一个有机的整体,多种媒体在空间和时间上都存在着紧密的联系。

根据业务应用形式,多媒体通信业务可以分为分配型业务和交互型业务两类。

**1. 分配型业务**

分配型业务是指由网络中的一个给定点向其他位置单向传送信息流的业务。分配型业务又可以分为不由用户参与控制的分配型业务以及可由用户参与控制的分配型业务。

(1)不由用户参与控制的分配型业务

不由用户参与控制的分配型业务是一种广播业务,它提供从一个源向网络中数量不限的有权接收器分配的连续信息流。用户可以接收信息流,但不能控制信息流的起始时间和出现的顺序。对用户而言,接收的信息并不总是从头开始,而是和用户接入的时刻有关。音频节目分配业务、模拟电视分配业务、数字电视分配业务等都属于不由用户参与控制的分配型业务。

(2)可由用户参与控制的分配型业务

可由用户参与控制的分配型业务是点播型的业务,它也是自源向大量用户分配信息,但用户可以控制信息出现的时间和顺序,因此用户接收的信息总是从头开始的。节目点播、远程教学、新闻检索等都属于可由用户参与控制的分配型业务。

**2. 交互型业务**

交互型业务是指在用户间或用户与主机间提供双向信息交换的业务。交互型业务又可以分为会话型业务、消息型业务和检索型业务。

(1)会话型业务

会话型业务以实时(非存储转发)端到端的信息传送方式,提供用户和用户之间或用户和主机之间的双向通信。用户信息流可以是双向对称的,也可以是双向不对称的。信息由发送侧的一个或多个用户产生,供接收侧的一个或多个通信对象专用。可视电话、会议电视、网上游戏等都属于会话型业务。

(2)消息型业务

消息型业务是指通过具有存储转发、信箱或消息处理(如信息编辑、处理和交换)等功能的存储单元,提供用户与用户之间的非实时通信的业务。电子信箱、话音信箱、视频邮件等都属于消息型业务。

（3）检索型业务

检索型业务是指根据用户需要向用户提供存储在信息中心供公众使用的信息的一类业务。用户可以单独地检索所需的信息，并且可以控制信息序列开始传送的时间。文件检索、数据检索以及可视图文、图形图像检索等都属于检索型业务。

# 1.6　通信技术的发展趋势

目前，通信技术的发展趋势可以用"六化"来进行概括，即通信技术数字化、通信业务综合化、网络互通融合化、通信网络宽带化、网络管理智能化以及通信网络泛在化。

### 1. 通信技术数字化

由于数字通信具有抗干扰能力强、易于纠错和加密、便于存储和处理、可兼容多种类型的信息以及利于集成化等优点，因此成为现代通信技术的发展方向。通信技术数字化是指在通信网中全面使用数字技术，包括数字传输、数字交换以及数字终端等。通信技术数字化是现代通信技术的基本特征和最突出的发展趋势。

### 2. 通信业务综合化

现代通信技术的另一个显著特点是通信业务的综合化，也就是将来自各种信息源的业务综合在一个数字通信网中进行传送，为用户提供综合性的服务。早期的通信网一般是为某种业务单独建立的，如电话网、传真网、广播电视网、数据网等。随着社会的发展，人们对通信业务种类的需求不断增加，如果继续各自业务单独建网，必然会造成网络资源的极大浪费，投资大而效益低，各个独立的网络之间不能实现资源共享，多个网络并存也不便于统一管理，而且给用户带来使用上的不便。如果将各种通信业务以数字方式统一综合到一个网络中进行传输、交换和处理，就可以克服上述弊端，实现一网多用。

### 3. 网络互通融合化

以电话网络为代表的电信网和以因特网为代表的数据网络以及广播电视网络互通与融合成为未来网络技术发展的主旋律。"三网融合"不是现有"三网"的简单延伸和叠加，而是其各自优势的有机融合。从技术层面上看，融合将体现在话音技术与数据技术的融合、电路交换与分组交换的融合、传输与交换的融合、电与光的融合。从长远看，"三网融合"将最终导致传统的电信网、计算机网和有线电视网在技术、业务、市场、终端、网络乃至行业管制和政策方面的融合。

### 4. 通信网络宽带化

通信网络宽带化是现代通信网络发展的必然趋势。超高速路由交换、高速互联网、超高速光传输、高速无线数据通信等新技术已成为下一代网络的关键技术，为用户提供高速、全方位的信息服务是网络发展的重要目标。

### 5. 网络管理智能化

传统电话网中，呼叫处理与业务处理都需要交换机来完成，因此每开发一种新业务或对某种业务有所修改，就要对大量的交换机软件进行相应的增加或改动，有时甚至还需要增加或改动硬件,以至于耗费大量的人力、物力和时间。网络管理智能化的基本思想是将传统电话网中交换机的功能进行分解,交换机只完成基本的呼叫处理,而将各类业务处理(新业务的提供、修改及管理)交给具有业务控制功能的计算机系统来完成。智能网使网络中可以方便地引进新业务,解决信息网络在性能、安全、可管理性、可扩展性等方面面临的诸多问题,对通信网络的发展具有重要影响。

### 6. 通信网络泛在化

所谓通信网络泛在化,是指通信网络无处不在,可以实现任何人或物在任何地点、任何时间与其他任何人或物进行任何方式的通信。其服务对象不仅包括人与人之间,还包括人与物之间以及物与物之间,其技术基础包括传感网技术、物联网技术等。

# 1.7　标准化组织

一个生产厂家可以使其所有产品很好地一起工作,但如果一个系统中包含有多个不同厂家的产品,没有一个统一的标准,这些产品就很难在一起很好地工作。统一的标准有利于系统的异构组成,也给用户提供了选择使用的灵活性。值得注意的一点是,标准的制定不仅仅取决于技术因素,还会受到经济因素和政治因素的影响。下面介绍一些比较重要的标准化组织。

### 1. 国际标准化组织

国际标准化组织(International Organization for Standardization,ISO)是自发组织起来的一个非官方的机构,其成员由来自世界上 100 多个国家的国家标准化团体组成,是目前世界上最大、最具有权威性的国际标准化专门机构。

1946 年 10 月,来自 25 个国家的标准化机构代表在伦敦召开大会,决定成立新的国际标准化机构,定名为 ISO。1947 年 2 月 23 日,国际标准化组织正式成立,总部设在瑞士的日内瓦。

ISO 的宗旨是促进全球范围内的标准化及其有关活动,以利于各国间产品与服务的交流,以及在知识、科学、技术和经济活动中发展各国间的相互合作。尽管 ISO 是一个非官方的组织,但有 70% 以上的 ISO 成员都是根据法律程序组成的政府的标准化机构或组织。其中,代表中国参加 ISO 的机构是中华人民共和国国家质量监督检验检疫总局(General Administration of Quality Supervision, Inspection and Quarantine of the People's Republic of China,AQSIQ),代表美国参加 ISO 的机构是美国国家标准学会(American National Standards Institute,ANSI)。ISO 的主要任务是为人们制定国际标准达成一致意见提供一种机制,协调世界范围内的标准化工作,与其他国际性组织合作研究有关标准化问题。标准的内容涉及广泛,其技术领域涉及信息技术、交通运输、农业、保健和环境等。

### 2. 国际电信联盟

国际电信联盟(International Telecommunication Union,ITU)通常简称为"国际电联",是联合国的一个专门机构,主管信息通信技术事务。

国际电信联盟的历史可以追溯到 1865 年。为了顺利实现国际电报通信,法、德、俄、意、奥等 20 个欧洲国家的代表于 1865 年 5 月 17 日在巴黎签订了《国际电报公约》,国际电报联盟(International Telegraph Union,ITU)也宣告成立。随着电话与无线电的发展与应用,国际电报联盟的职权也不断扩大。1906 年,德、英、法、美、日等 27 个国家的代表在柏林签订了《国际无线电报公约》。1932 年,70 多个国家的代表在西班牙马德里召开会议,将《国际电报公约》与《国际无线电报公约》合并,制定了《国际电信公约》,并决定自 1934 年 1 月 1 日起正式改称为“国际电信联盟”,经联合国同意,1947 年 10 月 15 日国际电信联盟成为联合国的一个专门机构,其总部由瑞士伯尔尼迁至日内瓦。

国际电报联盟成立以后,相继成立了三个咨询委员会:1924 年在巴黎成立的“国际电话咨询委员会(CCIF)”、1925 年在巴黎成立的“国际电报咨询委员会(CCIT)”以及 1927 年在华盛顿成立的“国际无线电咨询委员会(CCIR)”。1956 年,国际电信联盟将国际电话咨询委员会和国际电报咨询委员会合并成为“国际电报电话咨询委员会(International Telegraph and Telephone Consultative Committee,CCITT)”。

1972 年 12 月,国际电信联盟在日内瓦召开的全权代表大会上通过了改革方案,国际电信联盟的实质性工作由三大部门承担,分别是:国际电信联盟电信标准化部门(ITU Telecommunication Standardization Sector,ITU-T)、国际电信联盟无线电通信部门(ITU Radio Communication Sector,ITU-R)和国际电信联盟电信发展部门(ITU Telecommunication Development Sector,ITU-D)。其中,ITU-T 的主要职责是制定远程通信相关国际标准;ITU-R 负责管理国际无线电频谱和卫星轨道资源,同时还从事有关减灾和救灾工作所需无线电通信系统发展的研究;ITU-D 成立的目的在于帮助普及以公平、可持续和支付得起的方式获取信息通信技术,将此作为促进和加深社会和经济发展的手段。

中国于 1920 年加入 ITU,1932 年首次派代表参加了在马德里召开的全权代表大会,签署了马德里《国际电信公约》。1947 年在美国大西洋城召开的全权代表大会上第一次被选为行政理事会的理事国。中华人民共和国成立后,中国在国际电联的合法席位曾被非法剥夺。1972 年 5 月电联行政理事会第 27 届会议通过决议恢复我国的合法席位。

**3. 美国电气电子工程师学会**

美国电气电子工程师学会(Institute of Electrical and Electronics Engineers,IEEE)是一个国际性的电子技术与信息科学工程师的协会,是世界上最大的专业技术组织之一。

1963 年 1 月 1 日,IEEE 由美国无线电工程师协会(IRE)和美国电气工程师协会(IEE)合并而成。学会成立的目的在于为电气电子方面的科学家、工程师、制造商提供国际联络交流的场合。其主要活动是召开会议、出版期刊、制定标准、颁发奖项、认证等。IEEE 定位在科学和教育,并直接面向电子电气工程、通信、计算机工程、计算机科学理论和原理研究的组织。为了实现这一目标,IEEE 承担着多个科学期刊和会议组织者的角色。IEEE 被国际标准化组织授权为可以制定标准的组织,设有专门的标准工作委员会,主要开发电信和网络标准。IEEE 的局域网标准,例如,以太网 802 系列,如今已经成为局域网标准的主流。

IEEE 出版 70 多种期刊,每个专业分会都有自己的刊物。IEEE 除了出版定期杂志外,还出版大量的论文集、图书和标准。其出版物的学术和技术水平是世界一流的。IEEE 的成员可以分为学生会员(Student Member)、准会员(Associate Member)、会员

（Member）、高级会员（Senior Member）、会士（Fellow）和荣誉会员（Honor Member）六类。其中，学生会员和准会员没有投票权。IEEE 会员的待遇主要包括：会员可以相互沟通信息共享；会员的技术和专业成就可以被给予认可并颁奖；会员具有参与、领导或志愿协助 IEEE 各种活动中的机会。

### 4. 美国联邦通信委员会

美国联邦通信委员会（Federal Communications Commission，FCC）是联邦政府于 1934 年根据联邦通信法案建立的组织，它取代了原先的联邦无线电委员会。联邦通信委员会是一家独立的政府机构，直接对美国国会负责，其权限涉及美国的 50 个州和华盛顿特区。FCC 的主要职责是规定所有的非联邦政府机构的无线电频谱使用（包括无线电和电视广播）、美国国内州际通信（包括固定电话网、卫星通信和有线通信）和所有从美国发起或在美国终结的国际通信。联邦通信委员会制定法规的目的是减少电磁干扰，管理和控制无线电频率范围，保护电信网络、电器产品的正常工作。联邦通信委员会的工程技术部负责委员会的技术支持，同时负责设备认可方面的事务。电脑、传真机、电话、无线电接收和传输设备、无线电遥控玩具等产品要进入美国市场，必须通过由政府授权的实验室根据 FCC 技术标准来进行检测和批准。

### 5. 欧洲电信标准化协会

欧洲电信标准化协会（European Telecommunications Standards Institute，ETSI）是由欧共体委员会 1988 年批准建立的一个非赢利性电信标准化组织，总部设在法国南部的尼斯。该协会的宗旨是：为实现统一的欧洲电信大市场及时制定高质量的电信标准，以促进电信基础结构的综合，确保网络和业务的协调，确保适应未来电信业务的接口，以达到终端设备的统一，为开放和建立新的电信业务提供技术基础，并为世界电信标准的制定作出贡献。ETSI 的标准化领域主要是电信业，另外还涉及与其他组织合作的信息及广播技术领域。

同 ITU 相比，ETSI 具有许多不同特点。首先，ETSI 具有很大的公众性和开放性，不论主管部门、用户、运营者、研究单位都可以平等地发表意见。另外，ETSI 对市场敏感，按市场和用户的需求制定标准，用标准来定义产品，指导生产。针对性和时效性强，也是 ETSI 与 ITU 的不同之处。ITU 为了协调各国，在制定标准时，常常留有许多任选项，以便不同国家和地区进行选择，但给设备的统一和互通造成麻烦。而 ETSI 针对欧洲市场和世界市场的情况，将一些指标深入细化。ETSI 作为一个被欧洲标准化协会和欧洲邮电主管部门会议认可的电信标准协会，其制定的标准常被欧共体作为欧洲法规的技术基础而采用。ETSI 对统一欧洲电信市场，对欧洲乃至世界范围的电信标准的制定起着重要的推动作用。

## 习 题

1.1 简述点对点通信系统模型中各个组成部分的功能。

1.2 简要分析通信网络各种拓扑结构的特点。

1.3 简要说明异步传输与同步传输的区别。

1.4  如何衡量模拟通信系统的有效性和可靠性？

1.5  现代通信技术的发展趋势是什么？

1.6  一个有 10 个终端的通信网络,如果采用网型网需要用到多少条通信链路？如果采用星型网需要有多少条通信链路？

1.7  假设某一数字通信系统传送二进制符号的速率为 1 500 波特,试求该系统的信息速率;若该系统改为传送十六进制符号,符号速率仍为 1 500 波特,则这时系统的信息速率是多少？

# 第2章

# 数字通信技术

数字通信由于具有抗干扰能力强、便于存储和处理、业务兼容性好以及利于集成化等优点,在现代通信领域中的应用越来越广泛。本章将对数字通信的基本概念、模拟信号的数字化、时分多路复用数字通信系统、数字复接技术以及同步数字体系等内容进行介绍。

## 2.1　数字通信技术的概念和特点

数字通信是一种用数字信号作为载体来传输信息的通信方式。数字通信系统可以传输电报、数据等数字信号,也可传输经过数字化处理的语音和图像等模拟信号。数字通信系统通常由用户设备、编码和解码、调制和解调、加密和解密、传输和交换设备等组成。图2.1 所示为点对点的数字通信系统模型。当然,实际的数字通信系统并不一定包括图中所示的所有环节,加密与解密、编码与解码、调制与解调等环节是否采用取决于具体的要求。例如,数字基带传输系统就不包括频带调制与解调环节。另外,如果需要通过数字通信系统传送模拟消息,则信源发出的消息首先要通过一个模/数转换装置,相应地在接收端还需要一个数/模转换装置。

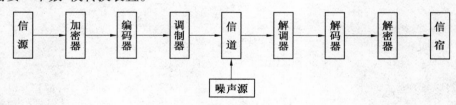

图 2.1　点对点的数字通信系统模型

同模拟通信系统相比,数字通信系统具有许多突出优点:

(1)频谱利用率高, 有利于提高系统容量

由于数字通信系统可以采用高效的信源编码技术、高频谱效率的数字调制解调技术、先进的信号处理技术和多址方式以及高效的动态资源分配技术等,因此可以在不增加系统带宽的条件下增加系统中可以同时通信的用户数。

(2)能适应各种通信业务, 提高通信系统的通用性

电话、电报、图像、数据等各种信息都可变为统一的数字信号进行传输,因而用同一系统来传送任何类型的数字信息都是可能的。利用单一通信网络来提供综合业务正是未来通信系统的发展方向。

（3）抗干扰和抗多径衰落的能力强

电信号在信道中进行传输的过程中,不可避免地要受到各种各样的噪声和干扰的影响。在数字通信系统中可以采用纠错编码、交织编码、自适应均衡、分集接收以及扩跳频技术等来减小干扰和多径衰落的不良影响,提高信息传输的可靠性,保证通信质量。

（4）无噪声累积,通信距离远

信号在传送过程中能量会逐渐发生衰减使信号变弱,为了延长通信距离,就要在线路上设立一些放大器。对于模拟信号,放大器会把有用的信号和噪声同时放大,随着传输距离的增加,噪声累积越来越多,以致使传输质量严重恶化。对于数字信号,则可采取判决再生的方法,将其再生为没有受到噪声干扰的和原来发送端一样的数字信号,因此可以实现长距离高质量的传输。

（5）便于加密处理,保密性好

模拟信号的加密比较困难,而数字信号的加密处理则容易得多。例如,可以采用随机性强的密码打乱数字信号的组合,使敌人即使窃收到加密后的数字信息,在短时间内也难以破译。

（6）便于存储、处理和交换

数字通信的信号形式和计算机所用的信号形式是一致的,都是二进制代码,因此便于计算机联网,也便于使用计算机对数字信号进行存储、处理和交换。

（7）设备便于集成化、微型化

数字通信系统中的设备大部分电路是数字电路,可以用大规模和超大规模集成电路实现,因此体积小、功耗低。

## 2.2　数字信号的传输技术

### 2.2.1　数字信号的基带传输

未经调制的电脉冲信号所占据的频带通常从直流和低频开始,因而称为数字基带信号。在某些有线信道中,特别是传输距离不太远的情况下,数字基带信号可以直接传送,称为数字信号的基带传输。

**1. 数字信号基带传输码型**

数字基带信号波形又称为码型。对于传输码型的选择一般应考虑以下几个方面的原则:

①能从相应的基带信号中获取定时信息。

②对于传输频率低端受限的信道,基带信号应不含直流分量,同时低频分量要尽量少。

③尽量减少基带信号频谱中的高频分量,以节省传输带宽,并减小串扰。

④基带信号的传输码型应具有误码检测能力。

⑤码型变换设备简单,容易实现。

下面介绍几种常见的传输码型。

（1）曼彻斯特码

曼彻斯特（Manchester）码又称双相码（Biphase Code），是对每个二进制代码分别利用两个具有不同相位的二进制新码去取代的码。在曼彻斯特编码中，每一位的中间有一跳变，位中间的跳变既作时钟信号，又作数据信号。从高到低跳变表示"1"，从低到高跳变表示"0"。例如：

消息代码：　　1　1　0　1　0　0　1　0　…

曼彻斯特码：　10　10　01　10　01　01　10　01　…

代码序列为 11010010 时的曼彻斯特码波形如图 2.2（a）所示。

为了解决因极性反转而引起的译码错误，可以采用差分曼彻斯特编码。差分曼彻斯特编码每位中间都有一个跳变，用每位开始时有无跳变表示"0"或"1"，有跳变为"0"，无跳变为"1"。两种曼彻斯特编码是将时钟和数据包含在数据流中，在传输代码信息的同时，也将时钟同步信号一起传输到对方，每位编码中有一跳变，不存在直流分量，因此具有自同步能力和良好的抗干扰性能。显然，上述优点是用频带加倍换取来的。曼彻斯特码常用于局域网传输。

（2）密勒码

密勒（Miller）码也称延迟调制码，是曼彻斯特码的一种变形。在密勒码中，码元"1"用码元周期中点处出现跳变来表示，即用"10"或"01"表示。而对于码元"0"则有两种情况：当出现单个"0"时，在码元周期内不出现跳变，在码元边界处也不出现跳变；但若遇到连"0"时，则在连续两个"0"的边界处发生电平跃变。例如：

消息代码：　1　1　0　1　0　0　1　0　…

密勒码：　　01　10　00　01　11　00　01　11　…

代码序列为 11010010 时的密勒码波形如图 2.2（b）所示。

由密勒码的编码规则可知，当两个"1"之间有一个"0"时，则在第一个"1"的码元周期中点与第二个"1"的码元周期中点之间无电平跳变，此时密勒码中出现最大宽度，即两个码元周期。利用密勒码最大宽度为两个码元周期而最小宽度为一个码元周期这一特点，可以检测传输错误。功率谱分析表明，密勒码的信号能量主要集中在二分之一码速以下的频率范围内，直流分量很小，频带宽度约为曼彻斯特码的一半。密勒码最初用于气象卫星和磁带记录，现在也用于低速基带数传机。

（3）传号反转码

传号反转码（Coded Mark Inversion，CMI）是一种双极性二电平码。其编码规则是"1"码交替用"11"和"00"两位码表示；"0"码固定地用"01"表示。例如：

消息代码：　1　1　0　1　0　0　1　0　…

CMI 码：　　11　00　01　11　01　01　00　01　…

代码序列为 11010010 时的 CMI 码波形如图 2.2（c）所示。

CMI 码没有直流分量，却有频繁出现的波形跳变，便于恢复定时信号。CMI 码的另一个特点是它具有检测错误的能力。由于在 CMI 码中"1"用交替地"00"和"11"两位码组表示，而"0"则固定地用"01"表示，因此在正常情况下"10"是不可能在波形中出现的，连续的"00"和"11"也是不可能出现的，这种相关性可以用来检错。由于 CMI 码具有上述优点且易于实现,因此在高次群脉冲编码调制终端设备中广泛用作接口码型。CMI 码已被 ITU-T 推荐为 PCM 四次群的接口码型,有时也用在速率低于 8.44 Mbit/s 的光缆传输系统中。

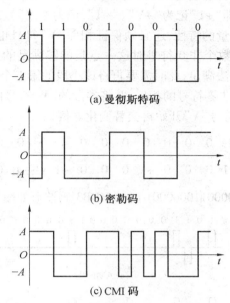

图 2.2　曼彻斯特码、密勒码和 CMI 码的波形

(4)传号交替反转码

传号交替反转码(Alternate Mark Inversion Code,AMI 码)常记作 AMI 码,是一种利用三电平信号来传送二进制数字信号的线路码。在 AMI 码中,二进制信息"0"变换为三元序列中的"0",二进制信息"1"则交替地变换为"+1"和"−1"的归零码,通常脉冲宽度为码元周期的一半。例如:

消息代码:　1　0　1　1　0　0　0　0　0　0　0　1　1　0　0　0　0　0　0　1 …

AMI 码:　　+1　0　−1　+1　0　0　0　0　0　0　0　−1　+1　0　0　0　0　0　0　−1 …

代码序列为 10110000000110000001 时的 AMI 码波形如图 2.3 (a)所示。

由于 AMI 码的传号交替反转,因此基带信号将出现正负脉冲交替,而 0 电位保持不变的规律。由此可以看出,AMI 码的基带信号无直流成分,并且只有很小的低频成分,因而特别适于在不允许这些成分通过的信道中传输。AMI 码具有检错能力,如果在传输过程中出现误码使传号极性交替的规律受到破坏,则在接收端很容易发现这种错误。另外, AMI 码还具有编译码电路简单的优点,因而得到了比较广泛的应用。但是,AMI 码有一个重要的缺点,即当出现长的连 0 串时,会造成定时信号提取困难。

(5)3 阶高密度双极性码

为了克服 AMI 码定时信号提取困难的缺点,人们提出了多种改进的 AMI 码,3 阶高密度双极性码(High Density Bipolar of Order 3 Code,HDB3 码)就是其中比较有代表性的一种。HDB3 码的编码规则如下:先将消息代码变换成 AMI 码,若 AMI 码中没有 4 个或 4

个以上连 0 串时,此时的 AMI 码就是 HDB3 码;当 AMI 码中出现 4 个或 4 个以上连 0 串时,则将每 4 个连 0 小段的第 4 个 0 变换成与前一个非 0 符号("+1"或"−1")同极性的符号。由于这样处理之后可能破坏"极性交替反转"的规律,因此将这个符号称为"破坏符号",用符号"V"表示(即"+1"记为"+V","−1"记为"−V")。为了使附加"V"符号后的序列仍然保持无直流分量的特性,还必须保证相邻"V"符号也按正、负极性交替出现。当相邻"V"符号之间有奇数个非 0 符号时这一点是能够满足的;而当相邻"V"符号之间有偶数个非 0 符号时则无法满足,此时需要再将该小段的第 1 个 0 变换成"+B"或"−B",使"B"符号的极性与前一非零符号的相反,并将本段的"V"符号的极性变为与"B"符号相同,让后面的非零符号从符号"V"开始再交替变化。例如:

消息代码: 1 0 1 1 0 0 0 0 0 0 0 0 1 1 0 0 0 0 0 0 1 …

HDB3 码: +1 0 −1 +1 0 0 0 +V 0 0 0 −1 +1 −B 0 0 −V 0 0 +1 …

代码序列为 10110000000011 0000001 时的 HDB3 码波形如图 2.3(b)所示。

二进制信息 1 0 1 1 0 0 0 0 0 0 0 1 1 0 0 0 0 0 0 1

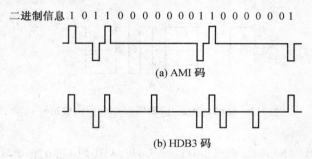

(a) AMI 码

(b) HDB3 码

图 2.3　AMI 和 HDB3 码的波形

虽然 HDB3 码的编码规则比较复杂,但译码却比较简单。首先从收到的符号序列中找到破坏极性交替的点,可以断定符号及其前面的 3 个符号必是连 0 符号,从而恢复四个连 0 码;再将所有的"−1"变换成"+1"后,就可以得到原消息代码。

HDB3 码除了保持 AMI 码的基带信号无直流成分、低频成分很小等优点,还具有连 0 个数最多不超过三个的特点,因而对定时信号的恢复十分有利。

**2. 数字基带传输中的码间干扰**

虽然数字基带信号的能量主要集中在低频段,但在频域内实际上是无穷延伸的。由于实际信道的频带都是有限的,并且偏离理想特性,因此接收端所收到的信号频谱必然与发送端不同。由于高频成分被滤去,接收端数字基带信号的波形将出现失真,一个码元的波形展宽到其他码元的位置,影响到其他码元,这种影响称为码间干扰。当码间干扰严重时,接收端判决错误的可能性就很大。

要获得性能良好的基带传输系统,必须保证信号在传输时不出现或少出现码间干扰,这是关系信号可靠传输的一个关键问题。奈奎斯特对此进行了研究,提出了不出现码间干扰的条件:若系统带宽为 $W$(Hz),则该系统无码间干扰时最高传码率为 $2W$(波特)。这一传码率通常被称为奈奎斯特速率。换言之,$2W$(波特)信号所需带宽为 $W$(Hz),这个带宽被称为奈奎斯特带宽。上述条件是传输数字信号的一个重要准则,通常称为奈奎斯特第一准则。

### 2.2.2　数字信号的调制传输

数字基带信号往往具有丰富的低频成分,只适合在低通型信道中传输(如双绞线)。而实际通信中使用的信道多为带通型,不能直接传送基带信号,必须通过调制将信号频谱搬移到较高的频带才能进行传输。数字信号的调制传输又称为数字信号载波传输或数字信号频带传输,是用数字基带信号对载波波形的某些参量进行控制,使载波的这些参量随基带信号的变化而变化。调制传输较复杂,但效率高,抗干扰性好,能长途传输。由于数字调制方式中调制信号是"1"或"0",对载波参数的控制相当于开关,所以数字调制方式通常被称为"键控法"。和模拟调制一样,数字基带信号也可以对载波的幅度、频率和相位进行键控,这三种数字调制方式分别称为振幅键控(Amplitude Shift Keying ,ASK)、频移键控(Frequency Shift Keying,FSK)和相移键控(Phase Shift Keying,PSK)。二进制数字信号的这三种基本调制方式的信号波形如图 2.4 所示。

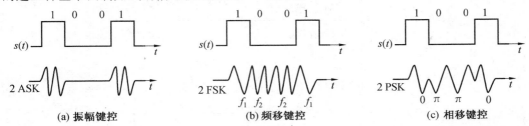

图 2.4　二进制数字信号的三种基本调制方式的信号波形

# 2.3　模拟信号数字化

如果信源输出的不是数字信号而是模拟信号,若要在数字通信系统中进行传输,应首先进行模/数(Analog to Digital, A/D)变换,在接收端还要进行相应的数/模(Digital to Analog, D/A)变换。语音、图像等常见的信源输出的都是模拟信号,在幅度取值上和时间上都是连续的。其中,语音信号是一维的,图像信号是多维的。语音信号的数字化称为语音编码;图像信号的数字化称为图像编码。对于语音信号进行数字化处理,需要进行时间和幅度的离散化处理,而对图像信号等多维信号数字化,还需在空间上也同时离散化。另外,彩色图像还需要将给定色度空间的三基色(如红、绿、蓝)值进行离散化。

### 2.3.1　脉冲编码调制

脉冲编码调制(Pulse Code Modulation,PCM)是实现模拟信号数字化的一种常用方式,主要经过三个过程:抽样、量化和编码。

**1. 抽样**

抽样就是对模拟信号进行周期性的扫描,每隔一定时间取出原始模拟信号的一个瞬时幅度值,从而将时间上连续的信号变成时间上离散的信号。完成抽样的器件称为"抽样门",实质上就是一个定时电子开关,一般由二极管或场效应管构成。利用脉冲序列对模拟信号进行抽样的过程,如图2.5所示。

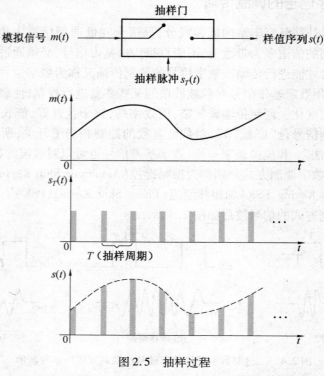

图2.5 抽样过程

模拟信号经过抽样后得到的抽样序列应当包含原模拟信号中的所有信息,也就是说能无失真地恢复出原模拟信号。根据奈奎斯特抽样定理,只要抽样频率大于或等于原模拟信号最高频率的2倍,信息量就不会丢失,也就是说可以由抽样后的时间上离散的信号不失真地重建原模拟信号。例如,话音信号的频带为300~3 400 Hz,则抽样频率至少要大于或等于6 800 Hz。话音信号的抽样频率通常取8 000 Hz。

**2. 量化**

抽样后的信号在时间上是离散的,但其幅度取值仍然是连续的,因此还是模拟信号。利用预先规定的有限个电平来近似表示模拟抽样值的过程称为量化。抽样过程将时间连续的信号变为时间离散的信号,而量化过程则是将取值连续的抽样变为取值离散的抽样。量化方式可以分为两类:均匀量化和非均匀量化。

(1)均匀量化

均匀量化也称为线性量化,是把输入信号的取值按等距离分割的量化方法。在均匀量化中,每个量化区间的量化电平通常取在各区间的中点。均匀量化的主要缺点是无论抽样值大小如何,量化噪声的均方根值都固定不变。因此,当信号幅度较小时,信号量化噪声功率比就会很小。

(2)非均匀量化

非均匀量化采用非相等的量化间隔对抽样得到的信号进行量化:对于信号幅度较小

的区间,其量化间隔也较小;反之,对于信号幅度较大的区间,其量化间隔较大。非均匀量化时,量化噪声的均方根值基本上与信号抽样值成正比,因此量化噪声对不同幅度信号的影响大致相同,改善了幅度较小的信号量化噪声功率比。

实际中,非均匀量化的实现方法通常是将抽样值通过压缩再进行均匀量化。所谓压缩就是用一个非线性变换电路将输入变量 $x$ 变换成另一个变量 $y$。通常使用的压缩器中,大多数采用对数式压缩,即

$$y = \ln x \tag{2.1}$$

广泛采用的两种对数压缩律是 μ 压缩律和 A 压缩律。美国采用 μ 压缩律,我国和欧洲各国采用 A 压缩律。

**3. 编码**

编码是将量化后的信号表示成为一个二进制码组输出,即用 $n$ 比特二进制码来表示已经量化的样值。

脉冲编码调制的系统框图如图 2.6 所示。图中,输入的模拟信号 $m(t)$ 经过抽样、量化和编码后变成了数字信号(PCM 信号),通过信道传输后到达接收端,先由译码器恢复出抽样值序列,再经过低通滤波器滤出模拟基带信号 $\hat{m}(t)$。

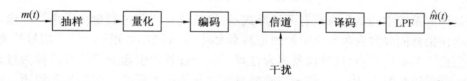

图 2.6　脉冲编码调制系统框图

## 2.3.2　增量调制

增量调制(Delta Modulation,DM 或 ΔM)也是模拟信号数字化的一种基本方式。它最早是由法国工程师 De Loraine 于 1946 年提出来的,其目的在于简化模拟信号的数字化方法。

增量调制可以看成是脉冲编码调制的一个特例,它们都是用二进制代码去表示模拟信号的方式。但是,在脉冲编码调制方式中,信号的代码表示信号抽样值的大小,而且为了减小量化噪声,一般需要较长的代码;而增量调制只用一位编码,这一位码不是用来表示信号抽样值的大小,而是表示抽样时刻波形的变化趋向。这是增量调制与脉冲编码调制的本质区别。

增量调制是预测编码中最简单的一种。它将信号瞬时值与前一个抽样时刻的量化值之差进行量化,并且只对这个差值的符号进行编码,而不对差值的大小编码。如果差值是正的,就发"1"码,若差值为负就发"0"码。因此数码"1"和"0"只是表示信号相对于前一时刻的增减,不代表信号的绝对值。同样,在接收端,每收到一个"1"码,译码器的输出相对于前一个时刻的值上升一个量阶。每收到一个"0"码就下降一个量阶。当收到连"1"码时,表示信号连续增长;当收到连"0"码时,表示信号连续下降。译码器的输出再经过

低通滤波器滤去高频量化噪声,就可以恢复原信号。只要抽样频率足够高,量化阶距大小适当,收端恢复的信号与原信号非常接近,量化噪声可以很小。

增量调制波形示意如图2.7所示。从图中可以看出,模拟信号 $m(t)$ 可以用阶梯波形 $m'(t)$ 来逼近,只要时间间隔 $\Delta t$ 和台阶 $\sigma$ 都很小,则 $m(t)$ 和 $m'(t)$ 将会非常接近。由于阶梯波形相邻间隔上的幅度差不是 $+\sigma$ 就是 $-\sigma$,因此可以用二进制代码的"1"和"0"分别代表 $m'(t)$ 在给定时刻上升一个台阶 $\sigma$ 和下降一个台阶 $\sigma$,这样模拟信号 $m(t)$ 就被一个二进制码的序列所表征。

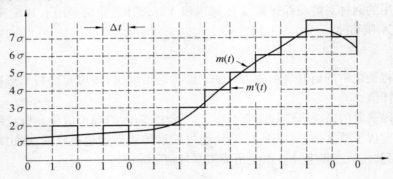

图 2.7　增量调制波形示意

增量调制系统中的量化噪声有两种形式:一般量化噪声和过载量化噪声。当输入信号的斜率比抽样间隔和台阶所决定的固定斜率大时,阶梯波形就跟不上输入信号的变化,因而产生很大的量化噪声,这种现象称为过载。由于过载而引起的量化噪声称为过载量化噪声。若无过载发生,则模拟信号与阶梯波形之间的误差就是一般的量化噪声。增量调制中的这两种形式的量化噪声如图2.8所示。

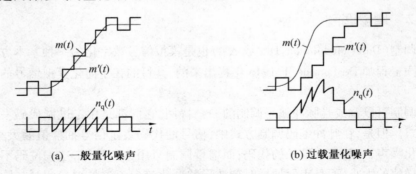

(a) 一般量化噪声　　　　　　　　　(b) 过载量化噪声

图 2.8　增量调制中两种形式的量化噪声

同脉冲编码调制方式相比,增量调制具有如下特点:

①在比特率较低时,增量调制的量化信噪比高于脉冲编码调制。

②增量调制抗误码性能好,可用于比特误码率为 $10^{-2} \sim 10^{-3}$ 的信道,而脉冲编码调制则要求信道误码率在 $10^{-4} \sim 10^{-6}$ 范围。

③增量调制通常采用单纯的比较器和积分器作编译码器(预测器),结构比 PCM 编译码器简单。

④当输入信号的斜率较大时,会产生过载量化噪声。

增量调制主要在军事通信和卫星通信中使用,有时也作为高速大规模集成电路中的 A/D 转换器使用。

# 2.4　数字通信的时分多路复用

## 2.4.1　时分多路复用的基本概念

为了提高通信系统信道的利用率,信号的传输往往采用多路复用的方式。所谓多路复用是指在一个信道上同时传输多路信号,有时也简称为复用。最基本的复用方式包括频分复用(Frequency Division Multiplexing,FDM)、时分复用(Time Division Multiplexing,TDM)以及码分复用(Code Division Multiplexing,CDM)。

时分多路复用是将整个传输时间划分成若干时间片,也就是时隙(Time Slot,TS),每个时隙被分配给一路信号使用,每一路信号在自己的时隙内独占信道进行数据传输。需要注意的一点是,时分多路复用各路信号在时域上是分离的,但在频域上各路信号频谱是混叠的。TDM 技术广泛应用于包括计算机网络在内的数字通信系统。

下面以多路数字电话系统为例说明时分多路复用的过程。图 2.9 为有 3 路话音输入信号的时分复用系统示意图。发送端的 3 路话音信号分别经低通滤波器将带宽限制在 3 400 Hz 以内,然后加到匀速旋转的电子开关 $S_T$ 上,$S_T$ 依次接通各路信号,这就相当于对各路信号按一定的时间间隙进行抽样。$S_T$ 旋转一周的时间为一个抽样周期 $T$,这样就做到了对每一路信号每隔周期 $T$ 时间抽样一次,此时间周期称为 1 帧长。由于单路话音信号的抽样频率通常规定为 8 000 Hz,因此 1 帧的时间为 125 μs。发送端电子开关 $S_T$ 不仅起到抽样作用,同时还起到复用和合路的作用。合路后的抽样信号进行量化和编码,然后,将信号码流送往信道。在接收端,将各分路信号码进行统一译码,还原后的信号由分路开关 $S_R$ 依次接通至各分路,在各分路中经低通滤波器将信号恢复为原始的模拟信号并送往收端用户。

在上述过程中,收、发双方必须保持严格的同步。这里的同步包括如下两个方面:

①时钟频率的同步:可以通俗地理解为收、发两端的电子开关旋转速率相同。

②帧时隙的同步:相当于收、发两端的电子开关起始点位置相同。

图 2.9　时分多路复用示意图

### 2.4.2　PCM 30/32 路系统

国际上有两种互不兼容的 PCM 时分复用系统:基于 A 律压缩的 30/32 路 PCM 系统和基于 μ 律压缩的 24 路 PCM 系统。我国和欧洲采用的是 30/32 路 PCM 系统,北美和日本采用 24 路 PCM 系统。

**1. PCM 30/32 路系统的帧结构**

PCM 30/32 路系统的帧结构如图 2.10 所示。由于话音信号的采样频率为 8 000 Hz,因此采样周期为 125 μs,也就是 1 帧的长度为 125 μs。1 帧划分为 32 个时隙,分别用 $TS_0$,$TS_1$,$TS_2$,$\cdots$,$TS_{31}$ 表示。由于采用的是 13 折线 A 律压缩编码,每个采样值编码后为 8 bit,因此 1 个时隙传送 8 bit。$TS_1 \sim TS_{15}$,$TS_{17} \sim TS_{31}$ 这 30 个时隙为用户时隙,用来传送 30 路话音信号。偶帧 $TS_0$ 用于传帧同步码,其中第 2~8 位码固定发 0011011,这 7 位码就是帧同步码。收端就是通过检测帧同步码来实现同步的;第 1 位码留作国际通用,不用时为 1。奇帧 $TS_0$ 用于传监视码、对端告警码等,其中第 2 位码固定发 1,称为监视码,它用于辅助同步过程的实现;第 3 位码为 $A_1$,用于传对端告警码,正常同步时为 0,不正常时即失步时发 1;第 1 位和第 4~8 位码可用于低速率数据通信,不用时为 1。$TS_{16}$ 用于传输信令码,比如某一个话路摘机、挂机、正常或故障,以及话务员的再振铃等信息。

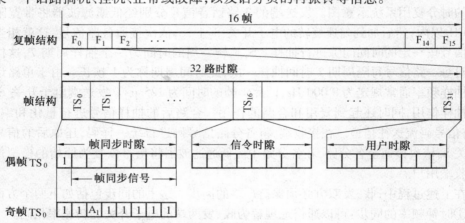

图 2.10　PCM 30/32 路系统帧的结构

各信道的上述信令信息只需用 4 位码就足够了,因此 1 个 $TS_{16}$ 可以分配给两个话路使用,30 个话路需要 15 个 $TS_{16}$ 传送信令。就传送信令而言,1 帧不够,要以连续 15 个帧为一群组来承担。为构成这个群组,还要多用一个 $TS_{16}$ 时隙做这个群组的界线标志。因此,30 个话路的信令应以连续 16 帧为周期传送,这 16 个帧构成的一个更大的帧称为复帧。一个复帧所含的 16 个子帧,分别用 $F_0 \sim F_{15}$ 来表示。$F_0$ 中,$TS_{16}$ 的 1~4 位传 0000,作为复帧同步码,其作用是保证收发信令同步;第 6 位码为 $A_2$,传复帧对端告警码,0 表示复帧同步,1 表示复帧不同步。第 5、第 7、第 8 位码备用,不用时暂时定为 1。$F_1$ 中,$TS_{16}$ 的第 1~4 位码传第 1 路信令,第 5~8 位码传第 16 路信令。$F_2$ 中,$TS_{16}$ 的第 1~4 位码传第 2 路信令,第 5~8 位码传第 17 路信令,……,$F_{15}$ 中,$TS_{16}$ 的第 1~4 位码传第 15 路信令,第 5～8 位码传第 30 路信令。一个复帧正好把 30 路信令传一遍,其周期为 2 ms。

由图 2.10 所示的帧结构可以看出,PCM30/32 路系统的码速率为

$$R = 8\ 000(帧/秒) \times 32(时隙/帧) \times 8(bit/时隙) = 2.048\ Mbit/s \qquad (2.2)$$

**2. PCM 30/32 路系统的同步技术**

PCM 30/32 路系统的同步技术包括位同步和帧同步(包括复帧同步),其中位同步是最基本的同步,是实现帧同步的前提。

(1)位同步

数字通信中的消息是一串相继的信号码元序列,接收端解码时必须知道每个码元出现的起止时刻,从而在适当时刻对码元进行判别。因而接收端必须产生一个用于进行判别的定时脉冲序列,其频率应与接收码元一致,相位应恒定。在接收端产生这样的定时脉冲序列的过程称为位同步,也称为码元同步。该定时脉冲序列称为位同步脉冲或码元同步脉冲。位同步解决收、发时钟信号的同频问题,它是正确识别和再生信号码元的保证。

位同步的基本要求是收发两端的时钟信号必须同频、同相。同频就是要求发送端发送了多少个码元,接收端必须产生同样多的再生判决脉冲。同相就是再生判决脉冲应该对准码元的中心,此时对码元的正确识别率最高。这是由于信道特性不理想,矩形脉冲到达接收端时会失真成为钟形脉冲,码元中心的信号电平最高。

位同步的实现方法基本上可分为两大类:外同步法和自同步法。外同步法就是除发送有用的数字信号外,还专门传送位同步所需的时钟信号,在接收端把它取出来作为位同步之用。自同步法就是发送端不专门向接收端传送位同步信号,而是接收端直接从接收到的信号码流中提取时钟信号,作为接收端的时钟基准,去校正或调整接收端本地产生的时钟信号,使收发双方时钟保持同步。

(2)帧同步

接收端对于收到的码元序列,不仅要正确地区分出哪 8 个比特是一组,代表一个抽样值,而且还要正确区分出它是代表哪路话音信号。这些问题的解决都依靠帧同步技术。帧同步必须在位同步的基础上实现。

PCM 30/32 路系统中,为了保证收、发端每帧各对应时隙在时间上“对准”,双方各话路的工作一一对应,接收端必须能够辨别每一帧的起止位置。为此,要求发送端必须提供每帧的起止标志,以便接收端能有效地确定每帧的起止位置。在接收端检测并获取帧起止标志的过程称为帧同步。另外,为了使接收端能正确分离出各话路的信令信息,接收端还必须能够辨别每个复帧的起止位置,也就是进行复帧同步。对于 PCM 30/32 路系统,是在发送端每偶帧 $TS_0$ 时隙的 2～8 位来传送帧同步码 0011011 的,所以接收端一旦识别出帧同步码 0011011,便可知随后的 8 位码为一个码字且属于第一话路的。依次类推,可接收每一路信号,从而对话音信号进行分路。PCM 30/32 路系统中,每一复帧的 $F_0$ 子帧中,$TS_{16}$ 时隙的 1～4 位传送复帧同步码 0000,接收端一旦识别出复帧同步码 0000,便可确定复帧的起止位置,从而对信令信息进行分路。由于用户信息中有可能出现和帧同步码或复帧同步码相同的比特序列,即伪同步码,为了避免由于伪同步码的出现而误判为同步,通常要求在连续几帧的同步检测中均检测到同步码时才确认为真正的同步。

为了完成同步功能,在接收端需要同步码识别装置和调整装置。同步码识别装置用

于识别接收 PCM 信号序列中的同步码的位置。当收、发两端同步码位置不对应时,通过调整装置对接收端进行调整,使二者的位置相对应。

实际中,我们总是希望系统捕捉同步码的速度要快,即从失步进入同步的时间要尽可能地短。特别是在正常通话时,一旦失去同步,系统应具有迅速地恢复同步的能力,这个时间应短到使用户感觉不出来,通常应小于 100 ms。另一个要求是在已经同步的状态下,不能轻易失步,一般要求在 3 ms 时间内没检测到同步码时,系统仍能保持同步状态。

# 2.5 数字复接技术

## 2.5.1 数字复接的概念

在数字通信系统中,为了扩大传输容量和提高传输效率,常常需要将若干个低速数字信号合并成一个高速数字信号,以便在高速信道中传输;在到达接收端后,再把这个高速数字信号分解还原成为相应的各个低速数字信号。这种技术称为"数字复接技术"。采用数字复接技术,可以使一条高速数字信道用作多条低速数字通道,从而大大提高数字传输系统的传输效率。

数字复接系统由数字复接器和数字分接器两部分组成,如图 2.11 所示。

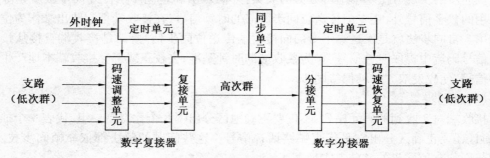

图 2.11    数字复接系统组成

数字复接器由定时、码速调整和复接三个单元组成,其作用是在发送端将多个低速数字支路(低次群)按时分复用方式合并成为一个高速数字信号(高次群)。定时单元的功能主要是提供一个统一的基本准时钟,产生复接所需的各种定时控制信号。码速调整单元是在定时单元控制下,将速率不同的各支路信号进行调整,使之适合进行复接。复接单元也受定时单元控制,对已经调整好的支路信号实施复接,形成一个高速的合路数字流(高次群);同时复接单元还必须插入帧同步信号和其他监控信号,以便接收端能够正确地分离出各路信号。

数字分接器由同步、定时、分接和码速恢复四个单元组成。同步单元控制分接器的基准时钟,使之和复接器的基准时钟保持正确的相位关系,即保持收发同步,并从高速数字信号中提取定位信号送给定时单元。定时单元通过接收信号序列产生各种控制信号,并分送给各个支路进行分接。分接单元将各路数字信号进行时间上的分离,形成同步的支路数字信号。码速恢复单元还原出与发端一致的低速数字信号。

如需进一步扩大数字通信系统的容量,可以将四个 30 路 PCM 系统的基群信号再进行时分复用,合成为一个 120 路的二次群信号,将四个 120 路的二次群信号又可以合成一个 480 路的三次群信号……这些由低次群合成为高次群的方法都是通过数字复接技术来实现的。

### 2.5.2　数字复接方式

**1. 按位复接、按字复接和按帧复接**

数字复接按照码元的排列方式可以分为三类:按位复接、按字复接和按帧复接。

（1）按位复接

按位复接又称为比特复接,即复接时每个支路按照被复接支路的顺序,每次只取 1 个支路的 1 位码进行复接。图 2.12(a)为四个 PCM30/32 路基群的 $TS_1$ 时隙($CH_1$话路)的码字情况,图 2.12(b)为按位复接二次群的码元排列情况。按位复接要求的复接电路存储量小,设备简单,准同步数字体系大多采用按位复接的方式。但这种方式破坏了字节的完整性,不利于以字节为单位的信号的处理和交换。

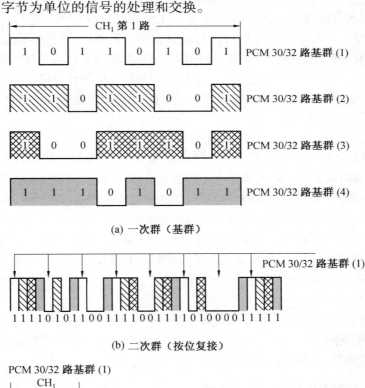

(a) 一次群（基群）

(b) 二次群（按位复接）

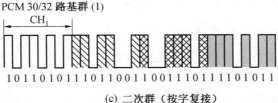

(c) 二次群（按字复接）

图 2.12　按位复接与按字复接

（2）按字复接

按字复接是每次复接各低次群（支路）的一个码字形成高次群。图 2.12（c）为按字复接二次群码元排列情况。按字复接保证了一个字节的完整性，有利于以字节为单位的信号的处理和交换，但要求有较大的存储容量，同步数字体系大多采用按字复接方式。

（3）按帧复接

按帧复按是每次复接 1 个支路的 1 帧（256 bit）。这种方式的优点是复接时不破坏原来的帧结构，有利于交换，但要求更大的存储容量。

**2. 同步复接、准同步复接和异步复接**

数字复接系统中，被复接的各支路数字信号彼此之间必须同步并与复接器的定时信号同步方可复接。根据被复接的各支路时钟情况，数字复接技术可以分为同步复接、准同步复接和异步复接三类。

（1）同步复接

同步复接系统中，被复接的各个低次群是用一个高稳定性的主时钟来控制的，它们的码速率统一在主时钟的频率上。虽然每个支路数字信号的时钟出自同一时钟源，但可能各自经过不同的传输路径，支路数字信号相对于复接控制信号不一定保持理想的同步关系，复接时通常需要对各个支路信号进行相位调整。另外，为了使接收端能够正确地分接，各支路在复接时还需插入一定数量的帧同步码、对端告警码以及邻站监测和勤务联系等业务码，码速率就会增加，因此还必须进行码速调整方可进行复接。同步复接的优点是复接设备相对来说比较简单，复接效率高，复接损伤小；缺点是主时钟一旦出现故障，相关的通信系统将全部中断。

（2）准同步复接

准同步复接也称为异源复接。在准同步复接系统中，参与复接的各支路码流时钟的标称值相同，而码流时钟实际值是在一定的容差范围内变化。严格地说，如果两个信号以同一标称速率给出，而实际速率的容差都限制在规定的范围内，则这两个信号被称为是准同步的。例如，具有相同的标称速率和相同稳定度的时钟，但不是由同一个时钟源产生的两个信号通常就是准同步的。准同步复接分接允许时钟频率在规定的容差范围变动，对于参与复接的支路时钟相位关系就没有任何限制。准同步复接的复接效率与同步复接相差不多，但其复接设备较同步复接设备复杂一些。

（3）异步复接

在异步复接系统中，被复接的各输入支路之间及与复接器的定时信号之间均是异步的，其频率变化范围不在允许的变化范围之内，必须进行码速调整方可进行复接。异步复接的设备比较简单，但复接的效率较低。

### 2.5.3　数字复接中的码速调整

不论同步复接、准同步复接或异步复接，都需要进行码速调整。对于准同步复接和异步复接，由于几个低次群数字信号复接成一个高次群数字信号时，各个低次群的时钟是各自产生的，即使它们的标称码速率相同，但由不同的晶体振荡器产生的时钟频率不可能完全相同，各个支路的瞬时码速率也可能是不同的。如果将码速率不同的低次群直接进行复接,几个低次群的码元就会产生重叠或错位,这样复接合成后的数字信号流,在接收端是无法分接并恢复成原来的低次群信号的。对于同步复接,虽然各低次群的码速率完全一致,但复接后的码序列中还要加入帧同步码、对端告警码等附加码元,这样码速率就要增加,因此同样需要进行码速调整。例如,ITU-U 规定的以 2.048 Mbit/s 为基群的二次群的码速率为 8.448 Mbit/s,而四个 PCM 一次群的速率之和为 $4 \times 2.048$ Mbit/s $=$ 8.192 Mbit/s。这是由于四个 PCM 一次群在复接时插入了附加码元,因此进行复接时需要将每个基群的码速率由 2.048 Mbit/s 调整到 2.112 Mbit/s。由此可见,将几个低次群复接成高次群时,必须采取适当的措施,以调整各低次群系统的码速率使其同步,同时使复接后的码速率符合高次群帧结构的要求。

码速调整主要包括正码速调整、正/负码速调整和正/负/零码速调整三种,其中正码速调整应用最为广泛,因此这里仅对正码速调整进行介绍。

所谓正码速调整是指进行码速调整后的速率高于调整前的速率。目前采取比较多的一种正码速调整方法是脉冲插入同步。其码速调整电路和码速恢复电路由缓冲存储器和一些必要的控制电路组成。图 2.13 和图 2.14 所示分别为复接器的码速调整原理框图和分接器的码速恢复原理框图。图中,$f_L$ 和 $f_m$ 分别代表进行码速调整前的速率和进行码速调整后的速率,并且 $f_L < f_m$。在发送端,各支路在写入脉冲的控制下以 $f_L$ 的速率写入缓冲存储器,而在读出脉冲的控制下以 $f_m$ 的速率从缓冲存储器中读出,处于“慢写快读”状态。在接收端,分解出来的各支路速率为 $f_m$,在写入脉冲的控制下,以 $f_m$ 的速率将数码流写入缓冲存储器,在读出脉冲的控制下,以 $f_L$ 的速率读出,处于“快写慢读”状态。

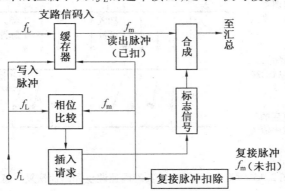

图 2.13　复接器的码速调整原理框图

在发送端,假定缓存器中的信息原来处于半满状态,由于缓存器处于“慢写快读”状态,随着时间的推移,缓存器中的信息势必越来越少,如果不采取特别措施,终将导致缓存器中的内容被取空,此时再读出的信息将是虚假的信息。在电路设计时,可以在缓存器尚未取空但将要取空时,使它停读 1 次,而插入 1 个标志信号脉冲(非信息码)。是否需要插入脉冲是通过比较写入和读出时钟的相位差来控制的,当相位差减小到一定程度时,相位比较电路就输出 1 个插入请求指令,该指令用来控制停止 1 次读出脉冲。由于没有读出脉冲,缓存器中信息就不能被读出,而这时信息仍然向缓存器中读入,因此缓存器的信

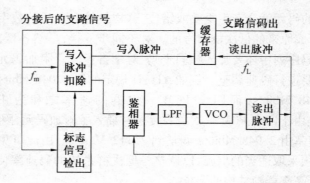

图 2.14 分接器的码速恢复原理框图

息便会增加 1 比特。图 2.15 为脉冲插入同步法实现码速调整和码速恢复的示意图。从图中可以看出,最初写入和读出时钟的相位差较大,随着时间的推移二者的相位差越来越小,到第六个脉冲到来时,相位差几乎为 0。为了防止取空,这时就停读一次,同时插入一个标志信号脉冲。

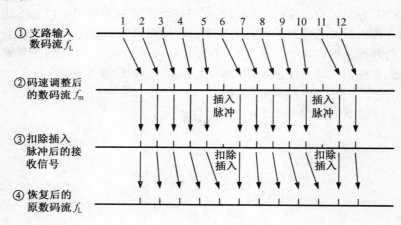

图 2.15 脉冲插入同步法实现码速调整和码速恢复示意图

在接收端,分接器先将高次群进行分接,分接后的各支路信码分别以速率 $f_m$ 写入各自的缓存器,并以速率 $f_L$ 读出。为了去掉发送端插入的标志信号脉冲,首先要通过标志信号检出电路检出标志信号脉冲,然后通过写入脉冲扣除电路控制停止 1 次写入脉冲。由于没有写入脉冲,此时缓存器就不能写入信息,从而可以将标志信号扣除。扣除了标志信号后的支路信码的顺序与原信码一样,但在时间间隔上是不均匀的,中间有空隙,而长时间的平均码速率与原信号是相同的。脉冲间隔均匀化的任务由锁相环完成。鉴相器的输入为已扣除插入脉冲的 $f_m$,另一个接 VCO 输出,经鉴相、低通和 VCO 后获得一个频率等于时钟平均频率的读出时钟 $f_L$。

# 2.6 同步数字体系

## 2.6.1 SDH 的产生背景和主要特点

### 1. SDH 的产生背景

在数字通信系统中,传送的信号都是数字化的脉冲序列。这些数字信号流在数字交换设备之间传输时,其速率必须完全保持一致,才能保证信息传送的准确无误,这就是"同步"。

在以往的电信网中普遍采用的是准同步数字体系(Plesiochronous Digital Hierarchy, PDH)。采用 PDH 的系统,是在数字通信网的每个节点上都分别设置高精度的时钟,这些时钟的信号都具有统一的标称速率。尽管每个时钟的精度都很高,但总还是有一些微小的差别。为了保证通信的质量,要求这些时钟的差别不能超过规定的范围。因此,这种同步方式严格来说并不是真正的同步,所以称为"准同步"。PDH 主要面向话音业务,采用时分复用技术实现多路话音信号的传送。国际电联推荐了两类 PDH 数字速率和数字复接等级,即中国、欧洲采用的 2.048 Mbit/s(30/32 路 PCM)和北美、日本采用的 1.544 Mbit/s(24 路 PCM)作为基群(即一次群)的数字速率系列。

这两类数字速率系列各级群路的话路容量、速率均列于表 2.1 中。需要注意的是,表中不同群的速率不成整数倍关系,合成高次群速率总是略高于低次群速率的 4 倍。例如,30/32 路系列的基群速率为 2.048 Mbit/s,二次群的速率不是 $4 \times 2.048$ Mbit/s = 8.192 Mbit/s,而是取 $4 \times 2.048$ Mbit/s + 0.256 Mbit/s = 8.448 Mbit/s。这是因为在合成过程中需要额外多加入些码元,用来调整各分路信号的位置,来满足同步的要求。

表 2.1 PDH 话音传输与复用等级

| 系列 | 级别 | 标称话路数 | 码速率/(Mbit·s$^{-1}$) |
|---|---|---|---|
| 30 路系列 | 基群 | 30 | 2.048 |
| | 二次群 | 120 | 8.448 |
| | 三次群 | 480 | 34.368 |
| | 四次群 | 1 920 | 139.264 |
| 24 路系列 | 基群 | 24 | 1.544 |
| | 二次群 | 96 | 6.312 |
| | 三次群 | 480(日) | 32.046 |
| | | 672(美) | 44.736 |

随着现代信息网络的发展,PDH 逐渐暴露出一些固有的弱点,其存在的主要问题包括如下几个方面:

(1)缺乏统一的传输标准

PDH 没有统一的世界性标准,只有地区性的电接口规范,存在三种地区性标准(北美、日本和欧洲），而这三者之间又互不兼容，因而造成国际互通难以实现。

（2）面向话音业务

现代通信的一个重要发展趋势是多业务，PDH 主要是为话音业务设计，因而很难很好地支持不断出现的各种新业务。

（3）点对点的传输方式

PDH 是在点对点的传输基础上建立起来的，缺乏网络拓扑的灵活性，使得数字信道设备的利用率较低，造成网络的调度性较差，同时也很难实现良好的自愈功能。

（4）缺乏统一的光接口标准规范

虽然已有电接口的标准规范 G.703，但由于各厂家均采用自行开发的线路码型，缺少统一的光接口标准规范，因而使得同一数字等级上光接口的信号速率不一致，致使不同厂家的设备无法相互兼容，给组网、管理和网络互通带来了很大困难。

（5）复用结构复杂

现有的 PDH 只有码速率为 1.544 Mbit/s 和 2.048 Mbit/s 的基群信号采用同步复用，其余高速等级信号均采用准同步复用，难以实现低速和高速信号间的直接互通，缺乏灵活性。复用/解复用时需要逐级进行码速调整，从而增加了设备的复杂性、体积和功耗，使信号产生损伤。

（6）系统管理能力弱

PDH 的复用信号结构中没有安排很多用于网络运行、管理、维护和指配的比特，只是通过线路编码来安排一些插入比特用于监控。PDH 的网络运行和管理主要靠人工的数字信号交叉连接，这种仅依靠手工方式实现数字信号连接等功能难以满足用户对网络动态组网和新业务接入的要求，而且由于各厂家自行开发网管接口设备，因而难以支持新一代网络所提出的统一网络管理的目标要求。

20 世纪 80 年代中期以来，光纤通信由于具有廉价、优良的带宽特性在电信网中得到了越来越广泛的应用，其应用场合已经逐步从长途通信、市话局间中继通信转向接入网。人们希望现代信息传输网络能快速、经济、有效地提供各种电路和业务，而由于 PDH 固有的缺陷，仅在原有的 PDH 技术体制基础上进行修改或完善已无济于事。同步数字体系（Synchronous Digital Hierarchy，SDH）就是在这种背景下发展起来的。

**2. SDH 的概念和主要特点**

20 世纪 80 年代，美国贝尔实验室的研究人员首先提出了同步光网络（Synchronous Optical Network，SONET）的概念。SONET 是使用光纤进行数字化信息通信的一个标准，其基本思想是采用一整套分级的标准数字传送结构组成同步网络，可在光纤上传送经适配处理的电信业务。1986 年，这一体系成为美国数字体系的新标准。1988 年，国际电信联盟经过充分的讨论协商，对 SONET 进行了适当的修改，重新命名为同步数字体系，使之成为不仅适用于光纤，也适用于微波和卫星传输的技术体制。SDH 与 SONET 相比，二者之间的主要思想和内容基本一致，但在一些技术细节有一些差别，主要是速率等级、复用映射结构、开销字节定义、指针中比特定义、净负荷类型等方面。近年来，SDH 与 SONET 的标准各自都有一些修改，并向彼此靠拢，尽量做到兼容互通。

SDH 是一套可进行同步信息传输、复用、分插和交叉连接的标准化数字信号的结构等级,它采用的信息结构等级称为同步传送模块(Synchronous Transport Module)STM-N($N$=1,4,16,64,…),其中最基本的模块为 STM-1。四个 STM-1 同步复用构成 STM-4,十六个 STM-1 或四个 STM-4 同步复用构成 STM-16,四个 STM-16 同步复用构成 STM-64,依次类推。表 2.2 给出了 SDH 的标准速率等级。

表 2.2　SDH 的标准速率等级

| SDH 等级 | 标准速率/(Mbit·s⁻¹) |
| --- | --- |
| STM-1 | 155.520 |
| STM-4 | 622.080 |
| STM-16 | 2 488.320 |
| STM-64 | 9 953.280 |

SDH 之所以能够快速发展与它自身的特点是分不开的。SDH 的主要优点包括以下几个方面:

(1)接口标准规范统一

SDH 具有全世界统一的网络节点接口(NNI),对各网络单元的接口有严格的规范要求,包括数字速率等级、帧结构、复接方法、线路接口、监控管理等,从而使不同厂家的网络单元可以互通。

(2)适用于多种传输介质

SDH 并不专属于某种传输介质,它既可用于双绞线、同轴电缆,也可以用于光纤、微波和卫星传输。这一特点表明,SDH 既适合用作干线通道,也可作支线通道。

(3)兼容性好

SDH 能与现有的两种码速率的 PDH 完全兼容,并兼容各种新的业务信号(如 ATM 信元、FDDI 信号等)。因此,SDH 具有完全的前向兼容性和后向兼容性。

(4)新型的复用映射方式

SDH 采用同步复用方式和灵活的复用映射结构,使低阶信号和高阶信号的复用/解复用一次到位,大大简化了设备的处理过程,从而简化了运营和维护,改善了网络的业务透明性。

(5)先进的指针调整技术

在理想情况下,网络中各网元都由统一的高精度基准时钟定时,但实际网络中各网元可能分别属于不同的运营者,因此有时可能出现一些定时偏差。SDH 采用了先进的指针调整技术,可实现准同步环境下的良好工作,并有能力承受一定的定时基准丢失。

(6)网络管理能力强

SDH 帧结构中安排了丰富的开销比特,使得网络的运行、管理和维护能力大大增强。

(7)独立的虚容器设计

SDH 引入了虚容器(Virtual Container,VC)的概念。所谓虚容器是一种支持通道层连接的信息结构,当将各种业务经处理装入虚容器后,系统只需要处理各种虚容器即可,而不用关心具体信息结构如何,因此具有很好的信息透明性,同时也减少了管理实体的数量。

（8）动态组网与自愈能力强

由于采用了先进的分插复用器（Add/Drop Multiplexer，ADM）、数字交叉连接（Digital Cross Connect，DXC）等设备对各种端口速率进行可控的连接配置，对网络资源进行自动调度和管理，因此既提高了资源利用率，又大大增强了组网能力和自愈能力，同时也降低了网络的维护管理费用。

同步复用、强大的网络管理能力和统一的接口和复用标准是 SDH 的最为核心的三大特点，并由此带来了许多优良的性能。但 SDH 作为一种新的技术体制，也存在一些不足之处，主要体现在以下几方面：

（1）频带利用率低

由于在 SDH 的帧结构中有大量的用于网络的运行、管理和维护的开销字节，因此在系统可靠性大大增强的同时也带来一个问题，就是传输效率的下降。在相同时间传输同样多有效信息的情况下，SDH 信号的传输速率要高于 PDH 信号的传输速率，也就是 SDH 信号所占用的频带要比 PDH 信号所占用的频带宽。

（2）抖动性能差

指针是 SDH 的一大特色，为网络带来了诸多方便，但是指针功能增加了系统的实现复杂性，同时也引起了较大的相位跃变，使抖动性能劣化，尤其是经过 SDH/PDH 的多次转接，使信号损伤更为严重，必须采取有效的相位平滑等措施。

（3）软件的大量使用对系统安全性的影响

SDH 的一大特点是智能化设备和软件的大规模使用，这使得网络应用十分灵活，设备体积也减少了许多，但同时也使系统很容易受到计算机病毒的侵害，特别是在计算机病毒无处不在的今天。另外，人为的操作错误、软件故障、各种非法用户的侵入等都可能导致网络出现重大故障，甚至造成全网瘫痪。因此系统的安全性就成了一个很重要的问题，必须进行强有力的安全管理。

（4）IP 业务对 SDH 网络结构的影响

随着网络的 IP 业务量越来越大，将会出现业务量向骨干网的转移、收发数据的不对称性、网络 IP 业务量大小的不可预测性等特征，对底层的 SDH 传送网结构将会产生重大的影响。例如，在目前的长途骨干传送网上，SDH 环是主要的网络结构，这种 SDH 环非常适合于可预测的电话业务量，但是当数据（特别是 IP 业务量）大量增加时，就会出现一些不相适应的问题。

综上所述，SDH 技术尽管还存在一些不足，但从总体上看具有良好的性能，因此成为目前传送网的主流技术。

## 2.6.2　SDH 的帧结构

在同步时分复用系统中，数据传输是以帧为单位进行的。对所传输的信号来说，在其时间轴上可以看作传输结构完全相同的一个个帧，这样就不必确定时间的绝对起点，而只需要确定和区分每一个帧，这一功能由帧同步完成。SDH 网实现的一个关键是能对 STM-$N$ 信号进行同步的数字复用、交叉连接和交换，因而要求帧结构必须能适应所有这些功能。为此，SDH 采用了一种与 PDH 信号的条形帧结构完全不同的块状帧结构，并以字节为单位排列,如图 2.16 所示。

STM-$N$($N$=1,4,16,64,…)信号的帧结构由纵向 9 行和横向 270×$N$ 列字节组成,帧周期为 125 μs,也就是每秒传送 8 000 帧。传输时在一帧内的发送顺序是从第一行的第一个字节开始,由左向右到第一行的最后一个字节;然后由第二行第一个字节到第二行的最后一个字节,如此从左到右、从上到下,逐行按顺序传送完整个帧的全部字节,再传送下一个帧。对于 STM-$N$ 而言,每帧共包括

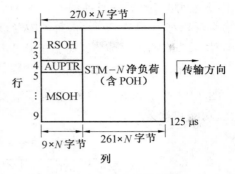

图 2.16　SDH 的帧结构

9×270×$N$ 字节×8 bit/字节=$N$×19 440 bit,因此 STM-$N$ 的速率为 $N$×19 440 bit/帧×8 000 帧/s=$N$×155.52 Mbit/s。例如,STM-1 的速率为 155.52 Mbit/s,STM-4 的速率为 622.08 Mbit/s,STM-16 的速率为 2 488.32 Mbit/s,等等。

**1. STM-$N$ 帧结构**

STM-$N$ 帧结构由三个基本区域组成,即段开销、信息净负荷和管理单元指针。

(1)段开销区域

段开销(Section Overhead,SOH)是在 STM-$N$ 帧结构中用于保证信息净负荷正常传送所需的附加字节,其主要作用是提供帧同步和网络运行、管理和维护使用的字节。段开销又分为再生段开销(Regeneration Section OverHead,RSOH)和复用段开销(Multiplex Section OverHead,MSOH)。再生段开销负责管理再生段,可在再生器接入,也可以在终端设备接入,它位于帧结构中 1～9×$N$ 列的 1～3 行。复用段开销负责管理由若干个再生段组成的复用段,它将透明地通过每个再生段,只能在管理单元组(Administration Unit Group,AUG)进行组合或分解的地方才能接入或终结,它位于帧结构中 1～9×$N$ 列的 5～9 行。对于 STM-$N$ 而言,每帧用于 SOH 的比特数为 8×9×$N$ 字节×8 bit/字节=$N$×576 bit。由于每秒传输 8 000 帧,因此 STM-$N$ 每秒用于 SOH 的比特数为 $N$×576 bit/帧×8 000 帧=$N$×4.608 Mbit。

(2)信息净负荷区域

在 STM-$N$ 帧结构中,除了第 1～9×$N$ 列的 1～9 行外,剩余的 261×$N$ 列的 1～9 行定义为净信息负荷区域。此区域是帧结构中存放各种业务信息的地方,另外也存放少量用于通道性能监视、管理和控制的通道开销(Path Overhead,POH)。通道开销包括低阶通道开销(Lower order Path Overhead,LPOH)和高阶通道开销(Higher order Path Overhead,HPOH)。POH 通常作为信息净负荷的一部分与信息码流一起在网络中传送。对于 STM-$N$ 而言,每帧中净荷区域的比特数为 $N$×9×261 字节×8 bit/字节=$N$×18 792 bit,约占每帧总比特数的 96.7%。由此可见,由于帧容量很大,虽然段开销较大,但 SDH 的传输效率还是很高的。

(3)管理单元指针区域

管理单元指针(AU-PTR,Administrative Unit Pointer)主要用来指示信息净负荷的第 1 个字节在 STM-$N$ 帧内的准确位置,以便接收时能够正确分离净负荷以及利用指针调整

技术解决网络节点间的时钟偏差。在 STM-$N$ 帧结构中,管理单元指针位于第 $1\sim9\times N$ 列的第 4 行。对于 STM-$N$ 而言,每帧中管理单元指针区域的比特数为 $N\times9$ 字节 $\times8$ bit/字节 $= N\times72$ bit,约占每帧总比特数的 0.4%。

**2. STM-1 段开销字节安排**

图 2.17 所示为 STM-1 段开销字节安排。下面以 STM-1 为例介绍各个开销字节的定义、功能和意义。

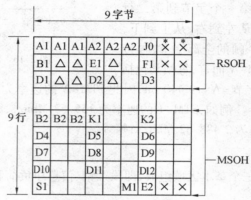

图 2.17　STM-1 段开销字节安排

注:△为与传输媒质有关的字节(暂用);×为国内使用的保留字节;*为不扰码字节。所有未标记字节将来国际标准确定(与媒质有关的应用、附加国内使用和其他用途)

(1)定帧字节:A1 和 A2

SDH 信号是以一帧一帧的形式顺序送出的,定帧字节的作用就是识别一帧的起始位置,以区分各帧,即实现帧同步功能。A1 和 A2 的二进制码分别为 11110110 和 00101000。定帧字节的长度与同步所需时间和系统复杂程度均有关系,STM-1 采用 6 个定帧字节是综合考虑了各种因素的结果。A1 和 A2 不经扰码,全透明传送。当收信正常时,再生器直接转发该字节;当收信故障时,再生器重新产生该字节。

(2)再生段踪迹字节:J0

在 SDH 网络中,为了检验再生段中信号源端和终端是否是按要求而连接的,引入了 J0。该字节被用来重复发送段接入点识别符,以便使接收机能据此确认其与指定的发射机是否处于持续的连接状态。

(3)数据通信通路:D1～D12

为实现 SDH 网络管理的诸多功能,需要建立数据通信通路(Data Communications Channel,DDC)。利用开销中的 D1～D12 字节可提供所有 SDH 网元都能接入的通用数据通信通道,并作为 SDH 管理网的传送链路。其中,D1～D3 字节为再生段数据通信通路,用于再生段终端间传送网络的管理信息;D4～D12 字节为复用段数据通信通路,用于复用段终端间传送网络的管理信息。

(4)公务联络字节:E1 和 E2

E1 和 E2 用于提供公务联络话音通路。其中 E1 属于再生段开销,提供速率为 64 kbit/s的话音通路,用于再生段再生器之间的公务联络,可在再生段终端接入;E2 属于复用段开销,提供速率为 64 kbit/s 的话音通路,用于复用段终端之间的公务联络,可在复用段终端接入。

(5)使用者通用字节:F1

该字节是留给使用者(通常为网络提供者)专用的,主要为特殊维护目的而提供临时的数据/话音通路连接,速率为 64 kbit/s。

(6)自动保护倒换(Automatic Protect Switch,APS)通路字节:K1 和 K2(b1~b5)

当工作通路出现故障时可利用 K1 和 K2(b1~b5)作为自动保护倒换指令。其中,K1字节的第 1~4 比特用来描述 APS 请求的原因和系统当前的状态,第 5~8 比特为请求APS 的系统序号;K2 字节的第 1~4 比特用来表示响应 APS 的系统序号,第 5 比特用于区分 APS 的保护方式,即 1+1 保护还是 1:N 保护方式。

由于是专用于保护目的的嵌入信令通路,因此响应时间较快。其基本应用方式与实现过程如下所述:当某工作通路出现故障后,下游端会很快检测到故障,并利用上行方向的保护光纤送出 K1 字节,K1 字节内包含有故障通路编号。当上游端收到 K1 字节后,将本端下行方向工作通路光纤桥接到下行方向的保护光纤,同时利用下行方向的保护光纤送出 K1 和 K2 字节,其中 K1 字节作为倒换要求,K2 字节作为证实。在下游端,收到的K2 字节对通路编号进行确认,并最后完成下行方向工作通路光纤与下行方向保护光纤在本端的桥接;同时按照 K1 字节要求向上行方向的保护光纤送出 K2 字节。当上游端收到K2 字节后,将执行上行方向工作通路与保护光纤在本端的桥接,从而将两根工作通路光纤几乎同时地倒换至两根保护光纤上,完成整个 APS 过程。

(7)复用段远端缺陷指令(Multiplex Section-Remote Defect Indication,MS-RDI)字节:K2(b6~b8)

利用 K2 的第 6~8 比特可向发送端回送一个指示信号,表示接收端已经检测到上游端缺陷或收到复用段警告信号(Multiplex Section-Alarm Indication Signal,MS-AIS),其规则为:当解扰后 K2 的 b5~b8 为"110"则表示 MS-AIS。

(8)同步状态字节:S1(b5~b8)

同步是 SDH 网络的重要特性,为了对各种同步状态进行描述,采用了 S1 的多种编码。例如,"0010""0100""1000"和"1011"分别表示不同的同步等级;"0000"表示同步质量不确定;"1111"表示不应用作同步等。

(9)比特间插奇偶校验 8 位码(Bit Interleaved Parity-8,BIP-8):B1

为了随时检测 SDH 网络的传输性能,需要在不中断用户业务的前提下,提供误码性能的检测。在 SDH 中采用了比特间插奇偶校验的方法,B1 字节用作再生段的误码监测。

图 2.18 为 BIP-8 偶校验运算方法示意图。误码监测的原理如下:发送端对上一帧扰码后的所有比特按 8 比特为一组分成若干码组。将每一码组内的第 1 个比特组合起来进行偶校验;若所有码组内的第 1 个比特中"1"的个数为奇数,则本帧 B1 字节的第 1 个比特置为"1";若所有码组内的第 1 个比特中"1"的个数为偶数,则本帧 B1 字节的第 1 个比特置为"0"。依次类推,形成本帧扰码前的 B1 字节(b1~b8)。接收端以上述规则作为判决依据,若发现不符,则定为误码。该方式简单易行,但若在同一监视码组内恰好发生偶数个误码的情况,则无法检出,当然这种情况出现的可能性较小。由于每个再生段都要重

新计算 B1,因而故障定位就比较容易实现。

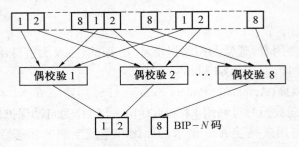

图 2.18　BIP-8 偶校验运算方法

（10）比特间插奇偶校验 $N\times24$ 位码（Bit Interleaved Parity-$N\times8$,BIP-$N\times24$）:B2

B2 字节用作复用段误码监测,其误码监测的原理与 BIP-8 类似,只不过计算的范围是对前一个 STM-$N$ 帧中除了 RSOH 以外的所有比特进行计算,并将结果作为本帧扰码前的 B2 字段。出于 B2 的计算未包含 RSOH,因此可使再生器能在不中断基本性能监视的情况下读出或写入 RSOH。

（11）复用段远端差错指示（Multiplex Section-Remote Defect Indication,MS-REI）字节:M1

该字节用来传送 BIP-$N\times24$ 所检出的误块个数,但对于不同的 STM 等级,M1 所表示的含义与范围有所不同。

### 2.6.3　SDH 的同步复用和映射原理

#### 1. SDH 的复用结构和复用单元

SDH 的复用结构是由一系列基本单元组成,而复用单元实际上就是一种信息结构。不同的复用单元信息结构不同,因而在复用过程中所起的作用也不同。SDH 的基本复用映射结构如图 2.19 所示,复用单元有容器（C）、虚容器（VC）、管理单元（AU）、支路单元（TU）等。这些复用单元的定义和功能如下所述。

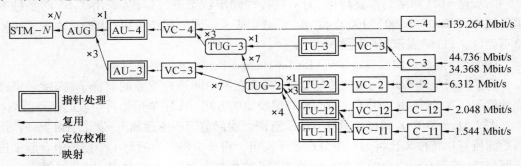

图 2.19　SDH 基本复用映射结构

（1）容器

容器（C）是用来装载各种速率业务信号的信息结构,主要完成 PDH 信号和虚容器（VC）之间的适配功能（如码速调整）。针对不同的 PDH 信号,ITU-T 规定了 5 种标准容器,即 C-11、C-12、C-2、C-3 和 C-4,每一种容器分别对应一种标称的输入速率。其中 C4 为高阶容器,其余的均为低阶容器。为了使复用路线唯一化,我国的 SDH 复用结构中仅用了 C12、C-3 和 C-4 这三种容器,对应的标称输入速率分别为 2.048 Mbit/s、34.368 Mbit/s 和 139.264 Mbit/s。

（2）虚容器

虚容器(VC)是用来支持 SDH 通道层连接的信息结构。VC 信号是由标准容器的信号再加上用以对信号进行维护和管理的通道开销 POH 构成的,即

$$VC-n = C-n + VC-n \ POH \qquad (2.3)$$

虚容器又分为高阶虚容器和低阶虚容器。其中,VC-11、VC-12、VC-2 和 TU-3 之前的 VC-3 为低阶虚容器,VC-4 和 AU-3 前的 VC-3 为高阶虚容器。用于管理低阶虚容器的通道开销称为低阶通道开销 LPOH,用于管理高阶虚容器的通道开销称为高阶通道开销 HPOH。VC 信号仅在 PDH/SDH 网络边界处才进行组合和分解,在 SDH 网络中始终保持完整不变。同一 SDH 网中的不同的 VC 的帧速率是相互同步的,VC 信号可以独立地在通道的任意一点进行分出、插入或交叉连接。虚容器是 SDH 中最为重要的一种信息结构。

（3）支路单元

支路单元(TU)是为低阶通道层和高阶通道层之间提供适配功能的一种信息结构。它由一个低阶 VC 和一个指示此低阶 VC 在相应的高阶 VC 中的初始字节位置的指针 PTR 组成,即

$$TU-n = VC-n + TU-n \ PTR \qquad (2.4)$$

（4）支路单元组

支路单元组(TUG)由一个或多个在高阶 VC 净负荷中占据固定、确定位置的支路单元组成。把不同大小的 TU 组合成 1 个 TUG 可以增加传送网络的灵活性。VC-4 和 VC-3 中有 TUG-3 和 TUG-2 两种支路单元组。

（5）管理单元

管理单元(AU)是在高阶通道层和复用段层之间提供适配功能的信息结构。它由高阶 VC 和指示该高阶 VC 在 STM-N 中的起始字节位置管理单元指针 AU-PTR 组成,即

$$AU-n = VC-n + AU-n \ PTR \qquad (2.5)$$

高阶 VC 在 STM-N 中的位置是浮动的,但 AU-PTR 在 SDH 帧结构中的位置是固定的。

（6）管理单元组

在 STM-N 的净负荷中占据固定的确定位置的一个或多个 AU 就组成了管理单元组 (AUG)。1 个 AUG 由 1 个 AU-4 或 3 个 AU-3 按字节间插组合而成。

（7）同步传送模块(STM-N)

在 $N(N=1,4,16,64,\cdots)$ 个管理单元组 AUG 的基础上,加上起到运行、维护和管理作用的段开销,便形成了同步传送模块 STM-N 信号。基本模块 STM-1 的信号速率为 155.520 Mbit/s,更高阶的同步传送模块 STM-$N(N=4,16,64,\cdots)$ 由 N 个 STM-1 信号以

同步方式复用构成。

**2. 复用映射步骤**

各种业务信号最终进入 SDH 的 STM–N 帧都要经过三个过程：映射、定位和复用。

（1）映射

各种速率的信号首先进入相应的标准容器 C 中，在那里完成码速调整等适配功能。由标准容器出来的数字流加上通道开销 POH 后就构成了 VC 信号，这个过程称为映射。

（2）定位

VC 信号在 SDH 网中传输时可以作为一个独立的实体在通道中任意位置取出或插入，以便进行同步复接和交叉连接处理。由虚容器 VC 出来的数字流进入管理单元 AU 或支路单元 TU，它在 AU 或 TU 中的起始点是不定的，通过设置管理单元指针 AU–PTR 和支路单元指针 TU–PTR 来指出相应的帧中净负荷的位置，这个过程称为定位。

SDH 中指针的作用可以归纳为以下四点：

①当网络处于同步工作状态时，指针用来进行同步信号间的相位校准。

②当网络处于失步状态时，指针用于频率和相位校准。

③当网络处于异步工作状态时，指针用于频率跟踪校准。

④指针还可以用来容纳网络中的频率抖动和漂移。

（3）复用

复用是将多个低阶通道层的信号适配进高阶通道或者把多个高阶通道层信号适配进复用层的过程。其方式是采用字节交错间插的方式将 TU 组织进高阶 VC 或将 AU 组织进 STM–N。由于经 TU–PTR 和 AU–PTR 处理后的各 VC 支路已实现了相位同步，因此其复用过程为同步复用。

下面以 PDH 四次群信号至 STM–1 的形成过程为例来对复用映射的过程作进一步的说明。如图 2.20 所示，速率为 139.264 Mbit/s 的 PDH 四次群信号首先进入标准容器 C–4，经速率调整后输出速率为 149.760 Mbit/s 的信号；在虚容器 VC–4 内加入通道开销 POH（9 字节/帧，即 576 kbit/s）后，输出速率为 150.336 Mbit/s 的信号；在支路单元 AU–4 内加入指针 AU–4 PTR（9 字节/帧，即 576 kbit/s）后，输出速率为 150.912 Mbit/s 的信号；由于 N=1，所以由一个管理单元组 AUG 加入段开销 SOH（4.608 Mbit/s）后，输出速率为 155.920 Mbit/s 的信号，即 STM–1 信号。

### 2.6.4 SDH 自愈网原理

自愈网是指当网络发生故障时，无需人为干预，网络就能在极短的时间内从失效故障中自动恢复所携带的业务，使用户感觉不到网络已经发生了故障。其基本原理是使网络具备发现故障并能找到替代的传输路由，从而重新建立通信的能力。需要注意的是，虽然自愈网具备重新确立通信的能力，但具体失效元部件的修复或更换仍需人为干预才能完成。

目前应用比较广泛的自愈网实现方法包括线路保护倒换、ADM 自愈环以及 DXC 网状自愈网。下面对这三种方法的原理进行具体介绍。

**1. 线路保护倒换**

线路保护倒换是最简单的自愈网形式，其基本原理是当工作通道传输中断或性能劣

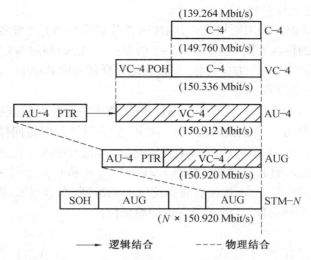

图 2.20　PDH 四次群信号至 STM-N 的形成过程

注:无阴影区之间是相位对准定位的;阴影区与无阴影区间的
相位对准由指针规定,并由箭头指示

化到一定程度后,系统倒换设备将信号自动由工作通道倒换到保护通道,使业务得以继续传送。线路保护倒换的方式包括1+1方式和1:N方式两种。1+1方式采用并发优收,即工作段和保护段在发送端永久地连接一起,而在接收端根据故障情况择优选择接收性能良好的信号。1:N方式中,1个保护段由N个工作段共用,当其中任意一个出现故障时,均可利用 APS 协议倒至保护段。1:1方式可以看作1:N方式的一个特例。

线路保护倒换的主要特点是业务恢复时间短(小于 50 ms),配置容易,网络管理简单,但成本较高,并且只能保护传输链路,不能提供网络节点的失效保护。另外,若工作段和保护段属同缆复用,则有可能导致工作光纤(主用)和保护光纤(备用)同时因意外故障而被切断。改进方法是设置地理的备用路由,将两条光纤在地理位置上分开,这样当主通道光缆被切断时,备用光缆不受影响,仍能将信号安全地传输到对端。

**2. ADM( Add/Drop Multiplexer,分插复用器) 自愈环**

所谓自愈环一般是指采用分插复用器组成环型网实现自愈的一种保护方式。自愈环按光纤数量分类,有二纤环和四纤环;按接收和发送信号的传输方向分类,有单向环和双向环;按自愈环结构分类,有通道保护环和复用段保护环。对于通道保护环,业务量的保护是以通道为基础的,倒换与否依据的是各个通道的信号质量的优劣。对于复用段保护环,业务量的保护是以复用段为基础的,倒换与否是按每对节点间的复用段信号质量的优劣而定。当复用段出现问题时,整个节点间的复用段业务信号都转向保护环。自愈环具有良好的生存性和很短的恢复时间(小于 50 ms),但容易受到业务增长的影响,网络规划较困难,需要在开始时规划较大的容量,因此主要用于业务增长率比较稳定,增长速度比较缓慢的场合。

下面对四种目前常用的自愈环进行介绍。

（1）二纤单向通道保护环

二纤单向通道保护环采用两根光纤，即传送业务信号的 W1 光纤和传送保护信号的 P1 光纤。两根光纤的传送方向相反，采用 1+1 的保护方式，即利用 W1 光纤和 P1 光纤同时携带业务信号并分别沿两个方向传输，但接收端只择优选取其中的一路。正常情况下，以 W1 光纤的信号为主信号。

例如，图 2.21（a）中节点 A 至节点 C 进行通信，首先将要传送的信号同时馈入 W1 和 P1，其中 W1 沿顺时针方向将该信号送到 C，而 P1 沿逆时针方向将同样的信号作为保护信号也送到 C。接收节点 C 同时收到两个方向的信号，正常情况下优先接收来自 W1 的信号。节点 C 至节点 A 的通信同理。如图 2.21（b），若 B 和 C 节点间的这两根光纤同时被切断，则来自 W1 的信号丢失，按接收时择优选取的准则，在节点 C 将通过开关转向接收来自 P1 的信号。故障排除后，开关通常返回原来位置。

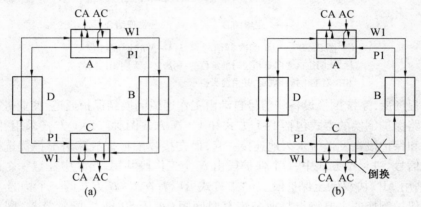

图 2.21　二纤单向通道保护环

（2）二纤双向通道保护环

二纤双向通道保护环也是采用 2 根光纤，可分为 1+1 和 1：1 两种方式。其中的 1+1 方式与单向通道保护环基本相同（并发优收），只是返回信号沿相反方向（双向）而已，如图 2.22 所示。从图中不难分析出正常情况下和光缆断裂情况下业务信号的传输与保护。1：1 方式中，保护通道中可传送额外业务量，只在故障出现时，才从工作通道转向保护通道。

（3）四纤双向复用段共享保护环

如图 2.23 所示，四纤双向复用段共享保护环有两根业务光纤 W1、W2（一发一收）和两根保护光纤 P1、P2（一发一收），正常情况下保护光纤是空闲的。每根光纤形成一个信号环，W1 形成的环与 W2 的环方向相反，P1 的环与 W1 的环方向相反，P2 的环与 W2 的环方向相反。

从图中可以看出，正常情况下，节点 A 至节点 C 的信号沿 W1 传至节点 C，节点 C 至节点 A 的信号沿 W2 传至节点 A，P1 和 P2 空闲。当 B 和 C 节点间光缆中的这两根光纤全部被切断时，在 B 节点通过倒换开关使 W1 和 P1 沟通，W2 和 P2 沟通。C 节点也完成类似功能，其他节点则确保光纤 P1 和 P2 上传送的业务信号在本节点完成正常的桥接功能。当故障排除后，倒换开关通常返回原来位置。

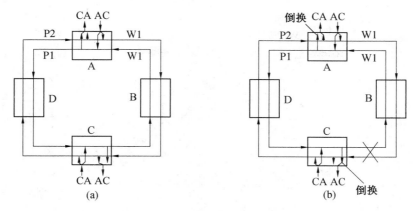

图 2.22　二纤双向通道保护环

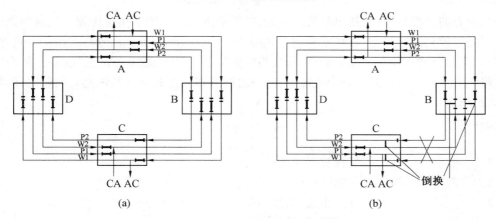

图 2.23　四纤双向复用段共享保护环

（4）二纤双向复用段保护环

二纤双向复用段保护环如图 2.24 所示。它采用了时隙交换技术,在一根光纤上以时分复用的方式传送业务信号 W1 和保护信号 P2,在另一根光纤传送业务信号 W2 和保护信号 P1。正常情况下,每根光纤上的一半时隙作为业务时隙,另一半时隙作为保护时隙,保护另一根光纤上的业务信号。当 B 和 C 节点之间的光缆被切断时,二根光纤全断,B、C 节点中的倒换开关将 W1/P2 光纤与 W2/P1 光纤接通,采用时隙交换技术将每根光纤上的业务时隙信号交换到另一光纤上的保护时隙中,完成保护倒换。当故障排除后,倒换开关复原。

**3. DXC（Digital Cross Connect,数字交叉连接设备）自愈网**

DXC 自愈网的拓扑结构通常为网状结构。当某条链路出现故障时,利用 DXC 的快速交叉连接功能可以迅速地将业务交叉连接到一条替代路由上。DXC 的保护方式也具有很高的生存性,并且使用灵活方便,也便于规划和设计,但建设成本较高,网络恢复时间较长,有可能会造成一些重要数据的丢失。

DXC 自愈网的控制方式包括集中式控制和分布式控制两种。集中式控制方式中,路由选择主要由控制中心完成。当网络发生某种失效时,各节点将信息传递到控制中心,经

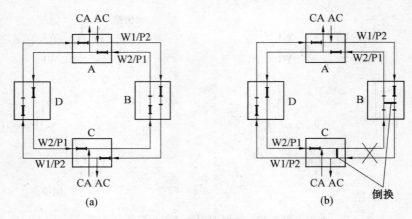

图 2.24 二纤双向复用段保护环

过控制中心的计算机处理,找出新的路由表,实现业务恢复。由于信息传递和信息的集中处理都需要较长的时间,因此集中控制方式的业务恢复时间很长。在分布式控制方式中,当网络发生某种失效时,智能的 DXC 间互相交换信息,寻找失效业务的替代路由,从而实现链路恢复或通道恢复。同集中式控制方式相比,分布式控制方式的恢复时间较短,但算法比较复杂。

# 习　题

2.1　数字通信系统主要具有哪些优点?

2.2　简述脉冲编码调制的过程。

2.3　同脉冲编码调制方式相比,增量调制的主要优点和缺点是什么?

2.4　简述数字复接系统的组成。

2.5　数字复接的方法按照码元的排列方式可以分为哪几类?按照被复接的各支路时钟情况可以分为哪几类?

2.6　数字复接中为什么要进行码速调整?

2.7　PDH 存在的主要问题包括哪几个方面?

2.8　SDH 的主要优点和不足之处是什么?

2.9　SDH 的帧结构可以分为哪几个区域?各个区域的主要功能分别是什么?

2.10　各种业务信号最终进入 SDH 的 STM－$N$ 帧一般要经过哪三个过程?

# 第 3 章

# 电话网技术

电话网是最早建立并且遍布世界各地的最大的通信网络。按照用途区分,电话网可以分为专用交换电话网和公用交换电话网(Public Switched Telephone Network,PSTN)。本章主要介绍公用交换电话网的基本概念与技术,包括组成与结构、编号计划和路由选择,并对数字程控交换技术的基本工作原理、数字程控交换机构成以及呼叫处理过程进行重点讲述。本章还介绍了综合业务数字网(ISDN)、智能网(IN)的概念及其基本原理。

## 3.1  电话网概述

### 3.1.1  电话网的组成和结构

电话网从设备上讲,由终端设备(电话机)、传输线路(即用户线路和局间中继电路)和交换设备三部分组成。此外电话网还应满足各种协议、标准和规章制度才能使全网有效地协调工作。

对全球范围的电话网而言,各国都采用等级结构。等级结构是将全部的交换局进行划分,划分成两个或是两个以上的等级。低等级的交换局与管辖它的高等级的交换局相连,各等级交换局将本区域的通信流量逐级汇集起来。我国的电话网也采用等级结构,主要包括长途电话网与本地电话网两大部分。我国的电话网过去长期采用五级网的结构,其中长途电话网采用四级网络结构。在经济高速发展的今天,通信技术的进步,新技术与新的业务不断出现,多级网络结构存在的问题日益显著。随着长途骨干光缆的敷设与本地电话网的建设,我国的长途电话网的等级已经由四级逐步过渡到两级。整个电话网也由原来的五级网向三级网过渡,即两级的长途交换中心和一级的本地交换中心。并且,中国长途电话网正向着无级动态网过渡,并采取逐步过渡方式,最后过渡为无级长途网。这样中国电话网就成为二级电话网,三个层面的电话网形成,即长途电话网、本地电话网、用户接入网。

#### 1. 长途电话网

长途电话网可简称为长途网。它担负县以上城市之间的长途电话业务,也包括部分非话业务(如话路数据、用户传真等)。

(1)四级长途电话网

从 1986 ~ 1999 年初,我国长途电话网采用四级辐射汇接制的等级结构。

第一级为大区长途交换中心,也称为 C1 级,属于省间中心局,中国有六大中心(西安、北京、沈阳、南京、武汉、成都)和四大辅助中心(天津、重庆、广州、上海)。每一个大区长途交换中心汇接一个大区内各省之间的电话通信中心。C1 级所在地一般为政治、经济、文化中心,它们之间的电话业务量较大,因此各个 C1 级之间采用低呼损电路连接组成网状网结构。

第二级为省长途交换中心,也称为 C2 级,它汇接一个省内各地区之间的电话通信中心。C2 级为各省会所在地的长途电话局,因而要求 C2 级至 C1 级必须要有直达电路,因此 C1 级至本 C1 级的各个 C2 级之间采用辐射式连接。

第三级为地区、市长途交换中心,也称为 C3 级,它汇接一个本地区内各县之间的电话通信中心。要求 C2 级至本省的各个 C3 级之间采用辐射式连接。

第四级为县、区长途交换中心,也称为 C4 级。C4 级是四级辐射汇接制长途电话网的末端局。C3 级至本地的各个 C4 级之间采用辐射式连接。

根据我国长途通话的实际情况与特点,我国的四级长途电话网组网还考虑如下因素:

①部分重要城市(如北京)与各省之间长途业务量比较大,性质比较重要,所以部分重要城市与各省的长途交换中心之间应有直达电路。

②在一个大区交换中心范围内,各省之间的话务量比较大,因为要求在一个大区交换中心范围内各个省长途交换中心之间能够实现相互连接。同一个大区交换中心范围内的长途话务不一定由大区交换中心转接,可由省长途交换中心之间通过直达电路进行通信。

③任何两个城市之间只要长途话务量比较大,在条件合理的情况下,都可以建立直达电路。

四级长途电话网的结构示意图如图 3.1 所示。图中虚线为直达电路。

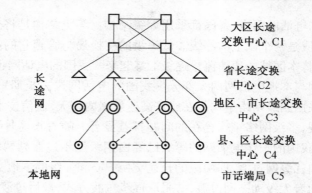

图 3.1　四级长途电话网的结构示意图

这种等级结构在电话网的初级阶段是可行的,它在由人工转向自动,模拟转向数字的过程中起到重要作用。然而在通信技术高速发展的今天,这种四级网络结构存在的问题日益明显。

①转接段数越多,造成的接续时延就越长,传输损耗就越大。

②可靠性差。在整个长途电话网当中,任何一个交换中心或是某个电路出现故障都会造成局部通信的阻塞。

③区域网络划分越小,交换等级数量越多,网络管理工作越复杂,不利于新业务网(如移动通信网)的开放。

(2)两级长途电话网

近年来,我国的长途电话网已由四级向两级进行转变。根据长途交换中心在网络中的职能地位和汇接的话务类型的不同,两级长途电话网将国内长途分为两个等级。

第一级为省级(自治区、直辖市)长途交换中心,用 $DC_1$ 表示。它汇接所在省(自治区、直辖市)的省际长途来去话务及所在本地网的长途终端话务。$DC_1$ 之间以网状网相连,与本省的各地市的 $DC_2$ 以星型直达电路方式相连。

第二级为本地网的长途交换中心,用 $DC_2$ 表示。它汇接所在本地网的长途终端话务。$DC_2$ 与本省的 $DC_1$ 之间是直达电路,本省的各地市 $DC_2$ 之间以网状或不完全网状相连。话务量较大时也可以与非本省的交换中心设置直达电路。两级长途电话网的结构示意图如图 3.2 所示。

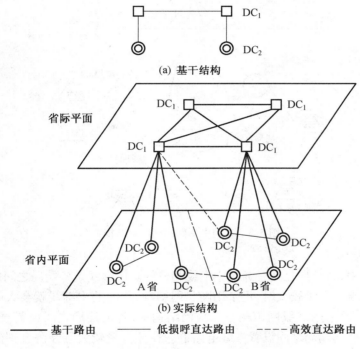

图 3.2　两级长途电话网的结构示意图

## 2. 本地电话网

本地电话网简称本地网,是指在同一长途编号区范围内,由若干个端局或者若干个端局和汇接局及局间中继线、长市中继线、用户线、用户交换机(PABX)以及电话机终端等所组成的电话网。本地电话网负责疏通同一长途编号区范围内,任意两个用户之间的电话呼叫和长途来、去话话务。

本地电话网的交换局主要是由端局和汇接局组成。端局是一种通过用户线与终端用户直接相连的电话交换局。端局直接与用户相连接,负责本局内的交换功能和用户的来、去话话务。汇接局是一种主要用于集散当地电话业务的电话交换局。它汇接各端局通过中继线送来的话务量,然后送至相应的端局。从原则上讲,汇接局只汇接话务量,通过中继线和各个端局互通。但实际上有的汇接局既汇接端局的话务量,又接收用户话务量,是汇接局/端局的混合局。

由于各地区中心城市的经济发展及人口数量不同,本地电话网的交换局数量及规模也不同,本地电话网的网络结构分为网状网结构和二级网结构。

(1)网状网结构

网状网结构中仅有端局,各端局之间相互连接采用直达电路方式。此种结构适用于交换局数目较少的本地电话网。本地电话网的网状网结构如图 3.3 所示。

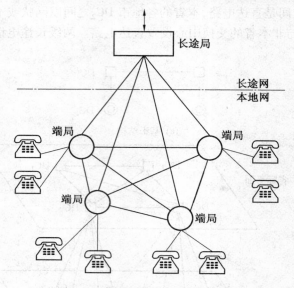

图 3.3　本地电话网的网状网结构

(2)二级网结构

网状网结构中,各端局之间是通过中继线相连的。中继线是各端局之间的话务通道。当本地电话网中端局数量较大时,仍采用网状网结构,局间的中继线就会大幅度增加,这样是不可取的,因此采用二级网结构。二级网结构中,各汇接局之间设置直达中继电路群。汇接局与其所属端局之间设置中继电路群。在业务量较大且经济合理的情况下,任一汇接局与非本汇接区的端局之间或者端局之间可设置直达电路群。

各端局与位于本网内的长途局之间可设置直达中继电路群,但为了经济合理和安全灵活的组网,可在汇接局与长途局之间设置直达中继电路群,疏通各端局长途话务。

根据汇接方式的不同,二级本地电话网主要分为去话汇接、来话汇接和来去话汇接三种汇接方式。

①去话汇接。如图 3.4(a),在两个汇接区中各有一个去话汇接局和若干个端局。每个汇接区内的汇接局与本区内的端局之间有直达电路,汇接本区内各端局之间的话务。此外汇接区还与其他汇接区的端局相连,汇接其他汇接区的去话话务。

②来话汇接。如图 3.4(b),每个汇接区内的汇接局与本区内的端局之间有直达电

路,汇接本区内各端局之间的话务。此外汇接局还与其他汇接区的端局相连,汇接其他汇接区的来话话务。

③来去话汇接。如图 3.4(c),每个汇接区内的汇接局汇接本区内各端局之间的话务。此外本区内汇接局还与其他汇接区的汇接局相连,汇接其他汇接区的来去话话务。

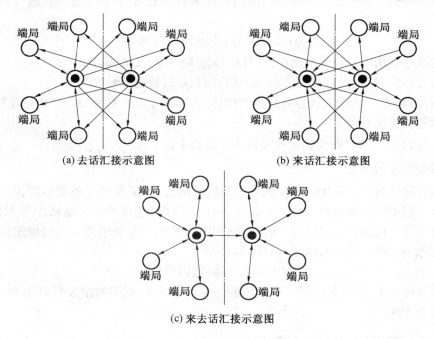

(a) 去话汇接示意图　　　　(b) 来话汇接示意图

(c) 来去话汇接示意图

图 3.4　本地网汇接方式

## 3.1.2　电话网的编号计划

电话网的编号计划是指对电话网内的每一个用户分配唯一的号码,使用户可以通过拨号实现本地呼叫、国内长途呼叫与国际长途呼叫的方案。其中包括本地电话网编号、国内长途电话网编号、国际电话网编号,以及各种特种业务的编号等。

**1. 本地网编号**

本地电话网负责疏通同一长途编号区范围内,任意两个用户之间的电话呼叫和长途来、去话话务。在一个本地网内,其号码长度要根据本地电话网的长远规划容量来确定。不同地区的本地网号码长度可以不相等,视各地电话网容量和发展而定。

电话号码首位为"1"和"9"的号码为紧急业务、特种业务、新业务、网号、无线寻呼、网间互通以及话务员坐席群号码等。它的位长为 3~5 位,即"1XX""1XXX""1XXXX""9XXXX"等,其中 X 为"0~9"中的一个数字。

电话号码首位为"2"~"8"的号码为本地用户号码。本地用户号码由局号和局内用户号两部分组成。局号由 3~4 位数组成,局内用户号由 4 位数组成。例如,23456789 中 2345 为局号,6789 为局内用户号。

电话号码首位"0"为国内长途全自动冠号;首位"00"为国际长途全自动冠号。

**2. 国内长途网编号**

国内长途呼叫是指发生在不同本地网电话用户的呼叫。如果呼叫是发生在异地的本地网用户,就要采用国内长途网编号方案。我国国内长途电话号码由长途冠号、长途区号和本地网内号码三部分组成。我国的国内长途全自动冠号为"0",国内长途号码具体形式为

0+长途区号+本地网内号码

长途区号采用不等位编号制度,区号位长为 2~4 位,分配如下:

首位号码为"1"的长途区号号码为两位,如北京的长途区号为"10"。

首位号码为"2"的长途区号号码为两位,记为"2X",其中 X 为"3"~"9",均为我国特大城市本地长途区号。

首位号码为"3~9"的长途区号号码为 3 位或 4 位。

**3. 国际长途网编号**

国际长途呼叫是指发生在不同国家之间的电话通信,需要两个或更多国家的通信网配合完成。根据国际电报电话咨询委员会(简称 CCITT)建议的国际电话编号方案,国际长途全自动号码由国际长途冠号、国家号码和国内号码三部分组成。我国规定国际长途全自动冠号为"00"。国际长途号码具体形式为

00+国家号码+国内号码

国家号码由 1~3 位号组成。如美国的国家号码为 1,我国的国家号码为 86,老挝的国家号码为 856。

### 3.1.3  电话网的路由选择

路由是路由器从一个接口上收到数据包,根据数据包的目的地址进行定向并转发到另一个接口的过程。在电话网中路由是指进行通话的两个用户经常不属于同一交换局,当用户有呼叫请求时,在交换局之间要为其建立起一条传送信息的通道。确切地说,路由是网络中任意两个交换中心之间建立一个呼叫连接或传递信息的途径。它可以由一个电路群组成,也可以由多个电路群经交换局串接而成。两点之间的路由可能会有多条,因此必须有一种经济合理的选择路由的方法。实际中常用的是一种所谓"由远至近"的路由选择方案。下面将以图 3.5 中的三级网络为例加以说明。设 $C5_1$ 欲与 $C5_2$ 通信,$C5_1$ 首先选择直达路由 $C5_1 \rightarrow C5_2$,如果该路由中的所有中继线都忙,则依次选择替代路由。

其中最后一条路由 $C5_1 \rightarrow C4_1 \rightarrow C3_1 \rightarrow C3_2 \rightarrow C4_2 \rightarrow C5_2$ 称为最终路由或基干路由。最终路由应能负担所有直达和替代路由所溢出的话务量,保证系统达到所要求的服务等级。这里可以看到一种"由远至近"的选择规则,即任一节点选择下一节点时,总是选择沿基干距终局(被叫局)最接近的那一个节点。例如,$C5_1$ 选择下一站的顺序依次为 $C5_2$,$C4_2$,$C3_2$,$C4_1$;而 $C3_2$ 依次选择 $C5_2$,$C4_2$;$C3_1$ 依次选择 $C4_2$,$C3_2$,等等。

交换机的每一条输出路由都有一个路由编号。交换机必须首先由用户所拨的电话(或终端)号码分析出直达路由号。如果直达路由中的中继线全忙,则应按照路由选择规则依次试探各个路由,直至找到空闲的中继线为止。当所选择路由需要通过其他交换机

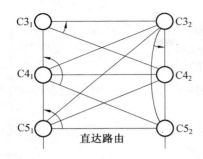

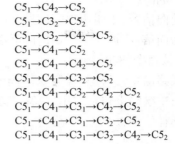

图 3.5　等级制网络中路由选择顺序

进一步汇接时,可采用两种算法:

(1)直接法,即由主叫交换机直接选择汇接交换机的出局路由。在这种情况下,主叫交换机只需向汇接交换机发送路由号,而无需发送完整的被叫号码。这种方法又称为直通路由法。

(2)间接法,即将用户所拨的号码完整地送至汇接交换机,由它再次分析并确定出局路由,这又称为宿码路由法。第一种方法的优点是汇接交换机的控制较简单,但当它所连接的路由发生变化时,必须相应地改变与它连接的所有交换端局中的路由翻译表。后一种方法较为灵活,但由于在每次汇接时都需要进行路由翻译,因而接续速度较慢。

### 3.1.4　信令网

建立通信网的目的是要为用户传递各种信息(包括话音、数据和视频),因此必须要使通信网中的各种设备协调工作,各设备之间必须要相互交流信息,提出对相关设备的要求。这种设备之间相互交流的信息被称为信令。信令是通信网的重要组成部分,是通信网中各种设备之间的一种对话信号。

**1. 信令的分类**

根据工作区域、传递途径、功能及发送方向等,信令有不同的分类方式。在通信网中常用的分类有以下几种。

(1)按信令的工作区域分类

①用户信令:指用户与交换机或是网络之间传送的信令。

②局间信令:指交换机之间传送的信令。

(2)按信令的传输途径分类

①随路信令:信令信号与话音信号一起传送,即在同一线路上既传送信令信号又传送话音信号。

②公共信道信令:信令信号与话音信号分开传送,即传送信令的通道与传送话音信号的通道在逻辑上或是物理上是完全分开的。

No.6 信令系统和 No.7 信令系统都是公共信道信令系统。No.6 信令系统适用于模拟网,No.7 信令系统适用于数字网。

（3）按信令的传送方向分类

①前向信令：主叫用户端发送至被叫用户端的信令。

②后向信令：被叫用户端返回至主叫用户端的信令。

（4）按信令的功能分类

①线路信令：又称监视信令，用于监视线路接续状态。用户线上包括主叫、被叫的挂机、摘机；中继线上包括占用、应答、释放等。

②选择信令：用于选择路由。主要是用来传送主叫拨出的电话号码，供交换机选择路由，选择被叫用户。

③操作信令：具有操作功能，主要用于网络的维护管理。

选择信令和操作信令又合称为记发器信令。

**2. No.7 信令网**

No.7 信令系统也称 7 号信令系统（SS7，Signalling System No.7）。No.7 信令是局间公共信道信令，应用于数字通信网络。No.7 信令网是现代通信的三大支撑网（数字同步网、No.7 信令网、电信管理网）之一。

No.7 信令网是由信令点（SP）、信令转接点（STP）以及连接它们的信令链路（SL）组成的局间信令网。信令网不但为电话网和 ISDN 网传送有关呼叫建立、释放的信令，而且可以在交换局和各种特种服务中心之间传送数据信息。

各类各级交换局和特种服务中心都是一个信令点。信令点（SP）是信令信息起源点和目的点。信令转接点（STP）完成信令消息从一个信令点到另一个信令点的转换，可以根据网络结构的需要，设置不同等级的 STP。信令链路承载 SP 和 STP 间信令消息的传输。

电话网中的局间信令方式有随路信令（如中国 No.1 信令）方式和 No.7 共路信令方式。在数字电话网中，应尽可能采用 No.7 信令方式。路由群较小，使用 No.7 信令方式不经济或不具备条件的本地电话网（如无可靠的数字传输通路），可以暂时使用随路信令方式。

我国的 No.7 信令网由高级信令转接点（HSTP）、低级信令转接点（LSTP）和信令点（SP）三级组成。我国的三级信令网的结构如图 3.6 所示。其中，第一级 HSTP 采用 $A$、$B$ 两个平面，在各个平面内，HSTP 之间以网状相连；在 $A$、$B$ 两个平面之间，HSTP 是成对相连的。第二级 LSTP 至少要连接 $A$、$B$ 两个平面内成对的 HSTP，各分信令区的 LSTP 之间形成网状网。第三级 SP 连接至 LSTP。

HSTP 负责转接它所汇接的 LSTP 和 SP 的信令消息。LSTP 负责转接它所汇接的信令点 SP 的信令消息。

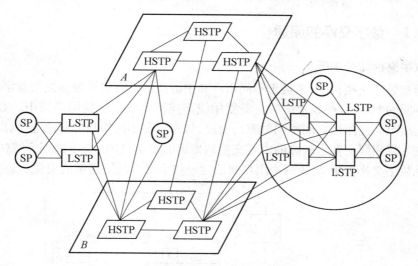

图 3.6　我国的三级信令网的结构图

## 3.2　数字程控交换技术

交换又称转接,其思路是建立一个交换中心,设置一部或多部交换机,将信息在用户点间进行转移,这样可以大大减少用户线路数。交换作为通信网络乃至信息网络的核心,现已融入了更多先进的技术,最终将实现综合化与宽带化的交换平台。

最早的交换机是人工操作的,称为人工电话交换机。人工电话交换机有两种:一种是磁石式电话交换机,另一种是共电式电话交换机。人工交换机由于容量小、接续速度慢、需设话务员等缺点,现已被淘汰或仅用在某些特殊场合。

此后,随着技术的发展,出现了无需话务员接线的交换机,这种交换机采用自动控制方式,其先后主要经历了机电制、布控制和程控制三代。

随着电子技术的飞速发展和计算机技术的广泛应用,人们开始将计算机作为交换机的控制部分,以预先编制好的程序来控制话路接续部分的工作,这也就出现了程控交换机。

早期的通信网是模拟网络,通过模拟信号来表示话音和数据。后来,产生了数字传输系统,并逐步由数字传输系统来取代模拟传输系统,而这时的交换系统仍然是模拟交换系统。模拟交换系统和数字传输系统连接时,要进行模/数转换,这种转换是不得已而为之的。随着传输系统数字化比例的增大,模拟交换系统与数字传输系统连接时在技术上、经济上的种种不足就显示出来了,也就更迫切地需要能直接交换数字信号的交换系统。随着集成电路技术的不断发展,把脉码调制 PCM 技术应用到交换领域中,在程控交换机的话路接续部分采用大规模集成电路组成的数字交换网络,直接交换 PCM 数字信号,这也就出现了时分数字交换机,标志着交换技术进入了数字交换的时代。

### 3.2.1　数字交换的原理

**1. 数字交换的基本概念**

在程控数字交换机中,来自于不同用户和中继线的话音信号被转换为数字信号,并被复用到不同的 PCM 复用线上。每一条复用线都连接到数字交换网络当中。数字交换网络必须完成不同复用线之间不同时隙的交换,从而实现不同用户之间的通话,即将数字交换网络输入复用线上某个时隙的内容交换到指定的输出复用线上的指定时隙中。图 3.7 所示的是数字交换机中 A、B 两个用户通话时经数字交换网络连接的简化示意图。

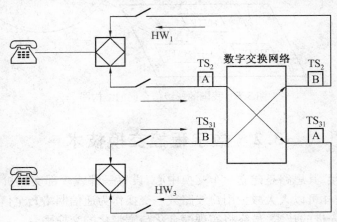

图 3.7　两个用户通话连接的简化示意图

由图可见,交换系统通常包括若干条 PCM 复用线,用 HW 来表示;每条复用线又可以有若干个串行通信时隙,用 TS 表示。假设存在主叫用户 A,占用了 $HW_1$ 上的 $TS_2$;被叫用户 B,占用了 $HW_3$ 上的 $TS_{31}$;由于用户话音信号在用户线上以二线双向的形式传送,经过用户接口电路后,将上、下行通路分开。这里我们将从用户模块进入数字交换网络的通路称为上行通路,而将从数字交换网络中出来到达用户模块的通路称为下行通路。那么,两个用户的通话过程就可以表示为:将 A 用户的话音从上行通路的 $HW_1TS_2$ 经过数字交换网络后传送到交换网络下行通路 $HW_3TS_{31}$ 再传送给 B 用户,同时,将 B 用户的话音从上行通路的 $HW_3TS_{31}$ 经过数字交换网络,传送到交换网络的下行通路的 $HW_1TS_2$ 再传送给 A 用户。在此交换过程中,既有时隙间的交换,又有复用线间的交换,分别称为时间交换和空间交换。这两种交换可以通过时间接线器和空间接线器来实现。

时间(T)接线器和空间(S)接线器是数字交换机中两种最基本的接线器。将一定数量的 T 接线器和 S 接线器按照一定的结构组织起来,可以构成具有足够容量的数字交换网络。

**2. 时间接线器**

时间接线器(Time Switch)也称时分接线器或 T 接线器,其功能是完成一条 PCM 复用线上各时隙间信息的变换,时间接线器主要由话音存储器(SM)和控制存储器(CM)所组成,如图 3.8 所示。

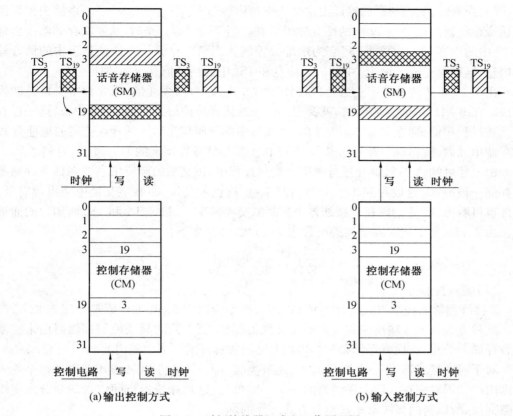

图 3.8　时间接线器组成和工作原理图

话音存储器用来暂存数字编码的话音信息;控制存储器的容量通常等于话音存储器的容量,每个单元所存储的内容是由处理机控制写入的。

T 接线器中输入 PCM 复用线每帧内的时隙数决定话音存储器的存储单元数。每个时隙中所含的码位数决定话音存储器中每个存储单元的位数。例如,图 3.8 中 PCM 复用线每帧有 32 个时隙,则话音存储器容量应为 32 个存储单元,其每一时隙有 8 位码,则话音存储器每一存储单元至少要存 8 位码。

控制存储器与话音存储器具有相等的存储单元数,但每个存储单元只需存放信息存储器的地址码。图 3.8 中存储器的地址空间为 $32(2^5 = 32)$ 位,因此只需存储 5 位码即可。

T 接线器可以有两种控制方式:输出控制方式和输入控制方式。在这两种控制方式下,话音存储器的写入和读出地址按照不同的方式确定。

(1)输出控制方式

T 接线器输出控制方式也称顺序写入,控制读出方式,其工作原理如图 3.8(a)所示。T 接线器的输入和输出线各为一条有 32 个时隙的 PCM 复用线。如果占用 $TS_3$(第 3 时隙)的用户 A 要和占用 $TS_{19}$ 的用户 B 通话,在 A 讲话时,就应把 $TS_3$ 的话音脉码信息交换到 $TS_{19}$ 中去。在时钟脉冲控制下,当 $TS_3$ 时刻到来时,把 $TS_3$ 中的话音脉码信息写入话音存储器内的地址为 3 的存储单元内。由于此 T 接线器的读出是受控制存储器控制的,当

$TS_3$时刻到来时,从控制存储器读出地址3中的内容"19",以这个"19"字为地址去控制读出话音存储器内地址是19中的话音脉码信息。当$TS_{19}$时刻到来时,从控制存储器读出地址19中的内容"3",以这个"3"字为地址去控制读出话音存储器内地址是3中的话音脉码信息,这样就完成了把$TS_3$中的话音信息和$TS_{19}$中的话音信息交换的任务。

由于PCM通信是采用发送和接收分开的方式,即为四线通信,因此数字交换是四线交换。在B用户讲话A收听时,就要把$TS_{19}$中的话音脉冲信息交换到$TS_3$中去,这一过程与上述过程相似,即在$TS_{19}$时刻到来时,把$TS_{19}$中的脉码信息写入话音存储器的地址为19的存储单元内,读出这一脉码信息,这就是在控制存储器控制下的下一帧$TS_3$时刻了。

由上述可知,T接线器在进行时隙交换的过程中,被交换的脉码信息要在话音存储器中存储一段时间,这段时间小于1帧(125 μs),这也就是说,在数字交换中会出现时延。另外也可看出,PCM信号在T接线器中需每帧交换一次,如果说$TS_3$和$TS_{19}$两用户的通话时长为2 min,则上述时隙交换的次数达96万次,计算如下:

$$\frac{2 \times 60}{125 \times 10^{-6}} = 9.6 \times 10^5$$

(2)输入控制方式

T接线器输入控制方式也称为控制写入,顺序读出方式,其工作原理如图3.8(b)所示。此种方式与上述输出控制方式的T接线器相似,所不同的只是控制存储器用来控制话音存储器的写入,话音存储器的读出则是随时钟脉冲的顺序而输出的。

对于时间接线器,不论是顺序写入,还是控制写入,都是将PCM复用线中的每个输入时隙内的信码对应存入话音存储器的一个存储单元,这意味着由空间位置的划分来实现时隙交换,所以时间接线器是按空分方式工作的。

**3. 空间接线器**

空间接线器(Space Switch)也称空分接线器或S接线器,其功能是完成不同PCM复用线之间的信码交换,即当接入数字交换网络的复用线为两条或两条以上时,采用空间接线器来完成复用线之间的交换,空间接线器主要由交叉接点矩阵和控制存储器(CM)所组成,如图3.9所示。

由图可见,S接线器主要由一个连接$n$条输入复用线和$n$条输出复用线的$n \times n$的电子接点矩阵、控制存储器组以及一些相关的接口逻辑电路组成。S接线器交换的时隙信号通常是并行信号,因此在实际交换系统中,如果交换的话音信号是8位的数字信号,则图3.9所示的交叉矩阵就应该配备8个,每个完成1位的交换。当然这8个交叉矩阵是在同一组控制存储器中控制命令字控制下并行工作的。电子交叉点矩阵由高速门电路构成的多路选择器组成,矩阵的大小取决于S接线器的容量,例如8×8的交叉矩阵可由8个8选1的选择器构成。控制存储器共有$n$组,每组控制存储器的存储单元数等于复用线的复用度。第$j$组控制存储器的第$I$个单元,用来存放在时隙$I$时第$j$条输入(输出)复用线应接通的输出(输入)线的线号。设控制存储器的位单元数为$i$,S接线器的输入(输出)线的数目为$n$,则控制存储器的位单元数应满足以下关系:$2^i \geq n$。

S接线器与T接线器类似,也有输出和输入两种控制方式。在输出控制方式下,控制存储器是为输出线配置的。对于有$n$条输出线的S接线器来说,配备有$n$组控制存储器

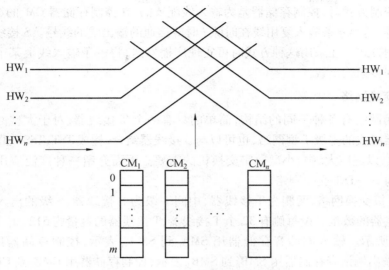

图 3.9　空间接线器组成结构

$CM_1 \sim CM_n$，设输出线复用度为 $m$，则每组控制存储器都有 $m$ 个存储单元。$CM_1$ 控制第 1 条输出线的连接，在 $CM_1$ 的第 $I$ 个存储单元中，存放的内容是时隙 $I$ 时第 1 条输出线应该接通的输入线的线号。$CM_2$ 控制第 2 条输出线的连接，依次类推，$CM_n$ 控制第 $n$ 条输出线的连接。控制存储器的内容是在连接建立时由计算机控制写入的。在输出控制方式下工作的 S 接线器的工作原理如图 3.10 所示。

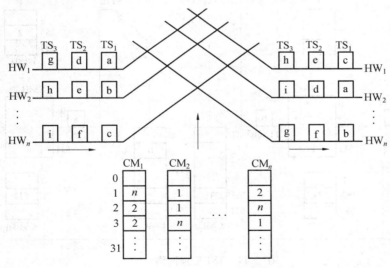

图 3.10　输出控制方式下工作的 S 接线器的工作原理

由图可见，由于控制存储器 $CM_1$ 的 1 号单元值为 $n$，所以输出线 $HW_1$ 在时隙 1 时与输入线 $HW_n$ 接通，将输入线 $HW_n TS_1$ 上的内容 c 交换到输出线 $HW_1$ 的 $TS_1$ 上，$CM_1$ 的 2 号单元的值为 2，所以输出线 $HW_1$ 在时隙 2 时与输入线 $HW_2$ 接通，将输入线 $HW_2 TS_2$ 的内容 e 交换到输出线 $HW_1$ 的 $TS_2$。

在输入控制方式时,控制存储器是为输入线配置的,在控制存储器 $CM_q$ 的第 $I$ 个单元中存放的内容,是第 $q$ 条输入复用线在时隙 $I$ 时应接通的输出线的线号。S 接线器一般都采用输出控制方式。在采用这种方式时可实现广播发送,将一条输入线上某个时隙的内容同时输出到多条输出线。

### 4. TST 交换网络

数字交换网络有各种不同的结构,简单的只有一个 T 接线器,对于大型网络可以是多级 T 接线器组成的多级 T 型网络,也可以与 S 接线器结合,构成 TST、TSST、TSSST、STS、SSTSS 等结构,以适应大、中、小型数字交换机的需要。下面介绍一种广泛应用在数字交换网络的结构——TST 交换网络。

TST 是三级交换网络,两侧为 T 接线器,中间一级为 S 接线器,S 级的出入线数取决于两侧 T 接线器的数量。设每侧有 32 个 T 接线器,T 接线器的容量为 512,则交换网络结构如图 3.11 所示。输入侧话音存储器用 $SMA_0$ 到 $SMA_{31}$ 表示,控制存储器用 $CMA_0$ 到 $CMA_{31}$ 表示;输出侧话音存储器用 $SMB_0$ 到 $SMB_{31}$ 表示,控制存储器用 $CMB_0$ 到 $CMB_{31}$ 表示。

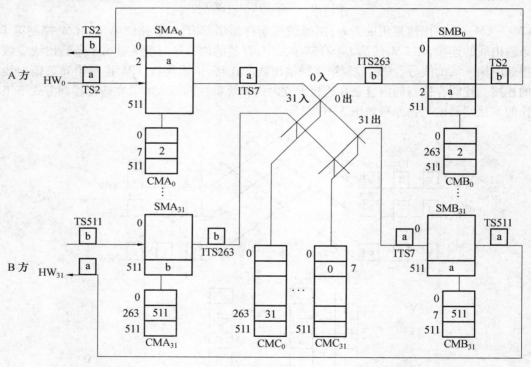

图 3.11　TST 交换网络

S 接线器为 32×32 矩阵,对应连接到两侧的 T 接线器,控制存储器有 32 个,用 $CMC_0$ 到 $CMC_{31}$ 表示。输入侧接线器采用顺序写入,控制读出方式,输出侧 T 接线器则采用控制写入,顺序读出方式。假设第 0 个 T 接线器的时隙 2 与第 31 个 T 接线器的输出时隙 511 进行交换。首先,交换机要选择一个内部时隙做交换用,假设选为时隙 7。接着,交换机在 $CMA_0$ 的单元 7 中写入 2,在 $CMB_{31}$ 的单元 7 中写入 511,在 $CMC_{31}$ 的单元 7 中写入 0,这些单元 7 均对应于时隙 7,即内部时隙。

在接线器 0 的时隙 2 输入的用户信息,在 $CMC_0$ 的控制下于时隙 7 读出。在 S 接线器,由于在 $CMB_{31}$ 的单元 7 写入 0,所以在内部时隙 7 所对应时刻,第 32 条输出线(31 出)与第 1 条输入线(0 入)的交叉点接通,于是用户信息就通过 S 级,并在 $CMB_{31}$ 的控制下,写入 $SMB_{31}$ 的单元 511。当输出时隙 511 到达时,存入的用户信息就被读出,送到第 32 个 T 接线器的输出线,完成了交换连接。

通常用户信息要双向传输,而 TST 网络为单向交换网络,这意味着对于每一次交换连接,在 TST 网络中应建立来去两条通路。

结合图 3.11 来看,称 T 接线器 0 的输入时隙 2 为 A 方。T 接线器 31 的输出时隙 511 为 B 方,则除了建立 A 到 B 的通路外,还应建立 B 到 A 的通路,以便将 $SMA_{31}$ 中输入时隙 511 中的内容传送到 $SMB_0$ 的输出时隙 2 中去。为此,必须再选用一个内部时隙,使 S 级的入线 31 与出线 0 在该时隙接通。

为便于选择和简化控制,可使两个方向的内部时隙具有一定的对应关系,通常可相差半帧。设一个方向选用时隙 7,当一条复用线上的内部时隙数为 512(帧长 =512)时,另一方向选用第 $7+512/2=263$ 时隙。在计算时应以 512 为模,这种相差半帧的方法可称为反相法。

如果采用反相法,为建立 B 到 A 的通路,应在以下控制存储器中写入适当内容:

$CMA_{31}$:单元 263 中写入 511。

$CMC_0$:单元 263 中写入 31。

$CMB_0$:单元 263 中写入 2。

### 3.2.2　数字程控交换机的构成

程控交换机是电子计算机控制的交换机。程控交换机的基本结构可分为话路系统和控制系统两部分。对程控交换机按话路系统分,有空分模拟式和时分数字式,分别称为程控模拟交换机和程控数字交换机。鉴于目前数字交换和数字传输已大量取代模拟交换和模拟传输,所以本书只介绍程控数字交换机的基本组成。程控数字交换机的基本组成框图如图 3.12 所示。

程控数字交换机同样可分为话路系统和控制系统两大部分,但由于数字交换机的交换网络实现了数字化,采用了大规模集成电路,使得过去在公用设备(如绳路)实现的一些用户功能,如振铃、馈电等不能通过集成电路的电子接点,而不得不放在用户电路中来实现。另外,我国目前的电话网仍然有一部分是模/数混合网,还拥有一定数量的模拟交换机。模拟局与数字局间的中继连接需要一些接口电路。即使是数字局与数字局之间的连接,也要接口电路进行码型变换和同步调整。同时,随着数字化技术的发展,使许多非话业务的终端,如计算机的数据终端、传真、用户电报、数字用户、图文终端、ISDN 终端等都要进入交换机进行交换,也要求交换机配备与各种终端相适应的接口电路。因此,程控数字交换机拥有较为丰富的接口与终端。

程控数字交换机的话路系统由用户级、远端用户级、选组级(数字交换网络)、各种中继接口、信号部件等组成。

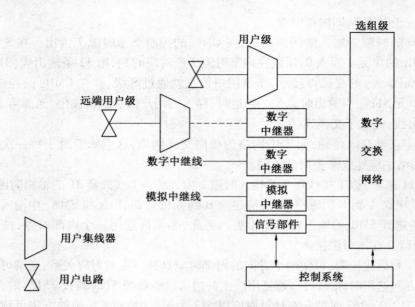

图 3.12　程控数字交换机的基本组成框图

### 1. 用户级

用户级是模拟用户终端与数字交换网络(选组级)之间的接口电路,由用户电路和用户集线器组成。用户级的主要作用是对电话用户线提供接口设备,将用户话机的模拟话音信号转换成数字信号,并将每个用户所发出的较小的呼叫话务进行集中,然后送至数字交换网中,从而提高用户级和数字交换网络之间链路的利用率。

用户集线器具有话务集中的功能。由于每个用户忙时双向话务量约为 0.12 ~ 0.20 Erl,相当于忙时约有 12% ~ 20% 的时间在占用。如果每个用户电路直接与数字交换网络相连,数字交换网络的每条通路的利用率就较低,而且使交换网络上的端子数增加很多。采用用户集线后,就可将用户线集中后接出较少的链路送往数字交换网络,这样不仅提高了链路的利用率,而且使接线端子数减少了。

数字交换机的用户电路具有七种功能,通常简称为 BORSCHT 功能。它来源于七种功能的第一个英文字母,即 B(Battery feed):馈电;O(Over-voltage protection):过压保护;R(Ringing control):振铃控制;S(Supervision):监视;C(Codec & filters):编译码和滤波;H(Hybrid circuit):混合电路;T(Test):测试。模拟交换机的用户电路除没有编译码外,其余六种功能数字交换机是完全一样的。数字交换机的用户电路功能框图如图 3.13 所示。

### 2. 远端用户级

远端用户级是指装在距离电话局较远的用户分布点上的话路设备,其基本功能与局内用户级相似,也包括用户电路和话务集中器,只是把用户级装到远离交换局的用户集中点去,它是将若干个用户线集中后以数字中继线连接至母局。由于用户语音信号在经数字传输之前就已经数字化了,因此传到交换局的语音信号不必再进行 A/D 转换,即可直接经数字中继接口进入数字交换网络进行交换。远端用户级也可称为远端模块。

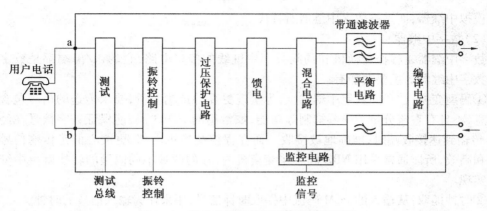

图 3.13　数字交换机的用户电路功能框图

### 3. 选组级

选组级一般称为数字交换网络,它是话路部分的核心设备,交换机的交换功能主要是通过它来实现的。

在数字交换机中,交换的数字信号通过时隙交换的形式进行,所以数字交换网络必须具有时隙交换的功能。

### 4. 中继接口

中继器是数字程控交换机与其他交换机的接口。根据连接的中继线类型,中继器可分为模拟中继器和数字中继器两大类。

（1）模拟中继器

模拟中继器的功能框图如图 3.14 所示。由于模拟中继线和模拟用户线具有相似的特性,因此模拟中继器的功能和模拟用户线接口的功能也有很多的相同之处。从模拟中继器的功能框图可以发现,模拟中继器虽然也有过压保护电路、编译码器、混合电路,但是减少了振铃控制和馈电电路,同时将用户线的状态监视改变为对中继线上的线路信号的监视。

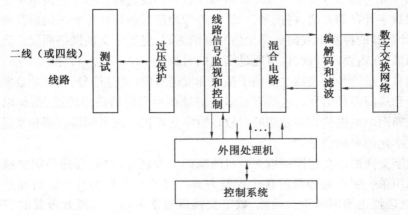

图 3.14　模拟中继器的功能框图

随着整个公用电话网的数字进程,模拟中继线已相当少了,很多的程控交换机已不再安装模拟中继器,而是被数字中继器所替代。

（2）数字中继器

数字中继器是程控交换机和局间数字中继线的接口电路,它的入/出端都是数字信号。数字中继器的主要功能有:

①码型变换:在局间数字中继线上,为实现更高的传输质量,要求传送的信号包含时钟信息,不具有直流分量和连零抑制等功能,如常用的 HDB3 码,能保证数字信号在经过 PCM 传输到达接收端时,准确地被接收。而在程控交换机内部,更关心的是传输信号的简单和高效,所以通常采用 NRZ 码。在交换机内、外的两种不同码型的转换就由中继接口来实现。

②时钟提取:从输入的 PCM 码流中提取时钟信号,用来作为输入信号的时钟。

③帧同步:在数字中继器的发送端,在偶帧的 $TS_0$ 插入帧同步码,在接收端检出帧同步码,以便识别一帧的开始。

④复帧同步:采用随路信令时,需完成复帧同步,以识别各个话路的线路信令。

⑤信令的提取和插入:采用随路信令时,数字中继器的发送端要把各个话路的线路信令插入到复帧中相应的 $TS_{16}$;在接收端应将线路信令从 $TS_{16}$ 中提取出来送给控制系统。

数字中继器的功能框图如图 3.15 所示。

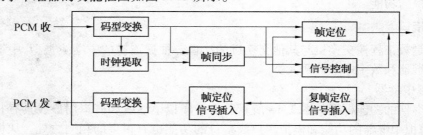

图 3.15　数字中继器的功能框图

## 5. 信号部件

信号部件分为信号音发生器及多频信号接收器和发送器。数字交换机中信号音发生器一般采用数字音存储方法,将拨号音、忙音等音频信号进行抽样和编码后存放在只读存储器中,在计数器的控制下发出数字化信号音的编码,经数字交换网络而发送到所需的话路上去。当然,在需要的时候,也可通过指定的时隙( 如 $TS_0$, $TS_{16}$ )传送。

多频信号发送器和接收器主要用于接收和发送多频(MF)信号,它包括音频话机的双音多频信号和局间多频信号。这些双音多频信号在相应的话路中传送,都是以数字化的形式通过交换网络而被接收和发送的。故在数字交换机中的多频接收器和发送器应能接收或发送数字化的多频信号。

程控数字交换机是在程控模拟交换机的基础上发展而成的,程控模拟交换机的控制系统一般采用单一中央处理器的集中控制方式。程控数字交换机开始出现并迅速发展时,各种微处理器也相继问世。因此,数字交换机通常采用引入微处理器的多机控制方式。采用多机控制方式的一种基本方式是设置多级处理机(两级或三级)。

程控交换机的控制部分一般可分为三级:

第一级:电话外设控制级。这一级靠近交换网络以及其他电话外设部分,也就是与话路设备硬件关系比较密切的这一部分的控制。这一级的控制功能主要是完成扫描和驱动。其特点是操作简单,但工作任务非常频繁,工作量很大。

　　第二级:呼叫处理控制级。它是整个交换机的核心,是将第一级送来的信息,在这里经过分析、处理,又通过第一级发布命令来控制交换机的路由接续或复原。这一级的控制功能具有较强的智能性,所以这一级均为存储程序控制。

　　第三级:维护测试级。主要用于操作维护和测试,它包括人-机通信。这一级要求更强的智能性,所以需要的软件数量最多,但对实时性要求较低。

　　这三级的划分可能是"虚拟"的,它仅仅反映了控制系统程序的内部分工;也可能是"实际"的,即分别设置专用的或通用的处理机来完成不同的功能。如第一级采用专用的处理机-用户处理机,第二级采用呼叫处理机,第三级采用通用的处理机-主处理机,这三级逻辑的复杂性和判断标志能力是按照从一级至三级顺序递增的,而实时运行的重要性、硬件的数量和其专用性则是递减的。

　　程控数字交换机的硬件,除上述各部分外,还有外围设备(如磁带机、磁盘机、维护终端)、测试设备、监视告警设备,例如,可视(灯光)信号和可闻(警铃或蜂音)信号、录音通知设备等。

### 3.2.3　呼叫处理的过程

　　程控交换系统中电话接续称作呼叫处理或交换处理,是由软件辅助完成的,其中呼叫处理程序是交换系统软件中最基本的系统软件。

　　一个数字电话交换机处理一次呼叫大约要经过如下五个基本步骤。

**1. 主叫摘机到交换机送拨号音**

　　程控交换机按一定周期执行用户线扫描程序,对用户电路进行扫描,检测出呼叫的用户,并确定出呼叫用户的号码。从外存储器调入该用户的用户数据(电话号码、用户类别等),然后执行去话分析程序,如分析结果确定是电话呼叫,则找一个从用户通向中心交换级的空闲时隙,将数字化的拨号音在该时隙内送出,使用户听到拨号音。

**2. 收号和数字分析**

　　用户电路接收电话号码,收到第一位号码,即停发拨号音;收到一定位数的号码,交换机就可进行数字分析。数字分析的目的主要是确定本次呼叫是局内呼叫,还是出局呼叫。

**3. 来话分析并向被叫振铃**

　　若分析结果是局内呼叫,则收号完毕和数字分析结束后,从外存储器调入被叫用户数据(用户设备号、用户类别等)执行来话分析程序,并测被叫用户忙闲。

　　如被叫用户空闲,则找到一个从选组级通向被叫用户所在用户级的空闲时隙,然后向主叫用户送回铃音,向被叫用户送铃流。

**4. 被叫应答、双方通话**

　　主扫描器测出被叫摘机后,立即连通主、被叫空隙时隙,建立通话电路,并停止传送铃流和回铃音信号。

**5. 话终挂机、复原**

对方通话时,用户电路和扫描器监视是否话终挂机。如主叫挂机,通话电路立即复原,向被叫送忙音。被叫挂机后停送忙音。

上述过程是一次成功的局内呼叫过程。实际上处理一次呼叫的全过程并非都与上述步骤完全一样,如出局呼叫、入局呼叫等就会有很大差别,数字分析的结果是无权用户等就会提前结束这一过程。

# 3.3 综合业务数字网

## 3.3.1 ISDN 的概念

直到 20 世纪 70 年代中期,电信业务一直局限于话音和书写形式的通信,即电话和电报通信。这两种通信业务利用不同的传输和交换方式,在不同的网络中进行。近几十年来,由于社会对信息处理的需求迅速增长,出现了很多新型的电信业务,这些新型业务可统称为远程信息业务。远程信息业务是指包括声音、图像、文字、数据在内的各种信息的传递及处理业务。最初,为了满足某些新业务的要求,人们借助于调制解调器,在电话网中用话音频带传送数据。然而,随着远程信息业务的继续增长和变化,新的应用层出不穷,用户也不断扩大,人们发现有必要建立新的专门网络来满足这些非话音业务的需求,于是出现了公众的电路交换和分组交换数据通信网络。世界上的电信网络就处在这样一种状况:各种不同的公众网同时并存,分别用来提供不同的业务,例如电话网提供话音业务,用户电报网提供文字通信业务,电路交换和分组交换数据通信网络用来传送数据等。除此之外,目前的电视网,使用超高频的地面或卫星链路以及电缆,提供广播电视和广播式可视图文业务。

每一种通信网都是为某种专门的业务而设计的,它们的传输速率和特性各不相同。虽然某些数据通信业务在几个不同的网络中同时存在,但不同网络中的数据终端是互不兼容的,它们之间的互通只有通过网间的特殊信关设备来实现。这些信关设备提供了不同传输形式之间的转换。

这种用许多专门的网络来提供不同电信业务的方式,无论对于用户还是对于运行管理部门来说,都存在很多缺点。

首先,从用户的角度来看:

①经济性差:每一个网络都需要专门的物理连接和专门的终端,这是很不经济的。网络越小,每个连接的成本就越高。由于终端的互不兼容性,使其不能形成大批量生产,因而价格比较昂贵。

②效率低:网络之间频繁的通信使得网络提供业务的能力降低。

③使用不便:每一个网络都有不同的接入过程,需要不同的用户-网络接口,具有不同的寻址过程和单独的号码簿,这使用户感到很不方便,经常会产生错误的操作。

④和管理部门的关系复杂:每个网络都有单独的运行管理部门,这意味着用户要和很多个维护管理部门打交道(例如,申请业务、交费、请求维修等),这也会给用户带来麻烦。

其次,从运行管理的角度来看:

大量的网络和不同的硬件使维护运行费用大大增加。运行部门必须有大量的雇员,他们必须熟悉不同的操作过程和规则。这不利于形成高效率、低成本的运行管理,也妨碍了新业务的迅速引入。

为了克服上述缺点,必须从根本上改变网络之间的隔离状况,用一个单一的网络来提供各种不同类型的业务,实现完全的开放系统互连和通信。这就是说,各种终端不论其传输特性多么不同(如速率不同、信号格式不同、采用的通信协议不同等),也不管它们是模拟设备还是数字设备,只要它们处理的信息是兼容的,就可以通过这个单一的网络进行通信。至于传输特性的差异,是由一些终端适配器来进行协调和转换而加以克服的。这个单一的网络,就叫作综合业务数字网(Integrated Services Digital Network,ISDN)。

一般说来,综合业务数字网是从电话综合数字网(IDN)发展起来的通信网,它提供端到端的数字连接,以支持包括话音业务和非话音业务在内的范围广泛的电信业务,其中既包括现有的电信业务,亦包括新的电信业务。用户通过有限的一组标准多功能用户–网络接口来接入这些业务。

ISDN 一词最早是由日本电报电话公司代表团的一位专家在 1971 年国际电报电话咨询委员会(CCITT)会议上提出来的。那时已有综合数字网(IDN)的构想,IDN 的中心思想是在网络中使用数字传输设备和数字交换设备,即实现数字传输和数字交换的综合。这位日本专家在 IDN 的 Integrated Digital Network 中增加了 Service(业务)一词,这样就把网络的着重点从数字传输与交换的综合转换成为综合业务,即强调这种网络能提供包括话音、数据及一些新业务的综合业务。按照他的想法,数字化不应仅限于网络内部,还应扩展到用户线,以保证用户能只通过一条用户线就可以获得多种不同的服务。只有这样,数字网才能为用户所接受。

ISDN 的概念最早是在 CCITT 1972 年发表的 G.702 建议中正式提出的,目的是试图在一个统一的通信网中为用户提供多种通信业务,这样可以解决多种业务的通信网并行的问题。为此成立了第 18 研究组,专门从事对 ISDN 的研究。最初由于技术上的限制,还仅是一种设想。进入 20 世纪 80 年代后,随着微电子技术、计算机、数字传输和数字交换的发展,使这一设想有了实现的可能。1981 年 CCITT 的 G.705 建议中对 ISDN 的概念作了进一步的描述,此后在 1984 年的 CCITT 的全会上通过了 ISDN 的 I 系列建议,并发表在红皮书中,1988 年 CCITT 全会又作了较多的修改补充,并发表在蓝皮书中。1990 年 CCITT 又通过了一批有关宽带 ISDN(B–ISDN)的建议,这些建议对 ISDN 的一般概念、网络构成、用户–网络接口以及编号计划等都作了描述,是研究 ISDN 的重要指导性文件。

CCITT 对 ISDN 的定义包括以下几点:

①ISDN 是以 IDN 为基础发展而成的通信网。

②ISDN 提供端到端的数字连接,即发端用户终端送出的已经是数字信号,接收端用户终端输入的也是数字信号。

③ISDN 提供包括话音业务和非话业务在内的各种广泛的业务,如数据、文字、图像等。

④ISDN 为用户进网提供一组标准化的多用途的用户–网络接口。

⑤ISDN 既可以支持电路交换也可以支持分组交换,还可以以专线形式支持非交换服务。

### 3.3.2 ISDN 的功能体系结构

**1. ISDN 的基本结构**

ISDN 的基本结构如图 3.16 所示。由图可以看到 ISDN 的用户-网络接口、网络功能和 ISDN 的信令系统。图中 TE 为用户终端设备。

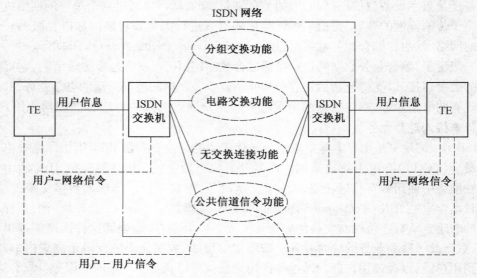

图 3.16　ISDN 的基本结构

ISDN 网络具有多种功能,包括电路交换功能、分组交换功能、无交换连接(或称半固定连接)功能和公共信道信令功能。在一般情况下,网络只提供低层(OSI 模型 1 ~ 3 层)功能。当一些增值业务需要网络内部的高层(OSI 模型 4 ~ 7 层)功能支持时,这些高层功能可以在 ISDN 网络内部实现,也可以由单独的服务中心来提供。

ISDN 具有三种不同的信令:用户-网络信令、网络内部信令和用户-用户信令。这三种信令的工作范围不同:用户-网络信令是用户终端设备和网络之间的控制信号;网络内部信令是交换机之间的控制信号;用户-用户信令则透明地穿过网络,在用户之间传送,是用户终端设备之间的控制信号。ISDN 的全部信令都采用公共信道信令方式,因此在用户-网络接口及网络内部都存在单独的信令信道,和用户信息信道完全分开。

**2. ISDN 的网络功能体系结构**

CCITT 的 I.300 系列建议对 ISDN 网络的结构和功能作了系统的描述,对 ISDN 网络中各部分的功能进行了分配,并定义了 ISDN 和其他网络之间的关系。ISDN 网络的结构模型如图 3.17 所示,该图对图 3.16 的网络功能作了进一步分解。图中 LCRF 为本地连接有关功能。

由图可见,ISDN 网络包含了七个主要的交换和信令功能:

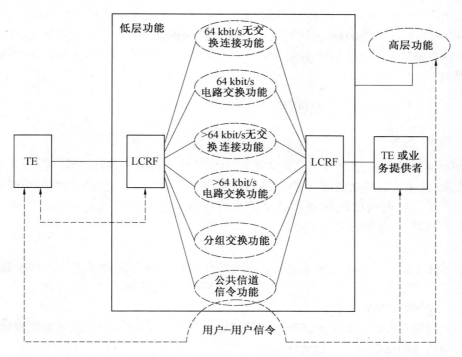

图 3.17 ISDN 的网络功能体系结构

（1）本地连接功能

本地连接功能对应于本地交换机或其他类似设备的功能，如用户–网络信令、计费等。

（2）64 kbit/s 电路交换功能

（3）64 kbit/s 无交换连接功能

（4）分组交换功能

实现 ISDN 的分组交换功能有以下两种方法：

①由 ISDN 本身提供分组交换功能。在 ISDN 交换机中加分组处理功能模块，使之能够进行分组交换。这种方法目前很少用。

②由分组交换公用数据网提供 ISDN 的分组交换功能。通过 ISDN 和分组交换公用数据网的网间互连，由分组交换数据网提供 ISDN 的分组交换功能，目前，ISDN 的分组交换功能大多采用这种方法提供。

（5）公共信道信令功能

ISDN 的全部信令都采用公共信道信令方式，如 CCITT No.7 信令系统。

（6）大于 64 kbit/s 的电路交换功能

（7）大于 64 kbit/s 的无交换连接功能

速率低于 64 kbit/s（如 8 kbit/s、16 kbit/s、32 kbit/s）的电路交换和无交换连接功能待进一步研究。

这七个功能不必由各自分开的网络来提供，而是可以适当地结合起来。

以上七个功能都属于 ISDN 的低层功能。在这七个功能中的任一个上面,都可以加上 ISDN 网的高层功能。ISDN 网的高层功能可以全部在 ISDN 网内部实现,也可以由外部的专网或特殊业务服务器来提供。对于用户来说,这两种情况下提供的用户终端业务是相同的。

### 3.3.3　ISDN 的业务及应用

**1. ISDN 业务**

ISDN 的根本任务就是向用户提供业务。ISDN 业务包括一系列极其广泛而又全然不同的性能,从简单的建立通信,到复杂的信息处理,还有信令的交换等。因此实现业务标准化的首要问题就是用国际公认的定义和精确的术语来描述这些不同的性能。目前 CCITT 将 ISDN 业务划分为三大类:

(1)承载业务

承载业务是单纯的信息传送业务,包括电路交换、分组交换和帧方式三种承载业务。承载业务由网络提供,将信息由一个地方搬运到另一个地方而不作任何处理。

(2)用户终端业务

用户终端业务是面向用户的通信或信息处理业务,由网络和终端设备共同提供,是从用户所需传递的信息种类来定义的。

(3)附加业务

附加业务又叫补充业务,是在承载业务和用户终端业务基础上附加的业务性能,目的是为了给用户提供更多更方便的服务。附加业务不能单独存在。

**2. ISDN 的应用**

(1)在局域网中的应用

ISDN 能为用户实现灵活的端到端数字连接,在局域网中主要实现以下两种功能:

①局域网的扩展和互连:ISDN 特性使带宽可以动态分配,可提供多个远程局域网系统的互连并组成内部网。ISDN 可以在用户需要通信时建立高速、可靠的数字连接,取代局域网间的租用线路,从而大大节省了费用,ISDN 还能够使主机或网络端口分享多个设备的接入。此外,本地的局域网还可以与异地的多个局域网一起构成一个虚拟网络,使得位于不同地区的局域网成为一个大型网络。局域网中的一端可以通过 ISDN 成为本地局域网的延伸或扩展,共享应用软件和数据库信息。

②提供远程局域网访问:由于 ISDN 提供了基本速率接口(2 个 64 kbit/s 数字通道)和基群速率接口(2 Mbit/s),ISDN 以电路交换方式提供用户端到端的数字连接,因而使得 ISDN 用户(2B+D 终端)可以很方便地实现远程局域网的访问,扩大了局域网资源(文件服务器、通信服务器、打印机、数据库等)的共享性。

(2)在电视会议中的应用

普通电视会议系统提供两个以上异地用户的声频和视频连接,用户间可进行直观的、面对面的信息交流和讨论。ISDN 电视会议系统能为两个以上的异地用户建立话音桥路和数据桥路,使用户既可以进行面对面的信息交流,又可以利用数据会议的通信功能共同阅览、编辑同一个文件,共享图形和报表。会议功能的实现只需在每个会议成员的终端预先装入 ISDN 会议软件即可。由于 ISDN 具有标准的接口,以及灵活接入的特点,故在组织电视会议时只需用拨号方式即可灵活、方便地将世界各地的用户连接起来。

(3)在桌面系统中的应用

ISDN 应用于计算机桌面系统,使两个以上的用户通过端到端的连接进行可视文件、图像和数据图表的信息交换。尤为重要的是可进行交互式的通信,使得信息交换如同面对面的通信,特别适用于办公地点分散的公司和企业。

(4)在远程教学中的应用

将声频和视频技术加入教学过程,通过能够实时交互的 ISDN 技术将不同地理位置的学生与老师联系在一起。

(5)在远程医疗中的应用

通过 ISDN 在医院之间建立高速的数字通信连接,确保医院间快速传送医疗文件,诊病救人。所有远端的医生可以连到医疗技术中心,随时可就任何一个医疗项目请教专家或共享医疗信息资源,通过 ISDN 也可以传送病人的 X 光片和病历等,帮助专家从远端对病情做出诊断。

(6)在家庭中的应用

居家办公需要经常从各类信息库中提取最新信息和应用程序,并将工作结果以计算机文件的形式传至公司和相关计算机系统,这就要求在家庭计算机终端与远端的主机(局域网或服务器)之间建立高速通信连接。ISDN 应用于居家办公除了能提供128 kbit/s 的高速数据速率外,还能提供灵活的远程局域网的访问。一对 ISDN 线可同时提供 8 个终端使用,所以在一对 ISDN 线上除了连接 ISDN 数字话机外,还可通过 ISDN 终端适配器连接几台计算机终端、模拟话机、传真机和 MODEM。此外,利用 ISDN 的主叫号码识别功能,在计算机终端进行一定的编程,可对呼入的电话实现有选择的接入,确保计算机终端间的通信安全、可靠、实效。

当然,随着计算机网络的迅猛发展和因特网的普及,网上交易、网上支付、网上交流等新型的电子交易方式受到普遍重视。通过 ISDN 路由器可很方便地建立 ISP 平台,提供灵活、方便、高速的端至端的数字连接。通过家庭 ISDN 终端可直观地查询商务行情。随着现代技术的发展,人们可在电表、水表、煤气表前装上相关接口设备,由远端的计算机读表系统通过 ISDN 的 D 通道收集各类读表数据,而不影响用户正常的 B 通道的通信。

(7)利用 ISDN 实现视频信息服务

目前,我国利用电话网的语音特性,开展了许多语音信息咨询服务业务,例如人们熟知的 168、160 等语音信息业务。利用 ISDN 的图像处理功能,建立图像信息库,还可实现视频信息咨询服务。

(8)ISDN 商业零售点(POS)的应用

采用 ISDN 网络传送各种销售数据、库存和发货情况,分析市场动态、检查商业广告效果等,以提高商业零售连锁店经营效率。POS(Point of Sales)应用也可以提供各类卡(信用卡等)的服务。POS 业务可以使远地终端通过 ISDN 连接访问中央计算机,实现信用卡核实、借贷卡核查、医疗保险的索赔处理、自动售票和银行自动取款系统。

（9）接入 Internet

用户可以通过 64 kbit/s 的速率接入 Internet。这种方式速率快、效率高，目前成为 ISDN的应用热点之一。

（10）数字专线

ISDN 也可以提供数字专线业务。国外 ISDN 大多用作大用户数字专线的备份电路使用。

# 3.4 智 能 网

近几年来，智能网技术在世界范围内迅速发展，在通信网中以较低成本，灵活迅速地为传统的电信业和广大用户提供新智能业务。本节主要讲述智能网的基本概念以及智能网的组成与应用。

## 3.4.1 智能网的概念

### 1. 智能网概述

智能网（Intelligent Network，IN）的概念是由美国首先提出的，而后由 CCITT 在 1992 年公布了建议。智能网是在通信网上快速、经济、方便、有效地生成和提供智能业务的网络体系结构。它是在原有通信网络的基础上为用户提供新业务而设置的附加网络结构，目的是在多厂商环境下快速引入新业务，并能安全地加载到现有的电信网上运行。由于在原有电信网络中采用智能网技术可向用户提供业务特性强、功能全面、灵活多变的移动新业务，具有很大市场需求，因此，智能网已逐步成为现代通信提供新业务的首选解决方案。

电信网新业务是在原有的电信网基础上新发展起来的增值业务，如各种新兴的语音业务（语音邮箱）、图文业务、数据业务、移动通信业务等。电信网新业务的发展促进了网络的发展，促使网络由单纯地传递和交换信息逐步向具有信息存储和处理的智能化方向发展。

所谓的智能也是相对而言的，当电话网中采用了程控交换机以后，电话网就具有了一定的智能，如呼叫转移、缩位拨号等多种智能功能。但是，单独由程控交换机作为交换节点而构成的电话网还不是智能网，智能网与现有交换机中具有智能功能是不同的概念。智能网的范围与涉及的业务是非常广泛的。

智能网采用先进的 No.7 信令系统和大型集中数据库作为支持。它的最大特点是将网络的交换功能与控制功能分开。把电话网中原来位于各端局交换机中的智能统一集中到新增的功能部件上，而原来的交换机完成基本的接续功能。交换机采用开放式结构，以标准接口方式与业务控制点连接，同时受业务控制点的控制。由于智能网对网络的控制功能不再分散于每个交换机上，因此，一旦需要增加和修改新业务，就不必修改每个具体交换中心的交换机，只要在业务控制点中增加和修改业务逻辑，并在大型数据库中进行相应的软件修改即可。新业务可随时提供，不会对正在运营中的业务产生影响。未来的智能网可配备完善的业务生成环境，客户可以根据自己特殊需要定义自己的个人业务。

**2. 智能网的特点**

智能网具有如下特点:

(1)结构灵活

在业务控制点的控制下,它的结构可以随着业务的改变及路由选择程序的改变而改变。多数情况下,路由选择程序是自动、动态确定的。

(2)快速提供业务

智能网大大缩短了新业务从提出到实施的时间。根据用户的需要可以及时并且经济地映入新业务,无需改变原有交换机。

(3)采用 No.7 信令

采用先进的 No.7 信令系统,可以连接多种智能部件,快速准确地传递大量信息,对分布的智能功能进行控制。

(4)在智能网中,有大型、集中的数据库

它存储全网信息,各网络节点能迅速访问数据库。大量采用信息处理技术,可有效地利用网络资源。

(5)采用标准接口

网络各节点之间、各功能之间,都通过标准接口及其相应的协议通信,这些接口与某种特定业务无关。

(6)支持移动通信的漫游功能

移动通信网要实现全国漫游,必须以智能网为基础。从长远来说,智能网是移动通信系统及全球个人通信系统的必要基础条件。

### 3.4.2　智能网的组成

电话智能网由业务交换点(SSP)、业务控制点(SCP)、信令转接点(STP)、业务管理系统(SMS)、业务生成环境(SCE)、智能外设(IP)等几个基本部分组成,其结构如图 3.18 所示,图中 LS 为市内交换电话局,DB 为数据库,PABX 为用户自动小交换机。

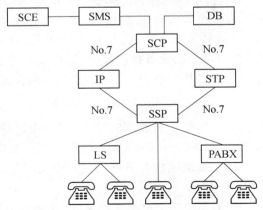

图 3.18　智能网的组成

### 1. 业务交换点(Service Switching Point,SSP)

SSP 的主要功能是进行呼叫控制和业务交换。呼叫处理功能具有接收用户呼叫、执行呼叫建立和呼叫保持等基本的接续功能;而业务交换功能主要是接收和识别智能业务的呼叫,并向业务控制点报告,从而接受业务控制点发来的控制指令。SSP 以原有的数字程控交换机为基础,再加上一些必要的软硬件及 No.7 共路信令系统接口来完成其业务交换和呼叫处理。

### 2. 业务控制点(Service Control Point,SCP)

SCP 是智能网的核心功能部件,它存储用户数据和业务逻辑,其主要功能是接收 SSP 送来的查询信息并查询数据库,进行各种译码;同时,它还能根据 SSP 上报来的呼叫事件启动不同的业务逻辑,根据业务逻辑向相应的 SSP 发出呼叫控制指令,从而实现各种各样的智能呼叫。智能网所提供的所有业务的控制功能都集中在 SCP 中,SCP 与 SSP 之间按照智能网的标准接口协议进行互通。SCP 一般由大、中型计算机和大型实时高速数据库构成。要求 SCP 具有高度的可靠性,每年服务的中断时间不能超过 3 分钟,因此它在网络中的配置起码是双备份甚至是三备份的。

### 3. 信令转接点(Signalling Transition Point,STP)

STP 实质上是分组交换机,用来沟通 SSP 和 SCP 之间的信号联络,转接对象是 No.7 信令。

### 4. 智能外设(Intelligent Peripheral,IP)

IP 是协助完成智能业务的专用资源,是智能网的物理实体之一。IP 提供的专门资源支持在用户和网络间灵活的信息交互功能。IP 中最典型的资源是接收用户语音信息的 DTMF 数字接收器。其他的资源还有语音识别设备、合成语音设备和各种信号音发生器等。智能外设可以单独设置,也可与 SSP 合设在同一物理实体中。

### 5. 业务管理系统(Service Management System,SMS)

SMS 是一种计算机系统。它一般具有五种功能,即业务逻辑管理、业务数据管理、用户数据管理、业务监测以及业务量管理。在业务创建环境上创建的新业务逻辑由业务提供者输入到 SMS 中,SMS 再将其装入 SCP,就可在通信网上提供该项新业务。完备的 SMS 系统还可以接收远端客户发来的业务控制指令,修改业务数据(如修改虚拟专用网的客户个数)从而改变业务逻辑的执行过程。一个智能网一般仅配置一个 SMS。

### 6. 业务生成环境(Service Creation Environment,SCE)

SCE 是智能网的灵魂,真正体现了智能网的特点,它为用户提供友好的图形编辑界面,用户可利用各种标准图元设计自己所需的新业务逻辑,定义相应的数据。设计好的业务,SCE 首先进行验证与模拟,确保该新业务不会损害电信网后,将该业务逻辑传送给 SMS,再由 SMS 加载到 SCP 上运行。

用户开发一个新业务,一般需要三个过程才能完成,即业务设计、业务检验与业务规范。图 3.19 画出了 SCE 生成一个新业务的简单工作原理,业务规范一般不需 SCE 参与。

下面以目前已有的 800 免费电话业务为例,来说明智能网的工作原理。800 业务示

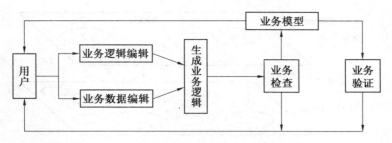

图 3.19　SCE 的工作原理

意图如图 3.20 所示。

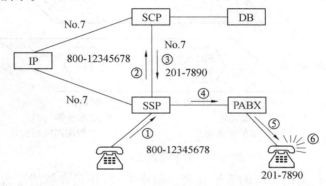

图 3.20　800 号业务示意图

其工作步骤如下：

①主叫用户拨 800 号码，号码传到 SSP。

②SSP 向 SCP 查询该号码。

③SCP 查询集中数据库。

④SCP 将查询结果送回 SSP，同时进行译码。

⑤SSP 根据译码通过交换机连接主、被叫之间通信。

⑥发出振铃。

### 3.4.3　智能网的概念模型

上一节已介绍了智能网的基本组成结构，这种结构必须适应不断增长的业务需要和不断出现的新技术。为了更深刻理解智能网，下面介绍智能网的概念模型。智能网概念模型是国际电联（ITU-T）在 Q．1200 系列建议中提出来的，其目的是更好地理解智能网概念，以便能在全球范围内采用一种统一规范的方式来发展智能网。智能网概念模型是一个四层平面模型。这四层分别是：业务平面（SP）、全局功能平面（GFP）、分布功能平面（DFP）和物理平面（PP）。有了概念模型，可使我们从不同的角度来认识、观察和理解智能网与智能业务。智能网概念模型如图 3.21 所示。

**1. 业务平面（Service Plane，SP）**

SP 描述了一般用户的业务外观，它只说明业务具有什么样的性能，而与业务的实现

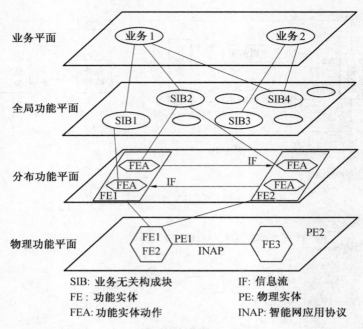

SIB: 业务无关构成块      IF: 信息流
FE: 功能实体      PE: 物理实体
FEA: 功能实体动作      INAP: 智能网应用协议

图 3.21　智能网概念模型

无关。换句话说,不论采用传统的方法在交换机中实现,还是在智能平台或智能网上实现,业务平面上的业务对业务使用者而言是没有差别的。在业务平面中,业务属性是业务平面中最小的性能。一个业务是由一个或多个业务属性组合而成的。

### 2. 全局功能平面(Global Functional Plane,GFP)

GFP 主要面向业务设计者。在这个全局功能平面上智能网看作是一个整体,即把业务交换点、业务控制点、智能外设等功能部件合起来,不加区分作为一个整体来考虑其功能。国际电联在这个平面上定义了一些标准的可重用功能块,称为与业务无关的构成块(Service Independent Building Block,SIB)。每个功能块完成某个标准的网络功能,如号码翻译 SIB,登记呼叫记录 SIB,等等。利用这些标准的功能块,就可用它来组成(定义)各种不同的业务和业务属性,不同的 SIB 组合方法再加上适当的参数就构成了不同的具体业务。将 SIB 组合在一起所形成的 SIB 链接关系就称为业务的全局业务逻辑(Global Service Logic,GSL)。在业务平面中的一个业务属性需要全局功能平面中的几个 SIB 来实施。

### 3. 分布功能平面(Distributed Functional Plane,DFP)

DFP 对智能网的各种功能加以划分,从网络设计者的角度来描述智能网的功能结构。DFP 由一组被称为功能实体的软件单元组成,每个功能实体都完成智能网的一部分功能,如呼叫控制功能、业务控制功能等。各个功能实体之间通过标准信息流进行联系,所有标准信息流的集合就构成了智能网的应用程序接口协议,也就是 No.7 信令中的 TCAP 协议。功能实体以及信息流的规范描述都与它们的物理实现方式无关。

### 4. 物理平面(Physical Plane,PP)

PP 表明了分布功能平面中的功能实体可以在哪些物理节点中实现。一个物理节点中可以包括一到多个功能实体。国际电联规定一个功能实体只能位于一个物理节点中，而物理平面由多个物理节点组成。这里的物理节点就是指前面所讲述的智能网功能部件（或称智能网节点）SSP、SCP、IP 等。

## 习 题

3.1 什么是长途电话网？

3.2 什么是本地电话网？

3.3 简述 No.7 信令网的组成。

3.1 程控数字交换机的话路系统主要由哪几部分组成？

3.5 简述呼叫处理的一般过程。

3.6 ISDN 的基本概念与定义是什么？

3.7 CCITT 将 ISDN 业务划分为哪三大类？

3.8 简述智能网的特点。

3.9 说明智能网一般由哪几部分组成？

3.10 指出智能网的概念模型由哪四个平面组成？并说明每一个平面的主要功能。

# 第 4 章

# 数据通信技术

数据通信是计算机和通信紧密结合的产物。同其他信息内容的通信相比,数据通信具有很多不同的特点。本章将对数据通信的基本概念、交换技术、通信协议、数据通信设备以及数据通信网进行介绍。

## 4.1　数据通信概述

### 4.1.1　数据通信的特点

在电信领域中,信息一般可分为话音、图像和数据三大类型。数据是指具有某种含义的数字、字母和符号以及它们的组合。这些数字、字母和符号在传输时,可以用离散的数字信号逐一准确地表达出来,例如可以用不同极性的电压、电流或脉冲来代表。数据通信就是指通过某种类型的传输介质在两地之间传送数据的过程,它是通信技术和计算机技术相结合而产生的一种新的通信方式。

与传统的电话、电报通信相比,数据通信具有很多不同的特点:

①从通信对象上看,数据通信主要是计算机与计算机之间以及人与计算机之间的通信,但也可以是人与人之间的通信。

②数据通信对数据传输的可靠性要求比较高,在数据传输过程中,由于信道的不理想和噪声的影响,可能使数据信号产生差错,这些差错可能会引起严重后果,因此必须采取严格的差错控制措施。

③数据通信对实时性的要求通常较低,可以采取存储转发的交换方式。

④数据通信的通信量呈突发性,即平均值和高峰值差异比较大,这就要求在网络设计时要折中考虑,在保证一定传输延时的条件下,能充分利用网络的资源。

⑤数据通信中每次呼叫的持续时间通常较短。据统计,数据通信中大约 25% 的呼叫持续时间在 1 s 以下,约 50% 的呼叫持续时间在 5 s 以下,90% 的呼叫持续时间在 50 s 以下,而电话通信的平均时间为 5 min。因此,数据通信要求接续和传输响应时间快。

⑥数据通信的通信规程或协议通常更为复杂、严格。

### 4.1.2　数据通信系统的组成

任何一个数据通信系统都是由数据终端设备( Data Terminal Equipment,DTE)、数据电路终接设备（Data Circuit-Terminating Equipment，DCE）和传输信道三部分组成，如图 4.1 所示。

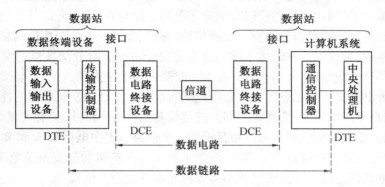

图 4.1　数据通信系统的构成

在数据通信系统中，生成和使用数据的设备称为数据终端设备。DTE 属于用户范畴，其种类繁多，功能差别较大，可能是大、中、小型计算机或 PC 机，也可能是只接收数据的打印机。

数据电路终接设备为用户设备提供入网的连接点，是用来连接数据终端设备与数据通信网络的设备。其主要功能就是完成数据信号的变换，使数据信号适合信道的传输。如果传输信道是模拟的，DTE 发出的数据信号不适合信道传输，就需要利用发送端的 DCE 进行数/模变换将其转换为模拟信号，通过传输信道到达接收端后再利用接收端的 DCE 进行模/数变换还原为数据信号后送至接收端的 DTE。如果传输信道是数字的，DCE 的作用就是信号码型和电平的转换，信道的均衡，收发时钟的形成、供给以及线路接续控制等。

传输信道多种多样，可以从不同的角度分类，如按传输信号的形式可分为模拟信道和数字信道，按传输媒质可分为有线信道和无线信道，按复用方式可分为频分信道、时分信道、码分信道等。

## 4.2　数据通信的交换技术

数据交换是数据通信中一个非常重要的问题。如果有多个用户之间要进行数据通信，最简单的方法是任意两个用户之间都使用直达线路进行连接，但这种方法的线路利用率很低，尤其是用户数比较多的情况。因此，通常采用的方法是将各个用户终端通过一个具有交换功能的网络连接起来，使得任何接入该网的两个用户终端可以通过该网络来实现数据的交换。所谓数据交换，也就是在多个数据终端设备之间，为任意两个终端设备建立数据通信临时互连通路的过程。

### 4.2.1　电路交换

电路交换（Circuit Switching，CS）是最早出现的一种交换方式，主要用于电话业务。它是一种面向连接，直接切换电路的交换方式，在两用户间建立物理电路以实现通信，并在通信结束后实时拆除该电路。在这里,所谓电路是指承载用户信息的物理层媒质,可以是一对铜线,也可以是时分复用电路的一个时隙。在从电路建立到电路拆除的时间段内,该物理电路被主、被叫用户独占,其间,无论该电路空闲与否,均不允许其他用户使用。电路交换机按照交换结构可以分为空分交换机和时分交换机。空分交换机的交换结构由空分电路阵列组成,接续电路在时域上被通信双方完全占用。时分交换机的交换结构由共享存储器或共享总线组成,通信双方只在某一时隙占用连接媒质。

图 4.2 为电路交换的示意图。电话用户到所连接的市话交换机之间的连接线路称为用户线,是用户专用的线路;交换机之间的连接线路则称为中继线,拥有大量话路,是由许多用户共享的,正在通话的用户只占用其中的一个话路。图中电话机 A 和 B 之间的通路共经过了四个交换机,而电话机 C 和 D 是属于同一个交换机的地理覆盖范围中的用户,因此这两个电话机之间建立的连接就不需要再经过其他的交换机。

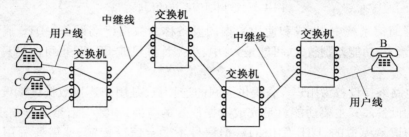

图 4.2　电路交换示意图

**1. 电路交换的过程**

整个电路交换的过程包括连接建立、信息传输和连接释放三个阶段。

（1）连接建立

电路交换方式中,在进行信息传输之前要先建立一条端到端的连接。建立连接的具体过程如下:首先主叫方通过若干个中间节点向被叫方发送一个请求。如果中间节点有可以使用的空闲物理线路,则接收请求,分配线路,并将请求传输给下一中间节点,直至该请求传输至被叫方;如果中间节点没有可以使用的空闲物理线路,则整个线路的连接将无法实现。被叫方收到连接请求后,再通过这些中间节点将该连接请求的确认返回给发送方。

（2）信息传输

电路交换连接建立以后,信息就可以从源节点发送到中间节点,再由中间节点交换到目的节点。在整个数据传输过程中,要求建立的电路必须始终保持连接状态。

（3）连接释放

信息传输完毕后,可以由主叫方也可以由被叫方发起连接释放的请求,该请求通过中间节点送往对方。本次通信过程所占用的相关电路被释放后,就可被其他通信使用。

**2. 电路交换技术的优点**

电路交换技术具有两大优点:

①信息的传输时延小,并且对于一次接续而言,传输时延是固定的。

②电路交换设备简单,交换机对用户的数据信息不进行存储、分析和处理,用户数据透明传输。

**3. 电路交换技术的缺点**

电路交换的缺点主要包括以下几个方面:

①在通信的全部时间内,电路资源始终被通信双方独占,电路利用率低。

②连接建立和释放所需的时间较长,当传输较短信息时,连接建立和释放的时间可能大于通信时间。

③通信双方在信息传输、编码格式、同步方式或通信协议等方面要完全兼容,这就限制了各种不同的速率、不同代码格式、不同通信协议的用户终端直接的互通。

④有呼损,也就是可能出现由于对方用户终端设备忙或交换网负载过重而呼叫不通的情况。

## 4.2.2 报文交换

报文交换(Message Switching,MS)是一种存储转发的交换方式,在传输时不需要事先建立连接电路。报文交换是以报文为单位进行信息的接收、存储和转发的。所谓报文就是站点将要发送的完整的数据信息再加上一些必要的控制信息所组成的网络传输的单位,其长度不限且可变。报文由报头、报文正文和报尾三部分组成。报头包括源地址、目的地址和其他辅助的控制信息等;报文正文是要传输的用户信息;报尾是报文的结束标志,若报文长度有规定则可省去此标志。

报文交换方式中,源站点将要发送的数据加上报头和报尾,组织成报文,完整的报文在网络中一站一站地向前传送。每一个站点接收整个报文,将其放入存储器中排队并根据目的地址在适当的时候转发到下一个站点。下一个站点再进行存储转发,直至报文到达目的站点。在报文交换中,对不同类型的信息可以设置不同的优先等级,优先级高的报文可以缩短排队等待时间。同电路交换相比,报文交换的主要优点如下:

①报文交换不需要为通信双方预先建立一条专用的通信线路,不存在连接建立时延,用户可随时发送报文。

②通信双方不是固定占用一条通信线路,而是在不同的时间一段一段地部分占用这条物理通路,因而大大提高了通信线路的利用率。

③报文交换机具有存储和处理能力,因此便于类型、规格和速度不同的数据终端设备之间进行通信。

④一个报文可以同时发送到多个目的地址,这在电路交换中是很难实现的。

⑤由于交换节点具有路径选择的功能,因此当某条传输路径发生故障时,可以重新选择另一条路径传输数据,提高了传输的可靠性。

报文交换的主要缺点包括以下几个方面:

①由于数据进入交换节点后要经过存储转发的过程,从而引起转发时延(包括接收报文、检验正确性、排队、发送时间等),因此报文交换的时延较大,时延变化也大,不利于实时通信。

②由于报文长度没有限制,而每个中间节点都要完整地接收传来的整个报文,因此要

求网络中每个节点有较大的存储容量。

### 4.2.3　分组交换

分组交换(Packet Switching,PS)也称为包交换,是继电路交换和报文交换之后出现的一种新的交换技术,综合了电路交换和报文交换的优点。分组交换是一种存储转发的交换方式,以分组为单位进行信息传输和交换。分组交换方式中,用户要传送的数据被划分成多个较小的等长部分,每个部分称为一个数据段。在每个数据段的前面加上源地址、目的地址等一些必要的控制信息组成的首部,就构成了一个分组。

分组长度的选取在分组交换网中是非常重要的,它会影响交换过程中时延的大小、信道的利用率以及对交换节点存贮容量的要求。通常来说,分组长度越小,交换过程中的时延就越小,对交换节点存贮容量的要求也越低,但会使传输控制信息造成的开销增大,降低信道的利用率。对分组长度的选取应综合考虑上述因素。同一分组网内每个分组的用户数据部分长度一般是固定的,最长不超过 256 个字节,每个分组首部的长度为 3～10 个字节。

分组交换包括数据报(Datagram)和虚电路(Virtual Circuit,VC)两种方式,在计算机网络中,有时又把它们称为无连接的服务和面向连接的服务。

数据报方式中,每个数据段按一定格式附加源地址、目的地址、分组编号、分组起始和结束标志、差错校验等信息后构成分组,在网络中传输,网络对每一个分组独立地进行处理。这些独立处理的每个分组称为"数据报"。由于分组交换机为每一个分组可能选择不同的路由,因此各个分组到达目的终端时有可能并不是按发送的顺序达到,因此要求目的终端必须将这些分组按顺序重新排列。数据报方式的优点是传输时延小,当某节点发生故障时不会影响后续分组的传输;缺点是每个分组附加的控制信息多,增加了传输信息的长度和处理时间,增大了开销。

虚电路方式中,在信息交换之前需要在发送端和接收端之间先建立一个逻辑连接,也就是虚电路,以保证双方通信所需的一切网络资源,然后所有分组就沿着已建立起来的虚电路进行传送。通信结束后可以由通信双方的任何一方发出释放虚电路的请求,终止本次连接。所谓虚电路是指对各个用户的数据信息使用标记进行区分,从而在一条共享的物理线路上形成逻辑上分离的多条信道。虚电路方式与数据报方式的不同之处在于每一个分组的路由都是相同的,各交换机只需进行一次路由选择,而无需为每一个分组分别进行路由选择。虚电路方式的优点是分组的首部不需要填写完整的源地址和目的地址,而只需填写虚电路的编号,因而减少了分组的开销,另外网络可以保证所传送的分组按发送的顺序到达接收端。根据虚电路的建立方式,虚电路可以分为永久虚电路(Permanent Virtual Circuit, PVC)和交换虚电路(Switched Virtual Circuit,SVC)。永久虚电路是一种提前定义好的,由网络为用户建立和清除的虚电路,就好像使用一条专线一样。交换虚电路则是由用户建立和清除的临时性的虚电路。

分组交换的主要优点包括以下几个方面:

①动态分配传输带宽,对通信链路是逐段占用的,因而提高了通信链路利用率。

②分组交换能适应用户数据的不同特性,实现不同速率、不同规程、不同代码的数据

终端设备之间的通信。

③由于分组的长度通常远小于报文的长度,因此相对于报文交换,分组交换的时延和时延抖动较小,交换节点所需的存储容量也较小。

④采用分布式多路由,网络的生存性好。

⑤易于实现多播。

分组交换的主要缺点是:

①分组在各交换节点进行存储转发时需要排队,会造成一定的时延。

②各分组携带的控制信息造成了一定的开销。

### 4.2.4　帧中继

一般所说的分组交换是基于 X.25 协议的。X.25 协议是针对以模拟通信为主的网络环境而设计的。为了提高传输的可靠性,X.25 分组交换网采取了差错控制、停止等待重发、流量控制等措施,因而协议比较复杂。随着光纤通信技术的发展,光纤逐渐成为通信网络传输媒体的主流。光纤通信具有容量大、传输质量高的特点,误码率通常小于 $10^{-9}$。在这样的通信环境下,显然没有必要采取过于复杂的差错控制措施。另外,用户终端智能化程度的日益提高,使得终端的处理能力大大加强,从而可以将流量控制、纠错等功能交给终端来完成。帧中继(Frame Relay,FR)技术就是在这样的背景下提出的。

帧中继是快速分组交换技术的一种。快速分组交换可理解为尽量简化协议,只保留核心的网络功能,以提供高速、高吞吐量、低时延服务的分组交换方式。帧中继以帧为单位来传送和交换数据。在这里,帧是指数据链路层的数据单元。帧中继在 X.25 分组交换网的基础上简化了网络层次结构,去掉了 X.25 分组交换网的第 3 层,在第 2 层采用虚电路技术传送和交换数据。虚电路交换技术可以提供交换虚电路业务和永久虚电路业务,目前世界上已建成的帧中继网络大多只提供永久虚电路业务。帧中继方式中,交换机只进行错误的检测而不纠错,纠错和流量控制等功能均由终端来完成。帧中继交换机接收到帧的目的地址后立即转发,而无须等待接收完整个帧。如果帧在传输过程中出现差错,当节点检测到差错时,可能已转发了该帧的大部分。对于这个问题采取的解决办法是:当节点检测到该帧有误码时,立刻停止发送,并发送指示到下一节点。下一节点接到指示后立即终止传送,并将该帧丢弃,请求重发。

X.25 分组交换和帧中继的过程分别如图 4.3 和图 4.4 所示。从图中可以看出,X.25 分组交换方式中,中间节点交换机每收到一个分组后都要回送确认信号,而目的终端收到分组后还需回送端到端的确认信号。帧中继方式中,中间节点交换机只转发帧而不回送确认信号,只有目的节点收到一帧后才回送确认信号。

同传统的分组交换相比,帧中继的主要优点包括以下两方面:

①由于帧中继简化了交换节点的处理过程,因此网络时延较小,传输的速率和信道的利用率也更高。

②帧中继的基础是高质量的传输线路和智能化的终端,因此可以保证传输的低误码率以及终端对错误的纠正,从而提高了可靠性。

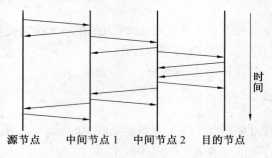

图 4.3　X.25 分组交换过程示意图

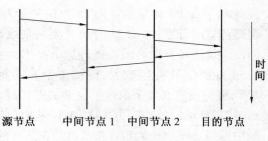

图 4.4　帧中继过程示意图

### 4.2.5　ATM 交换

异步传输模式（Asynchronous Transfer Mode,ATM）是一种基于统计时分复用、面向连接的快速分组交换技术。在这里,异步并不是指通信双方的时钟是否同步,而是指属于同一用户的信息并不一定按固定的时间间隔周期性地出现。

异步传输模式融合了电路交换和分组交换的特点。它采用面向连接的方式,即虚电路方式,在信息交换之前需要在发送端和接收端之间先建立一个逻辑连接,通信结束后再释放连接。由于采用的是统计时分复用而不是电路交换中所采用的同步时分复用,因此可以更有效地利用带宽。异步传输模式中,信息的传输、复用和交换都以 ATM 信元为基本单位。ATM 信元是固定长度的分组,共有 53 个字节,其中前 5 个字节为信头,主要完成寻址的功能,后面的 48 个字节为信息段,用来装载来自不同用户、不同业务的信息。ATM 技术简化了交换过程,去除了不必要的数据校验,采用易于处理的固定长度信元格式,所以 ATM 交换速率大大高于传统的分组交换网。另外,ATM 适用于任何类型的业务,无论其速率高低、突发性大小、服务质量要求如何,均可采用同样的模式来处理,真正做到了完全的业务综合。

# 4.3　数据通信协议

## 4.3.1　通信协议的一般概念

**1.协议的概念和组成要素**

在数据通信网络中,为了使处于不同地理位置的终端和系统能够协同工作实现信息交换和资源共享,必须有一系列行之有效的、共同遵守的通信约定,我们通常将这些约定的集合称为通信协议或通信规程。协议定义了数据单元使用的格式、信息单元应该包含的信息与含义、连接方式、信息发送和接收的时序等内容,从而确保网络中数据顺利地传送到指定的地方。

一个通信网络协议主要由以下三个要素组成:

①语法:即数据与控制信息的格式、编码方式、信号电平的表示方式等。

②语义:即需要发出何种控制信息,完成何种动作以及做出何种响应。

③同步:事件的先后顺序和速度匹配。

**2.通信协议的功能**

为了保证通信的正常进行,通信协议必须规范得十分详尽。通信协议的功能主要涉及以下几个方面:

①信息的传送与接收:包括信息传送的格式、接口标准、启动控制、超时控制等。

②对话控制:包括信息的处理、信息安全和保密、应用服务等。

③顺序控制:即对发送的信息进行编号,以免重复接收、丢失或无法按照发送的顺序对信息进行重组。

④差错控制:目的终端根据收到的数据应该可以进行检错或纠错。

⑤透明传输:即不管所传数据是什么样的比特组合,都应当能够在链路上传送。当所传数据中的比特组合恰巧与某一个控制信息完全一样时,就必须采取适当的措施,使接收方不会将这样的数据误认为是某种控制信息。

⑥链路控制与管理:包括控制信息的传输方向,建立和释放连接,监视数据终端的工作状态等。

⑦路径选择:即确定信息由源节点到目的节点的传输路径。

⑧流量和拥塞控制:即根据接收端和网络的状态调整发送信息的速率,使接收端对收到的信息来得及进行处理并防止网络发生拥塞。

## 4.3.2　通信协议的分层结构

**1.采用分层结构的原因**

通信协议是十分复杂而庞大的,为了降低实现的复杂性,通信协议采用分层的结构,各层协议之间既相互独立又相互高效地协调工作。

划分层次可以带来很多好处,主要包括以下几个方面:

①易于实现和维护：由于各层之间是相对独立的，因而可将一个复杂的问题分解为若干个较容易处理的更小一些的问题。

②灵活性好：当任何一层发生变化时，只要层间接口关系保持不变，则在这层以上或以下各层均不受影响。

③能促进标准化工作：这是因为每一层的功能及其所提供的服务都已有了明确的说明。

**2. 分层的原则**

通信协议的层次划分应遵循以下原则：

①各层协议之间有一定的顺序，较低层为较高层提供服务。

②各层应实现定义明确的功能。

③各层功能的定义和接口的划分应使各层相对独立，从而在接口保持不变的条件下，某一层的改变不会影响其他层。

④层次的数量应适当。层次过少会使每一层协议变得复杂，而层次过多则会增大通信处理的开销，使效率下降。

**3. 开放系统互连参考模型**

为了使不同体系结构的计算机网络都能够互连，国际标准化组织 ISO 于 1977 年成立了专门机构来研究一种用于开放系统的体系结构，提出了开放系统互连参考模型（Open Systems Interconnection Reference Model, OSI-RM），这是一个连接异种计算机的标准框架结构。OSI 参考模型并没有提供一个可以实现的方法，而只是描述了一些概念，用来协调进程间通信标准的制定。也就是说，OSI 参考模型并不是一个标准，而只是一个在制定标准时所使用的概念性的框架。OSI 参考模型将整个通信功能划分为七个层次，每一层使用下层提供的服务，并向其上层提供服务，同一节点内相邻层之间通过接口通信，不同节点的同等层按照协议实现对等层之间的通信。

图 4.5 所示为 OSI 参考模型的七层协议体系结构，这七层由下到上依次为物理层、数据链路层、网络层、传输层、会话层、表示层、应用层。数据发送时，从第七层传到第一层，接收数据时则相反。在七层协议体系结构中，下面三层称为通信层，上面四层称为用户层。一般来说，网络的低层协议决定了一个网络系统的传输特性，如所采用的传输介质、拓扑结构以及介质访问控制方法等，通常由硬件来实现；高层协议提供了与硬件结构无关的、更加完善的网络服务和应用环境，通常是由网络操作系统实现的。

| | |
|---|---|
| 7 | 应用层 |
| 6 | 表示层 |
| 5 | 会话层 |
| 4 | 传输层 |
| 3 | 网络层 |
| 2 | 数据链路层 |
| 1 | 物理层 |

图 4.5　OSI 参考模型

（1）物理层

物理层（Physical Layer）处于 OSI 参考模型的最底层，其主要功能是利用传输介质透明地传送比特流，为数据链路层提供物理连接。该层定义了物理链路的建立、维护和拆除有关的机械、电气、功能和规程特性，包括二进制比特的表示、数据传输速率、物理连接器规格及其相关的属性等。

（2）数据链路层

数据链路层（Data Link Layer）在物理层提供的比特服务基础上，为网络层提供服务，解决两个相邻节点之间的通信问题。该层的主要作用是通过校验、确认和反馈重发等手段，将不可靠的物理链路转换成对网络层来说无差错的数据链路，并协调收发双方的数据传输速率，以防止接收方因来不及处理发送方发送过来的高速数据而导致缓冲器溢出及线路阻塞。数据链路层传送的协议数据单元称为数据帧，通常简称帧。数据帧由帧头、数据部分、帧尾三部分组成，其中，帧头和帧尾为一些必要的控制信息，比如同步信息、地址信息、差错控制信息等，数据部分为网络层传下来的数据，比如 IP 数据包。

（3）网络层

网络层（Network Layer）在各节点间建立可靠的数据链路基础上，为传输层提供服务，传送的协议数据单元称为数据包或分组。该层的主要作用是解决如何使数据包通过各节点传送到目的地的问题，即路由选择。如果数据包要跨越多个通信子网才能到达目的地，还要解决网际互连的问题。另外，为避免通信子网中出现过多的数据包而造成网络阻塞，网络层还需要对流入的数据包数量进行控制，即拥塞控制。

（4）传输层

传输层（Transport Layer）的主要作用是为上层协议提供端到端的可靠和透明的数据传输服务，包括建立、维持和拆除传送链接，端到端的差错控制和流量控制等问题。该层向高层屏蔽了下层数据通信的细节，使高层用户看到的只是在两个传输实体间的一条主机到主机的、可由用户控制和设定的、可靠的数据通路。传输层传送的协议数据单元称为段或报文。

（5）会话层

会话层（Session Layer）的主要作用是管理和协调不同主机上各种进程之间的通信（对话），即负责建立、维持和终止应用程序之间的会话，对会话过程进行管理等。

（6）表示层

表示层（Presentation Layer）的主要作用是处理两个应用实体之间进行数据交换的信息表示方式，为上层用户解决用户信息的语法问题，包括数据格式变换、数据加密与解密、数据压缩与恢复等功能。

（7）应用层

应用层（Application Layer）是 OSI 参考模型的最高层，是用户与网络的接口。该层通过应用程序来完成网络用户的应用需求，如文件传输、收发电子邮件等。由于网络应用的要求很多，所以应用层最为复杂，所制定的应用协议也最多。

# 4.4  数据通信设备

## 4.4.1  终端设备

终端设备是指能够向数据传输网络发送和接收数据的硬件设备，也就是通常所说的

DTE。其主要功能包括以下几个方面:信息的输入和输出,线路连接,传输控制,编码和译码,差错控制,以及对信息进行缓冲和存储。终端设备通常由输入设备、输出设备、设备控制器和传输控制器组成,如图4.6所示。

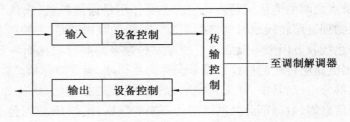

图4.6　终端设备的组成

常用的终端设备有以下几种:

①通用终端:包括打印类终端、显示类终端和识别类终端。

②复合终端:是一种面向某种应用业务,能按需配置输入/输出设备,而且终端本身可以进行相关信息处理的设备,如销售终端、票务终端等。

③智能终端:是一种带有微处理器的高级终端,它不但可以输入/输出信息,还可以存储、处理、控制数据信息,如个人电脑。

④虚拟终端:是指在个人电脑上虚拟的一个终端以及为此目的而写的软件,从而使个人电脑的用户不必使用专门的终端。

### 4.4.2　调制解调器

调制解调器(Modulator and Demodulator,Modem)是数据通信系统中一种常见的设备,其主要功能是将数据信号编码调制为模拟信号以及将模拟信号解调解码成原始的数据信号。

调制解调器由数据终端接口、线路接口和调制解调部件三部分组成。数据终端接口的主要功能是完成数据终端与调制解调器之间的连接。数据终端接口可以分为并行接口和串行接口两类。线路接口的主要功能是完成调制解调器与线路之间的转换。调制解调部件是调制解调器的核心,其主要功能是完成数据信号和模拟信号之间的转换以及扰码、解扰码、信道分割、线路均衡、指示工作状态等功能。

调制解调器可以按照多种不同的方式进行分类。按照传输速率调制解调器可以分为低速 Modem(300～1 200 bit/s)、中速 Modem(1 200～2 400 bit/s)和高速 Modem(2 400 bit/s以上);按照调制技术,调制解调器可以分为 PSK Modem、FSK Modem、QAM(Quadrature Amplitude Modulation,正交幅度调制) Modem、TCM(Trellis Coded Modulation,格形编码调制) Modem、APK(Amplitude Phase Keying,幅度和相位联合键控) Modem等;按通信方式,调制解调器可以分为全双工 Modem 和半双工 Modem;按实现方式,调制解调器可以分为硬件 Modem 和软件 Modem。

### 4.4.3　多路复用器和集中器

多路复用器是利用多路复用技术将多个终端的多路低速或窄带数据加载到一根高速

或宽带的通信线路上传输的设备。采用多路复用器,可使多路数据信息共享同一物理信道,从而充分利用通信信道的容量,大大降低系统的成本。多路复用器总是与多路解复用器成对使用的。多路解复用器的作用是将接收的复合数据流,依照信道分离数据,将它们送到对应的输出线上。常用的多路复用器主要有频分复用器和时分复用器等。

集中器是一种将 $m$ 条输入线汇总为 $n$ 条输出线的传输控制设备,其中 $m \geq n$。根据所配置的硬件和软件的不同,集中器的功能差异较大。集中器最主要的功能是将多路输入的大量低、中速数据进行合并,再经若干条高速线路送至另一通信设备(如集中器或前置处理机)。其次,集中器还具有进行远程网络处理的功能。如果配置了联机存储器和相应的软件,集中器还可完成报文交换功能或存储转发报文功能。

由于集中器的输入线路 $m$ 一般都大于输出线路 $n$,因此,不可避免地会出现输出信道争用现象。为了避免冲突,集中器常采用争用、轮询、存储以及排队转发等技术。争用技术就是多个终端或输入线可同时争用输出线,由于集中器的输出线数量有限,因此终端用户有可能要按一定规则排队等待。轮询技术是由集中器采用某种轮询方法,比如循环轮询、择优轮询等,依次查询各终端是否有发送的数据,这样可避免争用输出信道的冲突现象,有效控制终端与主机之间的数据传输,并减少排队等待现象的发生。存储转发技术是在争用技术的基础上,利用集中器内设置的缓冲或存储区来暂存待发送的数据。

集中器与多路复用器都是将若干终端的低速信号复合起来,以共享高速输出线路的设备。二者的主要区别包括以下几点:

①复用器可划分出若干子信道,使每一个信道对应于一个终端,而集中器没有这种对应关系,它是采用动态分配信道的原则,各路信息在网络中均有相应的地址标志。

②集中器的功能比复用器强得多,类似于通信控制器,因为它具有对线路进行控制、代码转换、组合报文、进行差错控制等功能。

③集中器是以报文为单位传输的,而复用器是以字符为单位传输的。

④集中器对每路信息做某些处理,而复用器是没有的。因此,可以说复用器是透明的,而集中器是不透明的。

⑤从应用的配置来看,复用器在使用中是成对使用的,而集中器是单独使用的。

集中器功能强大,但复用器成本低、易实现,因此可根据使用环境和要求综合分析选用。

### 4.4.4 网络设备

#### 1. 网络适配器

网络适配器也称为网络接口卡(Network Interface Card,NIC)或网卡,是 PC 或各种计算机连接到网络上的关键接口部件。其主要功能是实现计算机系统总线和介质之间的电信号匹配以及网络协议中数据链路层的大部分功能,负责将本地计算机上的数据打包后送入网络,并接收网络上传过来的数据包,解包后将数据通过总线传输给本地计算机。网络适配器的主要技术参数包括带宽、总线方式、电气接口方式等。

#### 2. 中继器

信号在介质上传输时存在损耗,随着距离的增加在线路上传输的信号功率会逐渐衰减。中继器的主要作用就是解决信号衰减的问题。它是网络物理层上面的连接设备,适用于完全相同的两类网络的互连,通过对数据信号的放大转发,来扩大网络传输的距离。

**3. 网桥**

网桥是工作在数据链路层上的网络设备,可以将两个或两个以上的网段连接成一个较大的局域网。它具有过滤和转发帧的功能:当一个数据帧进入网桥时,网桥检查它的源地址和目的地址,如果这两个地址分别属于不同的网络,则网桥把该数据帧转发到另一个网络上,反之则不转发。

网桥的主要优点是可以扩展网络的范围,并且提高网络的效率、可靠性和安全性。网桥过滤通信量的功能可以增大网络的吞吐量,使网络的整体效率得到提高。由于网桥将局域网分割成多个相对独立的网段,因此一个网段的故障不会影响到另一个网段的运行,同时还可以隔离出安全网段,防止其他网段内的用户非法访问。此外,网桥还可以将不同传输介质、不同速率和采用不同数据链路层协议的网段连接在一起。

网桥的主要缺点包括两个方面:由于网桥在对接收到的帧进行转发前要先存储和查找转发表,因此引入一定的时延。另外,由于网桥不具有流量控制功能,因此在网络负载较大时,网桥中的存储空间可能不足而发生溢出,从而造成帧的丢失。

网桥的主要技术参数包括网络端口数、网络类型、转发速率和缓冲区大小。

**4. 路由器**

路由器工作在网络层,是不同类型网络之间互相连接的枢纽。其主要作用是进行路由选择和分组的转发。

路由器的构成包括两大部分:路由选择部分和分组转发部分。路由选择部分也称为控制部分,其核心构件是路由选择处理机。路由选择处理机的任务是根据所选定的路由协议构造出路由表,同时定期地和相邻路由器交换路由信息而不断更新和维护路由表。路由表一般包括从目的网络到下一跳的映射。分组转发部分由交换结构、一组输入端口和一组输出端口组成。交换结构的作用是将某个输入端口进入的分组根据转发表从一个合适的输出端口转发出去。转发表是根据路由表得出的,包含完成转发功能所需的信息。

按照协议功能,路由器可以分为单协议路由器和多协议路由器两类。单协议路由器只能应用于特定的协议环境中;多协议路由器能支持多种协议并提供一种管理手段来支持/禁止某些特定协议。

# 4.5 数据通信网

## 4.5.1 数据通信网概述

数据通信网是指以传输数据为主的网络,其交换方式普遍采用存储转发方式的分组交换。

**1. 数据通信网的构成**

数据通信网一般由分布在不同地点的数据终端设备、数据交换设备和数据传输链路组成,在通信协议的支持下,实现数据终端间的数据传输和交换。

数据终端设备是数据通信网中信息传输的源点和终点,它的主要功能是向网络中输出数据和从网络中接收数据,并具有一定的数据处理和数据传输控制功能。

数据交换设备是数据通信网的核心,其基本功能是完成对接入交换节点的数据传输链路的汇集、转接和分配。在广播式数据网中是采用多路访问技术来共享传输媒体的,因此没有交换设备。

数据传输链路是数据传输的通道,包括数据终端与交换机之间的传输链路以及不同交换机之间的传输链路。

**2. 数据通信网的分类**

数据通信网可以从几个不同的角度来进行分类。

（1）按网络拓扑结构分类

数据通信网可以采用网状网、网孔型网、星型网、树型网、总线型网、环型网以及复合型网等多种不同的拓扑结构。目前的数据通信网中,骨干网一般采用网状型网或网孔型网,本地网大多采用星型网或树型网。

（2）按覆盖范围分类

数据通信网按覆盖范围可以分为局域网(Local Area Network,LAN)、城域网(Wide Area Network,WAN)和广域网(Metropolitan Area Network,MAN)。局域网是指在一个局部的地理范围内,比如学校、企业和机关内,将各种数据终端、外部设备等互相连接起来组成的通信网络,其覆盖范围一般在几千米以内。一个学校或企业拥有多个互连的局域网通常被称为校园网或企业网。按传输介质所使用的访问控制方法,局域网又可分为以太网、令牌环网和 FDDI 网等,其中以太网是当前应用最普遍的局域网技术。城域网是指在城市范围内所建立的通信网络,其作用范围通常为 50~100 km,大多以光纤作为主要的传输媒介。目前很多城域网采用的是以太网技术,因此有时也将城域网并入局域网的范围进行讨论。广域网也称为远程网,所覆盖的范围从几十千米到几千千米,它能连接多个城市或国家,或横跨几个洲。Internet 就属于广域网。

（3）按传输技术分类

按传输技术分类,数据通信网可分为交换网和广播网。在交换网中,用户之间的通信要经过交换设备。根据交换方式的不同,交换网又可分为电路交换网、分组交换网、帧中继网以及采用数字交叉连接设备的数字数据网。在广播网中,不同的数据终端共享同一传输媒质,用户之间的通信不需要经过交换设备。绝大多数局域网属于广播网。

## 4.5.2　分组交换网

**1. 分组交换网的基本概念**

分组交换网是利用分组交换技术实现的数据通信网。涉及分组交换方式的协议与标准很多,其中比较著名的是 ITU–T 的 X.25 建议。X.25 建议以虚电路服务为基础,规定了如何把一个数据终端设备连接到公用分组交换网,它实际上是一个数据终端设备 DTE 与数据电路终接设备 DCE 之间的接口规程。在该接口规程中包括数据传输通路的建立、保持和释放,数据传输的差错控制、流量控制以及拥塞控制等。X.25 协议的层次结构包括三层,对应于开放系统互连参考模型的低三层功能,从下到上依次为物理级、链路级和网络级。物理级规定了物理和电气端口特性;链路级也称为帧级,定义了帧格式以及实现 DTE 与 DCE 之间可靠传输的方法;网络级也称为分组级,规定了 DTE 与 DCE 之间以分组方式进行数据交换的方法。X.25 分组交换网的基本业务有交换虚电路(SVC)和永久虚电路(PVC)两种。

**2. 分组交换网的构成**

公用分组交换网通常采用两级结构,根据业务需求、业务流量在不同的地区设立一级和二级交换中心。一级交换中心之间一般通过高速数据链路构成网状网或网孔型网,一级交换中心与二级交换中心之间一般用中速数据链路构成星型网,必要时也可以采用网孔型网。分组交换网由分组交换机、远程集中器、网络管理中心、数据终端设备、分组装拆设备以及传输线路组成,如图 4.7 所示。

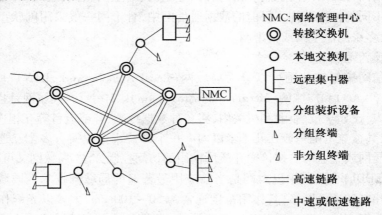

图 4.7　分组交换网的基本结构

(1)分组交换机

分组交换机是分组交换网的枢纽,根据在网中的地位,可以分为转接交换机和本地交换机。转接交换机所有的端口均与其他交换机互连,具有较强的路由选择功能和流量控制功能。本地交换机只有少数几个端口与其他交换机互连,大部分端口都是用户终端接口,具有本地交换能力和简单的路由选择功能。

(2)远程集中器

远程集中器(Remote Concentrator Unit,RCU)可以将多个低速数据终端的数据集中起来,通过一条或少数几条中、高速链路送往交换机,从而提高链路的利用效率。

(3) 网络管理中心

网络管理中心(Network Management Center,NMC)的主要任务是对网络进行管理,其功能包括:

①网络的配置管理和用户注册管理。

②全网信息的收集。

③路由选择管理。

④对交换机等网络设备进行远程参数修改和软件更新。

⑤网络监测。

⑥网络安全管理。

⑦计费管理。

（4）数据终端

数据终端包括分组终端和非分组终端。若终端设备使用标准的分组交换网规程（即X. 25 建议）与网络相连,则该终端称为分组终端,否则为非分组终端。

（5）分组装拆设备

分组装拆设备（Packet Assembler/ Disassembler,PAD）的主要功能是规程转换和数据集中,非分组终端必须通过分组装拆设备才能接入到分组交换网。

（6）传输线路

传输线路是构成分组交换网的重要组成部分之一,可以分为分组交换机之间的中继传输线路和用户线路。

**3. 路由选择**

路由选择就是指选择从源节点到目的节点的传输路径。在数据报方式中,网络节点要为每个分组选择路由;而在虚电路方式中,只需在连接建立时确定路由。进行路由选择时可以按照时间最短或费用最小等原则,同时还应兼顾公平性以及网络的负载均衡。

确定路由选择的策略称为路由选择算法。路由选择算法按照能否随网络的拓扑结构或通信量自适应地进行调整变化可以分为静态路由选择算法和动态路由选择算法。

静态路由选择算法也称为非自适应路由选择算法,不需要测量和利用网络状态信息,而是按照某种规则事先计算好路由,网络启动时加载到路由器中,不再变化。这种算法的特点是简单和开销小,但是不能适应网络状态的变化。

动态路由选择算法也称为自适应路由选择算法,依靠当前网络的状态信息进行决策,从而使路由选择结果在一定程度上适应网络拓扑结构和通信量的变化。其特点是能较好地适应网络状态的变化,但是实现起来较为复杂,开销也比较大。动态路由选择算法一般采用路由表法,包括集中式路由选择算法和分布式路由选择算法。集中式路由选择算法是由路由控制中心收集各个节点定期发送的状态信息,动态地计算出每一个节点的路由表,再将新的路由表发送给各个节点。为了保证路由控制中心的可靠性,其控制功能需要备份。分布式路由选择算法是每个节点定期地与相邻节点交换路由信息,从而修改各自的路由表。

在路由选择算法中都涉及最短路径的计算。比较著名的求最短路径的算法中有两种:Bellman Ford 算法和 Dijkstra 算法。两种算法的思路不同,但得出的结果是相同的。这里仅对 Dijkstra 算法进行介绍。

Dijkstra 算法能够确定从任一源节点至网络中其他所有节点的最短路径,这些路径的集合称为最短前向路径树。下面以图 4.8 的网络为例来讨论这种算法,将节点 1 作为源节点,找出从节点 1 至其他所有节点的最短路径。

令 $d(v)$ 为源节点到某个节点 $v$ 的距离,也就是从节点 1 沿某一路径到节点 $v$ 的所有链路的长度之和;$l(i,j)$ 为节点 $i$ 与节点 $j$ 之间的直达距离,若节点 $i$ 与节点 $j$ 有直接的链路相连,则 $l(i,j)$ 的值为节点 $i$ 与节点 $j$ 之间链路的长度,若节点 $i$ 与节点 $j$ 没有直接的链路相连,则 $l(i,j)$ 的值为 $+\infty$;$N$ 为已经找到与源节点之间的最短路径的节点的集合。

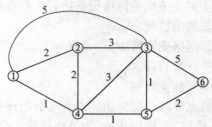

图 4.8　最短路径算法的网络举例

Dijkstra 算法的步骤如下:

①初始化:令 $N=\{1\}$。对所有不属于 $N$ 的节点 $v$,写出

$$d(v)=l(1,v) \qquad (4.1)$$

②在所有不属于 $N$ 的节点中找出一个节点 $w$,使 $d(w)$ 的值最小。将 $w$ 加入到 $N$ 中,然后对所有不属于 $N$ 的节点 $v$ 的 $d(v)$ 值进行更新:

$$d(v)=\min[d(v),d(w)+l(w,v)] \qquad (4.2)$$

③重复步骤②,直到所有的网络节点都在 $N$ 中为止。

表 4.1 和图 4.9 所示分别为应用 Dijkstra 算法对图 4.8 的网络求解最短路径的计算步骤和找出最短前向路径树的过程。

表 4.1　对图 4.8 的网络求解最短路径的步骤

| 步骤 | $N$ | $d(2)$ | $d(3)$ | $d(4)$ | $d(5)$ | $d(6)$ |
|---|---|---|---|---|---|---|
| 初始化 | $\{1\}$ | 2 | 5 | 1 | $\infty$ | $\infty$ |
| 1 | $\{1,4\}$ | 2 | 4 | ① | 2 | $\infty$ |
| 2 | $\{1,4,5\}$ | 2 | 3 | 1 | ② | 4 |
| 3 | $\{1,2,4,5\}$ | ② | 3 | 1 | 2 | 4 |
| 4 | $\{1,2,3,4,5\}$ | 2 | ③ | 1 | 2 | 4 |
| 5 | $\{1,2,3,4,5,6\}$ | 2 | 3 | 1 | 2 | ④ |

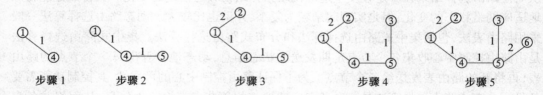

步骤 1　　步骤 2　　　　步骤 3　　　　步骤 4　　　　步骤 5

图 4.9　找出最短前向路径树的过程

**4. 流量控制和拥塞控制**

一般说来,我们总是希望数据传输的速率更快一些。但如果发送方的发送速率过快,就有可能使接收方来不及接收,造成数据的丢失。所谓流量控制就是对发送方与接收方之间点对点的通信量的控制,目的是让发送方的发送速率不要过快,以免接收方来不及接收。

在某段时间,若对网络中某一资源(链路容量、交换节点中的缓存和处理机等)的需求超过了网络所能提供的可用资源,就会使节点丢弃部分分组,导致分组的重传增多,时延加大,吞吐量下降,严重时甚至会造成死锁,这种现象称为拥塞。拥塞控制是一个全局性的过程,涉及所有的数据终端和所有的交换节点,其目的是防止过多的分组注入网络中,使网络中的交换节点或链路不致过载。衡量网络中是否发生拥塞以及拥塞程度的指标主要有:由于缺少缓存空间而被丢弃的分组数、平均队列长度、超时重传的分组数、平均分组时延、分组时延的标准差等。

滑动窗口法是分组交换网中广泛采用的一种流量控制和拥塞控制方法。该方法中,发送方需要维持一个发送窗口,发送窗口内包括那些已经被发送,但是还没有被确认的分组以及允许被发送的分组。若收到新的确认,则发送窗口向前滑动。接收方可以通过暂缓发送确认或改变发送方的发送窗口大小来控制发送方发送分组的速度。拥塞控制也是通过改变发送窗口大小来实现的。若网络中的某一部分发生拥塞,则减小相关发送方的发送窗口的大小,当拥塞程度减轻时,再增大发送窗口的大小。

### 4.5.3　数字数据网

#### 1. 数字数据网的基本概念

数字数据网(Digital Data Network,DDN)是一种利用数字信道传输数据信号的数据传输网。其主要作用是向用户提供 $N \times 64$ kbit/s( $\leqslant 2.048$ Mbit/s)的半永久性连接的数字数据信道,既可用于计算机之间的通信,也可用于传送数字化传真、数字话音、数字图像信号或其他数字化信号。所谓半永久性连接是指根据用户需要建立的一种固定连接,连接信道的数据传输速率、传输的目的地和传输路由等随时可根据需要由用户提出申请进行修改,但这种修改不是经常性的。

#### 2. 数字数据网的组成

数字数据网由用户设备、用户接入单元、DDN 节点、网同步系统、网络管理控制中心和传输线路组成。

(1)用户设备

常用的用户设备包括数据终端、计算机、工作站、电话机和传真机等,也可以是计算机局域网。

(2)用户接入单元

用户接入单元(User Access Unit,UAU)的作用是把用户端送入的信号转换成适合在用户线上传输的信号形式,主要有基带型或频带型单路或多路复用传输设备。

(3) DDN 节点

DDN 节点的基本功能是复用和交叉连接。复用的目的是把多路信号集合在一起,共同使用同一物理信道。在 DDN 中,存在两级时分复用:第一级是子速率复用,合路速率为 64 kbit/s;第二级是 $N \times 64$ kbit/s 复用,合路速率为 2.048 Mbit/s。交叉连接是指在节点内部通过交叉连接矩阵,接通同速率支路或合路,从而实现半永久性连接或再连接。

DDN 节点包括三种类型:2 兆节点、接入节点和用户节点。2 兆节点是 DDN 的骨干节点,执行网络业务的转接功能,它主要提供 2.048 Mbit/s 接口。接入节点为各类业务提供接入功能。用户节点主要为用户入网提供接口并进行必要的协议转换。

（4）网同步系统

DDN 为同步数字传输网，其正常运行的一个基本要求是网同步。网同步系统的作用是提供设备工作的同步时钟，以保证全网设备的同步。数字数据网一般采用主从同步方式，即全网只有一个基准时钟作为主时钟，网内各节点的时钟均作为从时钟由该主时钟控制。

（5）网络管理控制中心

网络管理控制中心 NMC 是网络安全、正常运行的必要保证，其主要功能包括网络结构和业务的配置、监视网络运行、故障管理、安全管理、网络信息收集和计费管理等。当网络规模较大时，通常采用分级管理的方式。

数字数据网络一般都采用分级的结构。我国的数字数据网可分为一级干线网、二级干线网和本地网三个级别。一级干线网由设置在各省、自治区和直辖市的节点组成，采用网状连接，它提供省际长途 DDN 业务和国际 DDN 业务。二级干线网由设置在省内的节点组成，采用不完全网状连接，它提供省内长途和出入省的 DDN 业务。本地网是指城市范围内的网络，采用不完全网状连接，它提供本地和长途 DDN 业务。

（6）传输线路

DDN 主干网采用的传输媒介有光纤、数字微波、卫星信道等，用户端多使用普通电缆和双绞线。

### 3. 数字数据网的特点

数字数据网的主要优点包括以下几个方面：

①DDN 采用数字交叉连接技术，网络时延小。

②传输速率高，可提供最高达 2.048 Mbit/s 的数字传输信道。

③DDN 是透明传输网，本身不受任何规程的约束，由智能化程度较高的用户端设备来完成协议的转换，面向各类数据用户。

④由于 DDN 中信道固定分配，因此通信保密性强，可靠性高。

⑤可以支持数据、语音、图像传输等多种业务，不仅可以和用户终端设备进行连接，也可以和用户网络连接，为用户提供灵活的组网环境。

数字数据网的主要缺点是使用 DDN 专线上网，用户需要租用一条专线，租用费用较高。

### 4. 数字数据网提供的业务

数字数据网的基本业务是提供多种速率的数字数据专线业务。此外，DDN 还可以提供帧中继、压缩话音/G3 传真、虚拟专用网等多种业务。

（1）专线业务

DDN 可以提供多种速率的租用专线业务，包括点对点专线和多点专线两类，多点专线又可以分为一点对多点专线和多点对多点专线。

（2）帧中继

DDN 也提供帧中继业务。它把不同长度的用户数据包封装在一个较大的帧内，加上寻址和校验信息，帧的长度可达 1 000 个字节以上，传输速率可达 2.048 Mbit/s。帧中继主要用于局域网和广域网的互连,适应局域网数据量大和突发性的特点。

（3）压缩话音/G3 传真业务

DDN 可以提供模拟专线业务,在一条线路上同时支持电话和传真,支持标准的语音压缩,也适用于用户交换机的连接。

（4）虚拟专用网

用户可以租用部分公用 DDN 的网络资源构成自己的专用网,即虚拟专用网。

**5. DDN 业务的典型应用**

①DDN 业务适用于信息量大、实时性强、保密性能要求高的数据业务,如商业、金融业等行业组网或企业组建内部网络。

②DDN 业务广泛应用于银行、证券、气象、文化教育等需要专线业务的行业。

③DDN 业务可用于局域网/广域网的互连。

④DDN 业务可用于会议电视等图像业务的传输。

### 4.5.4 帧中继网

**1. 帧中继网的基本概念**

帧中继网是一种面向连接、基于帧的分组交换网络。帧中继网中,X.25 分组交换网所执行的大部分差错检测和流量控制功能被省略,中间节点只转发数据帧而不发送确认帧,只有目的节点收到数据帧后才向源节点发送确认帧。这是由于帧中继是基于误码率很低的光纤线路的,因此无需点到点纠错。帧中继网的数据传输过程中省略了很多确认过程,因此相对于 X.25 分组交换网,传输速率和信道的利用率大大提高。帧中继网去掉了 X.25 分组交换网的分组层,仅保留物理层和数据链路层,在链路层上完成统计复用。

**2. 帧中继的帧格式**

帧中继的帧结构是由 ITU-T Q.922 建议的。如图 4.10,帧中继的帧由 4 个字段组成:标志字段 F、地址字段 A、信息字段 I 和帧校验序列字段 FCS。各字段的意义如下:

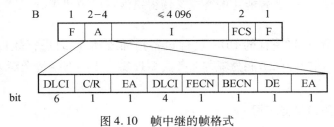

图 4.10　帧中继的帧格式

（1）标志字段 F

一帧的开始和结束的标志,长度为 1 个字节,其编码为 01111110。

（2）信息字段 I

信息字段 I 用来装载用户数据,长度可变,最多可达 4 096 个字节。

（3）帧校验序列 FCS

帧校验序列 FCS 用以检测数据传输过程中的差错,长度为 2 个字节。

（4）地址段 A

地址段 A 一般为 2 个字节，也可扩展为 3~4 个字节，由以下几部分组成：

①DLCI：数据链路连接标识符，用于标识虚电路。

②C/R：命令/响应位，与高层应用有关，帧中继本身并不使用。

③EA：地址扩展标识。EA=0，表示下一字节仍然是地址字节；EA=1，表示地址字段结束。

④FECN：前向拥塞显式通知。若某节点将 FECN 置为 1，表示与该帧在同一方向上传输的帧可能受到网络拥塞而延迟。

⑤BECN：后向拥塞显式通知。若某节点将 BECN 置为 1，表示与该帧在相反方向上传输的帧可能受到网络拥塞而延迟。

⑥DE：帧丢弃许可指示。DE=0 表示该帧对时延敏感，DE=1 则表示该帧较为次要。若网络发生拥塞，可优先传送那些 DE=0 的帧，丢弃 DE=1 的帧。

**3. 帧中继网的特点**

帧中继网的主要特点如下：

（1）高效

帧中继仅完成物理层和链路层的核心功能，网络不进行纠错、流量控制等，简化了节点交换的处理过程，采用统计时分复用方式，因而信道的利用率高、数据传输速率快、网络时延小。

（2）经济

帧中继采用统计复用技术，宽带按需分配，同时由于帧中继简化了节点之间的协议处理，将更多的带宽留给客户数据，客户不仅可以使用预定的带宽，在网络资源富裕时，网络还允许客户占用非预定的带宽。

（3）可靠

帧中继的实现基础是高质量的传输线路和智能化的终端。高质量的传输线路可以保证数据传输的低误码率，而智能化的终端又使得错误可以被纠正。

（4）灵活

帧中继协议简单，将现有的 DDN 硬件设备稍加改动，同时进行软件升级就可实现。在用户接入方面，帧中继网络能为多种业务类型提供公用的网络传送能力，并对高层协议保持透明。

**4. 帧中继业务的典型应用**

（1）局域网互连

利用帧中继网络进行局域网互连是帧中继业务最典型的一种应用。对局域网的数据帧进行中继转发时，需要采用可变长度的帧格式，并尽可能减少转换处理软件，而这正是帧中继的特点。帧中继网络可为局域网用户提供高速率、低时延，并能有效防止拥塞的数据传输业务。

（2）图像传送

帧中继网络可提供图像、图表的传送业务。这些信息的传送往往要占用很大的带宽，而帧中继网具有高速率、低时延、动态分配带宽、成本低的特点,因而很适合传输这类图像信息,诸如远程医疗诊断等方面的应用也可以采用帧中继网络来实现。

（3）虚拟专用网

帧中继网可以将网络中的若干个节点划分为一个分区,并设置相对独立的管理机构,对分区内的数据流量及各种资源进行管理。分区内各个节点共享分区内的网络资源,分区间相对独立,这种分区结构就是虚拟专用网。采用虚拟专用网比建立实际的专用网要经济合算,尤其适合于大企业用户。

### 4.5.5　ATM 网络

ATM 网络采用异步时分复用方式,以固定长度的信元作为信息传输和交换的基本单元,可用于传输话音、数据、高质量图像、音频、视频和多媒体等业务。ATM 集交换、复用、传输为一体,是一种面向连接的传输方式,融合了分组交换和电路交换的优点。

#### 1. ATM 信元格式

ATM 传送信息的基本单元是 ATM 信元。ATM 信元长度固定,只有 53 个字节,其中前 5 个字节为信头,其余的 48 个字节为信元净荷。信头格式在用户–网络接口（UNI）和网络节点接口（NNI）略有不同,如图 4.11 所示。

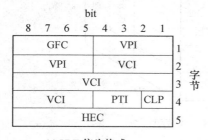
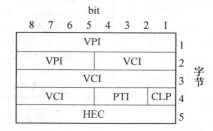

(a) UNI 信头格式　　　　　　　　(b) NNI 信头格式

图 4.11　ATM 信元格式

ATM 信头中各个字段的含义如下:

①GFC:一般流量控制,4 bit(比特),只用于 UNI 接口。

②VPI:虚通路标识,在 UNI 为 8 bit,在 NNI 为 12 bit。

③VCI:虚信道标识,16 bit,标识虚通路内的虚信道。

VCI 与 VPI 组合起来标识一个虚连接,仅具有局部意义。VPI/VCI 在用户建立连接时分配,并在信息传输途经的 ATM 交换节点上建立输入/输出映射表;传输信元时,交换机根据信头的 VPI/VCI 查映射表,形成新的 VPI/VCI,填入信头。

④PTI:净荷类型指示,3 bit,可以用来指示 8 种信元类型。

⑤CLP:信元丢失优先级,1 bit。CLP = 1,表示高优先级;CLP = 0,表示低优先级。当网络发生拥塞时,首先丢弃 CLP 为 1 的信元。

⑥HEC:信头差错控制,8 bit,主要用于 ATM 信头差错的检测和纠正。另外,由于信元之间没有使用特别的分割符,信元的定界也借助于信头差错控制 HEC 字节实现。

ATM 信元中信头的功能比分组交换中分组头的功能大大简化了,不需要进行逐链路的差错控制。只进行端到端的差错控制,HEC 只负责信头的差错控制,另外只用 VPI、VCI 标识一个连接,不需要源地址、目的地址和包序号,信元顺序由网络保证。

**2. 协议参考模型**

ITU-T 在建议 I.321 中给出了 B-ISDN 的参考模型,这同时也是 ATM 规程的参考模型。

如图 4.12,B-ISDN 的参考模型包括三个平面:用户平面、控制平面和管理平面。用户平面主要提供用户信息流的传输,以及流量控制、差错控制等。控制平面主要是完成连接控制的功能,包括连接的建立、管理和释放。使用永久虚电路时不需要控制平面。用户平面和控制平面采用分层结构,从下到上依次为物理层、ATM 层、ATM 适配层(ATM Adaptation Layer,AAL)和高层。管理平面提供两种功能,即层管理和面管理功能。其中,层管理采用分层结构,处理与特定的层相关的操作、管理和维护;面管理不分层,负责提供所有平面间的协调功能。

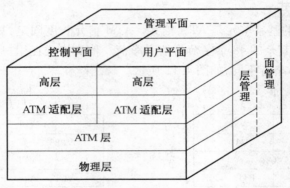

图 4.12  B-ISDN 参考模型

模型中各层的功能如下:

(1)物理层

物理层的主要功能包括线路编码、时钟提取、信元定界和信头的差错控制等。

(2)ATM 层

ATM 层的主要功能包括以下几个方面:

①信元复用和解复用:在源端点负责对来自各个虚连接的信元进行复用,在目的端点对接收的信元流进行解复用。

②VPI/VCI 处理:负责在每个 ATM 节点对信元进行识别和标记。

③信头处理:负责在源端点产生信头(不包括 HEC 字段),在目的端点翻译信头。

④一般流量控制:在源端点负责产生 ATM 信头中的一般流量控制字段,而在接收点则依靠它来实现流量控制。

(3)ATM 适配层

ATM 层提供的只是针对信元的一种基本的数据传送能力,而 ATM 适配层在此基础上提供更适合于各种不同电信业务要求的通信能力。在发送端 AAL 将高层信息映射到 ATM 信元中,以便将其通过 ATM 网络运输,在接收端再将这些信息从 ATM 信元中取出提交给高层。

（4）高层

控制平面高层为 ATM 信令协议，业务面高层与业务有关。

**3. 虚通路交换和虚信道交换**

ATM 系统采用面向连接的工作方式，但其连接并非实际的物理连接，而是逻辑连接，即虚电路。虚电路可以是用户长期占用的永久虚电路 PVC，也可以是通信前临时建立的交换虚电路 SVC。

在 ATM 中，有两种级别的虚电路，即虚通路（Virtual Path，VP）和虚信道（Virtual Channel，VC）。一个物理传输通道可以被划分为若干个 VP，一个 VP 又包含若干个 VC。图 4.13 所示为传输通道和虚通路 VP 以及虚信道 VC 之间的关系。VP 和 VC 分别用虚通路识别符 VPI（Virtual Path Identifier）和虚信道识别符 VCI（Virtual Channel Identifier）进行标识。VCI 和 VPI 都作为信头的一部分与信元同时传输，仅具有局部意义。

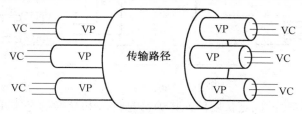

图 4.13　ATM 的虚通路和虚信道

ATM 网络中，虚电路是用一系列 VPI/VCI 表示的。在虚电路建立过程中，虚电路上所有的交换节点都会建立路由表，以完成输入信元 VPI/VCI 到输出信元 VPI/VCI 的转换。两个相邻交换节点间信元的 VPI 和 VCI 不变，当信元经过交换节点时，VPI 和 VCI 作相应的改变。两个相邻交换节点间具有相同 VPI 的信元所占有的子通路称为一个 VP 链路，具有相同 VPI 和 VCI 的信元所占有的子通路称为一个 VC 链路。多个 VP 链路串联起来可以构成一个 VP 连接（Virtual Path Connection，VPC），多个 VC 链路串联起来构成一个 VC 连接（Virtual Channel Connection，VCC）。通信前的连接建立过程，实际上就是在源节点与目的节点之间的各段传输通道上，找寻空闲 VC 链路和 VP 链路，分配 VCI 与 VPI，建立相应 VCC 与 VPC 的过程。

ATM 信元的交换既可以在 VP 级进行，也可以在 VC 级进行。VP 交换中，一个 VP 内所有信元同时被映射到另一个 VP 内。信元在经过 ATM 交换节点时，该交换节点根据 VP 连接的目的地，将输入信元的 VPI 改为新的 VPI，而信元的 VCI 保持不变，如图 4.14 所示。VP 交换的实现比较简单，往往只是传输通道的某个等级数字复用线的交叉连接。VC 交换中，信元在经过 ATM 交换节点时，VPI 和 VCI 均会改变，如图 4.15 所示。

**4. ATM 的特点**

ATM 的特点主要包括以下几个方面：

①兼具电路交换和分组交换的特点，面向连接，采用统计时分复用方式，很好地解决了独占带宽和有效利用带宽这两个似乎矛盾的问题。

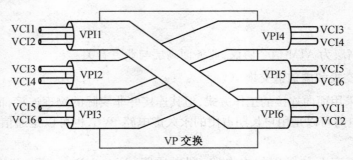

图 4.14　VP 交换示意图

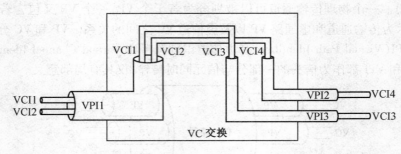

图 4.15　VC 交换示意图

②由于以长度较短的固定长度信元作为信息传输和交换的基本单元,减少了信息在缓冲区内的排队时延和时延抖动,特别适合于实时业务。

③简化了信头的功能,便于用硬件实现。

④将差错控制、流量控制功能转移到智能终端上完成,降低了网络时延,提高了交换速度。

⑤数据透明传输,在网络内部不对数据作复杂处理,支持话音、数据、图像等综合业务。

# 习　题

4.1　什么是数据通信? 数据通信的主要特点是什么?

4.2　简述数据通信系统的组成。

4.3　分组交换中数据报方式与虚电路方式各有什么优点和缺点?

4.4　虚电路与实际的物理电路有什么区别?

4.5　为什么说帧中继是一种快速分组交换方式? 它与一般的分组交换相比,有何优点?

4.6　简述 OSI 参考模型中各层的功能。

4.7　路由器的主要功能有哪些?

4.8　流量控制的目的是什么?

4.9　DDN 的主要特点是什么?

4.10　为什么说 ATM 技术融合了电路交换和分组交换的特点?

4.11　ATM 系统中,什么叫虚通路? 什么叫虚信道?

# 第5章

## 光纤通信技术

光纤通信就是利用光导纤维传输光信号的通信方式。光纤通信工作在近红外区，其波长为 $0.8 \sim 1.8\ \mu m$，对应的频率为 $167 \sim 375\ THz$。光纤通信技术主要涉及光信号的产生、传输、检测以及组网技术。光纤通信已经广泛地应用在社会中的各个方面，成为现代通信的基石。本章主要介绍光纤通信系统中光纤的基本理论和概念、光纤与光缆的结构和原理、光纤传输系统的组成以及光波分复用等关键技术。

## 5.1 光纤通信概述

### 5.1.1 光纤通信的发展

利用光作为通信手段并不是一个新的概念，早在电通信诞生之前，光通信已经被广泛应用。如我国周朝就用烽火台的火光来传递信息，后来的手旗、灯光，甚至交通红绿灯等均可划入光通信的范畴，但可惜它们所能传递的距离和信息量都是十分有限的。但从利用光波作载波来传递信息的角度出发，光通信的历史只能从光通信的先驱贝尔发明光电话算起。

1880 年贝尔用发明的称之为光电话的设备来传送声音。他用太阳光作为光源、硒晶体作为光接收检测器件，通过 200 m 的大气空间成功地传送了语音信号。虽然在以后的几十年中，科技工作者对贝尔的光电话具有浓厚的兴趣，但由于缺乏合适的光源及严重的大气衰减，这种大气通信光电话未能像其他电通信方式那样得到发展。

1960 年美国科学家梅曼发明了激光器（受激辐射光波放大），激光器发出的光波具有高的输出功率、极高的工作频率（比微波频率高出几个数量级）、承载宽频带信号的能力等。激光的出现使通信迈入一个崭新的时代——光通信时代。由于空气中水分子、氧气和悬浮粒子对光波有吸收和散射的作用，这使在有效距离内通过地球大气层传输光波难以实现，因此唯一实用的光通信就是使用光导纤维的系统。

1966 年，被称为世界光纤之父的华裔科学家高锟博士提出：只要设法降低玻璃丝光纤中的杂质，则有可能使当时的光纤信号衰减水平从 1 000 dB/km 降低到 20 dB/km，从而有可能用于通信。也就是说，像头发一样细的玻璃丝有可能进行电话、数据和图像通信。这一近乎神话的预言，在 4 年后获得证实。1970 年，作为光纤通信用的光源取得了实质性的进展，美国贝尔实验室研制成功了可在室温连续工作的半导体激光器。与气体、液体、固体、离子等激光器相比,半导体激光器体积小、耗电少,通过改变注入电流可方便地实现对信号的调制,具有寿命长、可靠性高等优点。同年,纽约康宁(Coming)玻璃厂的 KaPron、Keck 和 Maurer 发明了一种低损耗光纤,其损耗小于 20 dB/km,这是光通信系统在实际应用中的又一大突破。这种采用光导纤维(光纤)来传送光波的通信就是光纤通信。1970 年以后,光纤技术迅猛发展。

1974 年,贝尔实验室发明了制造低损耗光纤的方法(称为化学气相沉积法 MCVD),并成功研制出了损耗为 1 dB/km 的光纤。

1976 年日本玻璃公司研制出更低损耗的渐变型光纤,又称自聚焦光纤,损耗下降为 0.5 dB/km。同年,美国亚特兰大成功进行了速率为 44.7 Mbit/s 的光纤通信系统实验。

1977 年,美国芝加哥电话局进行了速率为 44.7 Mbit/s 的光纤通信系统现场试验。

1978 年,日本进行了速率为 100 Mbit/s 的光纤通信系统现场试验。

1980 年,日本进行了速率为 400 Mbit/s 的光纤通信系统现场试验。

1989 年,ITU-T 制定了 155 Mbit/s、622 Mbit/s、2.5 Gbit/s 等 SDH 速率标准。现在,10 Gbit/s 系统也已商用化。

直至今天,光纤通信技术已获得了巨大的发展,它的应用已遍及长途干线、海底通信、局域网、有线电视等领域。发展速度之快,应用范围之广泛,规模之大,涉及学科之多(光、电、化学、物理、材料等),是以前任何一项新技术不能与之相比的。

### 5.1.2 光纤通信的特点

光纤通信迅速发展,促进了光纤的应用和产业化,光纤的需求量呈指数规律上升,它已在世界各国广泛应用,成为高质量信息传输的主要手段,与其他通信系统相比,光纤通信具有一系列独有特点,其主要有:

**1. 传输频带宽,通信容量大**

光纤的可用带宽较大,一般在 10 GHz 以上,使光纤通信系统具有较大的通信容量。而金属电缆存在的分布电容和分布电感实际起到了低通滤波器的作用,使传输频率、带宽以及信息承载能力受到限制。光纤通信使用的频率一般位于 $3.5 \times 10^{14}$ Hz(波长为 1.05 μm)附近,如果利用它带宽的一小部分,并假设一个话路占 4 kHz 的频带,那么一对光纤可以传送 10 亿路电话,它比我们今天所使用的所有通信系统的容量还大许多。然而实际上,由于光纤制造技术和光电器件特性的限制,一对光纤要传送 10 亿路电话是有困难的。目前的实用水平为每对光纤传送 30 000 多话路(2.4 Gbit/s)。

**2. 传输损耗低,传输距离长**

信号在传输线上传输,由于传输线的损耗会使信号不断地衰减,信号传输的距离越长,衰减就越严重,当信号衰减到一定程度以后,对方就接收不到信号了。为了长距离通信,往往需要在传输线路上设置许多中继器,将衰减了的信号放大后再继续传输。但是中继器越多,传输线路的成本就越高,维护也就越不方便。

光纤的传输损耗很低,石英光纤在 1 550 nm 波长处的传输损耗已可以做到 0.2 dB/km,甚至达 0.15 dB/km,这是以往任何传输线都不能与之相比的。一般光纤通信系统的无中继传输距离为几十公里,甚至可达一百多公里,比电缆系统的中继距离长很多。而光缆与金属电缆的造价基本相同,少量的中继器使光纤通信系统的总成本比相应的金属电缆通信系统的要低。

### 3. 抗电磁干扰

信息传输系统中应具有一定的抗干扰能力,抵抗周围环境的干扰及工业干扰。如一些天然干扰,雷电、电离层的变化和太阳的黑子活动等;还有一些工业干扰,如电动马达和高压电力线;还有无线电通信的相互干扰等。这些干扰直接影响数据传输的质量。但是尽管采取了各种措施,还是不能有效地解决各种干扰的影响。

大多数光纤是由石英材料制成的,它不怕电磁干扰,也不受外界光的影响,强电、雷电等也不会影响光纤的传输性能,甚至在核辐射的环境中光纤通信也能正常进行。这是电通信所不能比拟的,因此光纤通信在许多特殊环境中得到了广泛的应用。

### 4. 保密性强,无串话干扰

光在光纤中传输时,光波集中在光纤芯子中传输,是不会跑出光纤之外的,即使在转弯处,弯曲半径很小时,漏出的光波也十分微弱,向外辐射能量也就很小。如果在光纤或光缆的表面涂上一层消光剂,光纤中的光就完全不能跑出光纤。因此,它比常用的铜缆保密性强。同一根光缆中的光纤之间不会产生干扰和串话,不会干扰其他通信设备或测试设备,因而保密性好、使用安全。

### 5. 材料丰富,节约有色金属

通信用电话线或电缆的主要材料为有色金属铜、铝、铅等。从目前的地质调查情况来看,世界上铜的储藏量不多,其资源严重紧缺。而光纤的材料主要是石英(二氧化硅),材料资源丰富。例如,40 g 高纯度的石英玻璃可拉制 1 km 的光纤,而制造 1 km 八管中同轴电缆需要耗铜 120 kg,铅 500 kg。光纤通信技术的推广应用将节约大量的金属材料,具有合理使用地球资源的战略意义。

### 6. 体积小,重量轻,便于敷设

光纤细如发丝,其外径仅为 125 μm,套塑后的外径也小于 1 mm,加之光纤材料的比重小,成缆后的重量也轻。例如,18 芯架空光缆(或管道)质量约为每千米 150 kg,而 18 管同轴电缆的质量约为每千米 11 t。经过表面涂覆的光纤具有很好的可绕性,便于敷设,可架空、直埋或置入管道。可用于陆地或海底,在飞机、轮船、人造卫星和宇宙飞船上也特别适用。

当然光纤系统也存在一些不足,主要有以下几点:

(1)接口昂贵

在实际使用中,需要昂贵的接口器件将光纤接到标准的电子设备上。

(2)强度差

光缆与同轴电缆相比抗拉强度要低得多。这可以通过使用标准的光纤包层 PVC 得到改善。

(3)不能传送电力

有时需要为远处的接口或再生的设备提供电能,光缆显然不能胜任,在光缆系统中还必须额外使用金属电缆。

（4）需要专用的工具、设备以及培训

需要使用专用工具完成光纤的焊接以及维修；需要专用测试设备进行常规测量；光缆的维修既复杂又昂贵，从事光缆工作的技术人员需要通过相应的技术培训并掌握一定的专业技能。

# 5.2　光纤与光缆

## 5.2.1　光纤的结构和分类

光纤通信中所使用的光纤是截面很小的可绕透明长丝，它在长距离内具有束缚和传输光的作用。光纤的典型结构是多层同轴圆柱体，中心为纤芯，第二层是包层，最外层是涂覆层。纤芯是光的传输通道，通常是折射率为 $n_1$ 的高纯 $SiO_2$，并有少量掺杂剂（如 $GeO_2$ 等），以提高折射率。包层折射率为 $n_2$ 略低于纤芯，通常也由高纯 $SiO_2$ 制造，掺杂 $B_2O_3$ 及 F 等以降低折射率。包层还可以增加光纤的机械强度，防止在与外界接触时纤芯可能受到的磨损与污染。纤芯和包层合起来构成裸光纤，光纤的光学特性及传输特性主要由它决定。光纤结构示意图如图 5.1 所示。

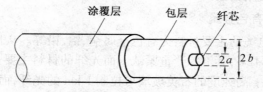

涂覆层　　包层　　纤芯

图 5.1　光纤结构示意图

对于通信石英光纤，多模光纤的芯径大多为 50 μm，单模光纤芯径仅 4~20 μm。它们的包层外径一般为 125 μm。在包层外面是 5~40 μm 的涂覆层，材料是环氧树脂或硅橡胶，其作用是增强光纤的机械强度。再外面还常有缓冲层（厚 100 μm）及套塑层。此外，纤芯及包层材料也可由玻璃或塑料制造，它们的损耗比石英光纤大，但在短距离的光纤传输系统中仍有一定的应用。

套塑后的光纤还不能在工程中使用，必须成缆。把数根、数十根光纤纽绞或疏松地置于特制的螺旋槽聚乙烯支架里，外缠塑料绑带及铝皮，再被覆塑料或用钢带铠装，加上外护套后即成为光缆。

光纤的分类方法有很多，可以按传输模式、横截面折射率分布、光纤的工作波长、光纤的传导模式数量、光纤构成的原材料分类。

### 1. 按传输模式

光纤中的模式，从几何光学的角度可简单地理解为光在光纤中传播时特定的路径。如果光纤中只容许一种路径的光束沿光纤传播，则称为单模光纤。单模光纤传输频带宽，传输容量大。如果光束的传播路径多于一条，则称为多模光纤。单模光纤的纤芯直径比多模光纤小。与单模光纤相比,多模光纤的传输性能较差。

**2. 按横截面折射率分布**

光纤按折射率分布来分类,一般可分为阶跃型光纤和渐变型光纤。

(1)阶跃型光纤

如果纤芯折射率(指数)$n_1$沿半径方向保持一定,包层折射率$n_2$沿半径方向也保持一定,而且纤芯和包层的折射率在边界处呈阶梯形变化的光纤,称为阶跃型光纤(Step-Index Fiber,SIF),又可称为均匀光纤,它的折射率剖面分布图如图 5.2(a)所示。

(2)渐变型光纤

如果纤芯折射率$n_1$随着半径加大而逐渐减小,而包层中折射率$n_2$是均匀的,这种光纤称为渐变型光纤(Graded-Index Fiber,GIF),又称为非均匀光纤,它的折射率剖面分布图如图 5.2(b)所示。

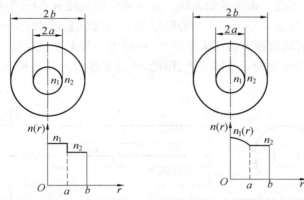

(a) 均匀光纤的折射率剖面图分布　　(b) 非均匀光纤的折射率剖面图分布

图 5.2　光纤折射率剖面分布示意图

**3. 按光纤的工作波长**

按照光纤工作波长的不同,可以将光纤分为短波长光纤和长波长光纤。

短波长光纤的工作波长为 0.85 μm,长波长光纤的波长为 1.3 ~ 1.6 μm,主要有 1.31 μm 和 1.55 μm 两个窗口。

波长为 0.85 μm 的多模光纤主要用于短距离市话中继和专用通信网络等。长波长单模光纤主要用于干线传输。

**4. 按光纤的传导模式数量**

光是一种电磁波,它沿光纤传输时可能存在多种不同的电磁场分布形式(即传播模式),能够在光纤中远距离传输的传播模式称为传导模式。根据传导模式数量的不同,光纤可以分为单模光纤和多模光纤两类。光纤中只容许一种路径的光束沿光纤传播,则为单模光纤,如图 5.3(a)所示。光束传播的路径多于一条,则称为多模光纤,如图 5.3(b)所示。

常用的三种光纤为单模阶跃光纤、多模阶跃光纤和多模渐变光纤。

①单模阶跃光纤如图 5.3(a)所示(图中 $n_0$、$n_1$、$n_2$ 分别为空气、纤芯和包层的折射

率）。由于只容许光以一条路径沿光纤传播，因而纤芯是极小的，光束实际上是沿光纤轴线方向向前传播，进入光纤的光几乎是以相同的时间通过相同的距离。

②多模阶跃型光纤如图 5.3(b)所示，除了纤芯比较粗外，其结构与单模光纤相同。这种光纤的数值孔径（光纤接收入射光线能力大小的物理量，具体概念下面介绍）较大，因此允许更多的光线进入光缆。入射角大于临界角的光线沿纤芯呈"Z"字形传播，在纤芯与包层的界面上不断地发生全反射；入射角小于临界角的光线（图中未画出）则折射进入包层，即被衰减。可以看出，此时光纤中的光是沿着不同路径进行传播的，因而通过相同长度的光纤就需要不同的传输时间。

③多模渐变型光纤如图 5.3(c)所示，它的特点是纤芯的折射率呈现非均匀分布，中心最大，沿截面半径向外逐渐减小，光在其中通过折射传播。由于光线是以斜交叉穿入纤芯，光线在纤芯中不断地从光密介质到光疏介质或从光疏介质到光密介质中传播，因此总是在不停地发生折射，形成一条连续的曲线。进入光纤的光线有不同的初始入射角，在传输一段距离后，入射角度变大并且远离中心轴线的光线要比靠近中心轴线的光线所走的路程长。由于折射率随轴向距离的增大而减小，而速度与折射率成反比，故远离轴线处的光传播速度大于靠近轴线处的光传播速度，因此，全部光线会以几乎相同的轴向速度在光纤中传播。

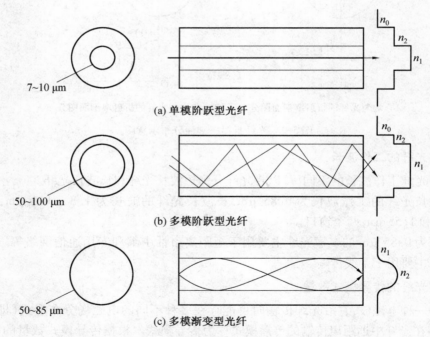

(a) 单模阶跃型光纤

(b) 多模阶跃型光纤

(c) 多模渐变型光纤

图 5.3　三种光纤的纤芯和包层折射率分布

## 5. 按光纤构成的原材料

### （1）石英系光纤

石英系光纤主要是由高纯度的 $SiO_2$ 并掺有适当的杂质制成，例如用 $GeO_2 \cdot SiO_2$ 和 $P_2O_5 \cdot SiO_2$ 作芯子，用 $B_2O_3 \cdot SiO_2$ 作包层。目前，这种光纤损耗最低，强度和可靠性最高，应用最广泛。

（2）多组分玻璃光纤

这种光纤的损耗较低，但可靠性不高，例如用钠玻璃掺有适当杂质制成的光纤。

（3）塑料包层光纤

光纤的芯子是用石英制成的，包层是硅树脂。

（4）全塑光纤

光纤的芯子和包层均由塑料制成，其损耗较大，可靠性也不高。

目前，光纤通信中主要使用石英光纤。

### 5.2.2　光纤的导光原理

光具有波粒二象性，既可以将光看成光波，也可以将光看作是由光子组成的粒子流，因而在分析光纤中光的传输特性时相应地也有两种理论，即几何光学理论和波动光学理论。

几何光学是用光射线代表光能量传输线路来分析问题的方法。这种理论适用于光波长远远小于光波导尺寸的多模光纤，可以得到简单、直观的分析结果。本小节主要利用几何光学中的反射和折射来分析光纤的导光机理，了解光在不同的光纤中是如何传播的。

由物理光学可知，光在均匀介质中是沿直线传播的。但是当光入射到两种不同介质的交界面时，将产生反射和折射，如图 5.4 所示。$AO$ 为入射光方向，一部分光纤沿 $OB$ 方向返回到介质 1 中，一部分光纤沿 $OC$ 方向折射进入介质 2，反射光线和折射光线分别服从反射定律和折射定律。

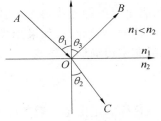

图 5.4　光的反射和折射

反射定律：反射光线位于入射光线和法线所决定的平面内，反射光线和入射光线分居法线两侧，反射角 $\theta_3$ 等于入射角 $\theta_1$，即

$$\theta_3 = \theta_1 \tag{5.1}$$

折射定律：折射光线和入射光线分居在法线两侧，入射角和折射角的正弦之比等于介质 2 的折射率 $n_2$ 和介质 1 的折射率 $n_1$ 之比，即

$$\sin \theta_1 / \sin \theta_2 = n_2 / n_1 \tag{5.2}$$

全反射：当入射角增大至 $\theta_c$，折射角变为 90°，这时的入射角 $\theta_c$ 称为临界角，即

$$\sin \theta_c = \frac{n_2}{n_1} \sin 90° = \frac{n_2}{n_1} \tag{5.3}$$

如果入射角大于临界角，光线就不会折射进入介质 2，而是全部反射回介质 1 中，发生全反射。

按照几何光学光射线理论，光纤中的光射线可以分为子午射线和斜射线。子午射线是经过光纤对称轴的子午平面内的光线，而斜射线是沿一条类似于螺旋形的路径。斜射线情况较为复杂，下面只对子午射线加以分析。

**1. 阶跃型折射率光纤的导光机理**

阶跃型光纤是根据光的全反射原理构造的一种光波导,将光信号封闭在光纤中传输。

如图 5.5,一条光线与光纤轴线成 $\varphi$ 的角度入射到光纤中,由于光纤与空气界面的折射效应,光线将会向轴线偏移,折射光线的角度 $\theta_z$ 由式(5.4)给出

$$n_0 \sin \varphi = n_1 \sin \theta_z \tag{5.4}$$

式中　　$n_0$、$n_1$——空气和纤芯的折射率。

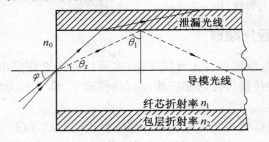

图 5.5　阶跃型光纤的导光机理

根据全反射理论,当入射角 $\theta_1$ 大于临界角 $\theta_c$ 时,将会在纤芯与包层界面上发生全反射,当全反射的光线再次入射到纤芯与包层的分界面时,又会再次发生全反射而返回到纤芯中传输形成导波;如果光线 $\theta_1$ 小于或等于临界角 $\theta_c$,那么这条光线将形成辐射模,不会在纤芯中传输形成导波。

$$\sin \theta_c = \frac{n_2}{n_1} \tag{5.5}$$

这样满足由全反射条件 $\theta_1 > \theta_c$ 的光线都会被限制在纤芯中而向前传播,这就是光纤传光的基本原理。

**2. 渐变型折射率光纤的导光机理**

由于渐变型光纤中纤芯折射率分布是随 $r$ 变化的,光纤中子午光线不再是沿直线传播,而是曲线传播,如图 5.6 所示。当光线以某一角度入射到截面时,会产生折射,沿半径 $r$ 方向,折射率是不断下降的,所以折射角越来越大,光线就越来越向纤芯轴弯曲,在某一点发生全反射,光线折回轴线。

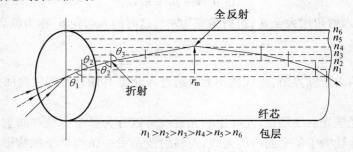

图 5.6　渐变型光纤中光线轨迹

如果渐变型光纤中折射率分布合理,能够使不同角度入射的光线以相同的轴向速度

在光纤中传播,同时达到光纤轴上的某点,即所有的光线具有相同的空间周期,这种现象称为自聚焦,如图5.7所示。下面对渐变型光纤中子午线的自聚焦特性用光线轨迹作进一步分析。

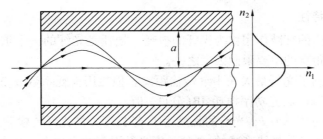

图 5.7　渐变型光纤的自聚焦

图 5.8 为子午面上的一条子午线轨迹,其形状由折射率分布 $n(r)$ 决定。

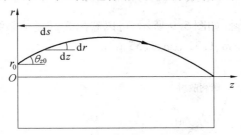

图 5.8　渐变型光纤中的光线

设初始条件为:$z = 0$ 处的光线离轴距离为 $r_0$,该点的折射率为 $n_0$,光线轴向角为 $\theta_{z0}$。按斯涅耳定律有 $n(r)\cos\theta_z = n_0\cos\theta_{z0}$。由于 $n(r)$ 在变,光线轨迹在弯曲,故轴向 $\theta_z$ 随坐标而变,且光线上任一点轴向角的余弦与该点折射率之积等于常数 $n_0\cos\theta_{z0}$。令 $\cos\theta_{z0} = N_0$,则 $n(r)\cos\theta_z = n_0 N_0$。再在光线上任取一点,其单元长度 $\mathrm{d}s = (\mathrm{d}z^2 + \mathrm{d}r^2)^{1/2}$,由于 $\cos\theta_z = \mathrm{d}z/\mathrm{d}s$,故有

$$\frac{n(r)\,\mathrm{d}z}{\sqrt{\mathrm{d}z^2 + \mathrm{d}r^2}} = n_0 N_0 \tag{5.6}$$

即

$$\mathrm{d}z = \frac{n_0 N_0}{\sqrt{n^2(r) - n_0^2 N_0^2}}\mathrm{d}r \tag{5.7}$$

该式即为描述光线变化规律的轨迹方程。当 $n(r)$、$n_0$ 及 $N_0$ 给定时,就可求出光线的轨迹。

### 5.2.3　光纤的传输特性

从通信的角度来看,人们最关心的是一个数字光脉冲信号注入光纤之后,经过长距离传输后所遭受到的信号损伤,如脉冲的幅度、宽度等的变化。实验表明:一个很好的方波信号,经过传输后其幅度会下降,宽度会展宽变成了一个类似高斯分布的光脉冲信号。分析其原因就是由于光纤中存在损耗,使光信号的能量随着距离的加大而减小,导致了光脉

冲的幅度下降;另一方面光脉冲信号中的不同频率成分的电磁信号传播时,之间由于存在时延差,因而使得原来能量集中的光脉冲信号经传输后能量发生了弥散,光脉冲的宽度变宽了。这些就是光纤传输特性中的损耗特性和色散特性。

**1. 光纤的损耗特性**

光纤对光波产生的衰减作用称为光纤的损耗。损耗是光纤的一个重要传输参量,是光纤传输系统中继距离的主要限制因素之一。

光纤的损耗限制了光纤最大无中继传输距离。损耗用损耗系数 $\alpha(\lambda)$ 表示,单位为 dB/km,即单位长度 km 的光功率损耗 dB(分贝)值。

如果注入光纤的功率为 $P_i$,光纤的长度为 $L$,经长度 $L$ 的光纤传输后光功率为 $P_o$,由于光功率随长度是按指数规律衰减的,单位长度光纤引起的光功率衰减表达式为

$$\alpha(\lambda)/(\mathrm{dB} \cdot \mathrm{km}^{-1}) = \frac{10}{L}\lg\frac{P_i}{P_o} \tag{5.8}$$

石英光纤的损耗谱特性如图 5.9 所示,可以看出光纤通信系统的三个低损耗窗口,其中心波长分别位于 0.85 μm、1.31 μm、1.55 μm。

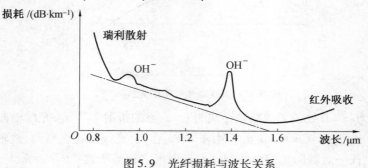

图 5.9　光纤损耗与波长关系

光纤的损耗因素有很多,主要有吸收损耗、散射损耗和辐射损耗等。

(1)吸收损耗

光纤材料吸收损耗包括紫外、红外吸收损耗,OH⁻吸收损耗和金属离子吸收损耗等,它是材料本身所固有的,因此是一种本征吸收损耗。

①紫外、红外吸收损耗。光纤材料组成的原子系统中,一些处于低能级的电子会吸收光波能量而疾迁到高能级状态,这种吸收的中心波长在紫外的 0.16 μm,吸收峰很强,其尾巴延伸到光纤通信波段,在短波长区,该值达 1 dB/km,在长波长区则小得多,约 0.05 dB/km。石英玻璃的 Si—O 键因振动吸收能量,造成损耗,产生波长为 9.1 μm、12.5 μm 和 21 μm 的三个谐振吸收峰,其吸收拖尾延伸至 1.5～1.7 μm,形成石英系光纤工作波长的工作上限。

②OH⁻吸收损耗。在石英光纤中,O—H 键的基本谐振波长为 2.73 μm,与 Si—O 键的谐振波长相互影响,在光纤的传输频带内产生一系列的吸收峰,影响较大的是在 1.39 μm、1.24 μm 及 0.95 μm 波长上,在峰之间的低损耗区构成了光纤通信的三个窗口。目前,由于工艺的改进,降低了 OH⁻浓度,这些吸收峰的影响已可忽略不计。

③金属离子吸收损耗。光纤材料中的金属杂质,如 V、Cr、Mn、Fe、Ni、Co 等,它们的电

子结构产生边带吸收峰($0.5 \sim 1.1 \ \mu m$),造成损耗。现在由于工艺的改进,它们的影响已可忽略不计。

有一种新的氟化锆($ZrF_4$)光纤,在 $\lambda = 2.55 \ \mu m$ 附近具有很低(约 $0.01 \ dB/km$)的本征材料吸收损耗,比石英光纤低一个数量级,具有诱人的应用潜力,但目前由于工艺水平的限制,其非本征损耗还比较高,约 $1 \ dB/km$。另一种硫化物和多晶光纤在 $\lambda = 10 \ \mu m$ 附近的红外区亦具有很低的损耗,理论上预示,这类光纤的最低损耗小于 $10^{-3} dB/km$。

(2)散射损耗

光在光纤内传播过程中遇到不均匀或不连续的情况时,会有一部分光散射到其他方向上,不能传输到终点,从而造成光能的衰减。

①材料的散射损耗。材料散射包括材料固有的不均匀性造成的散射和材料制造缺陷造成的散射。光纤材料在加热过程中,由于热运动,使原子受到压缩性的不均匀或起伏,造成材料密度起伏,进而使折射率不均匀,并在冷却过程中被固定下来。这种密度不均匀引起的散射,是一种本征散射。由于光纤的不均匀长度通常比波长短,因此这种散射是瑞利散射,它与波长的四次方成反比,其衰减系数可表示为 $\alpha_R = C/\lambda^4$,其中常数 $C$ 在 $(0.7 \sim 0.9) dB/(km \cdot \mu m^4)$ 范围内,其具体值与纤芯的成分有关。其次,在纤芯制造过程中的缺陷,如杂质、气泡、不溶解离子等,也会引起散射衰减。降低这种衰减的办法是在熔炼光纤预制棒和拉丝时,选择合适的工艺,以避免上述问题的出现。

②波导散射损耗。这是由于交界面随机的畸变或粗糙所产生的散射,实际上它是由表面畸变或粗糙所引起的模式转换或模式耦合。一种模式由于交界面的起伏,会产生其他传输模式和辐射模式。由于在光纤中传输的各种模式衰减不同,在长距离的模式变换过程中,衰减小的模式变成衰减大的模式,连续的变换和反变换后,虽然各模式的损失会平衡起来,但模式总体产生额外的损耗,即由于模式的转换产生了附加损耗,这种附加的损耗就是波导散射损耗。要降低这种损耗,就要提高光纤制造工艺。对于拉得好或质量高的光纤,基本上可以忽略这种损耗。目前的制造工艺基本可以克服波导散射。

(3)辐射损耗

光纤有一定曲率半径的弯曲时就会产生辐射损耗,光纤可以呈现两类弯曲:(a)曲率半径比光纤直径大得多的微观弯曲,例如光缆拐弯时就会产生这种弯曲;(b)光纤成缆时产生的、沿轴向的随机性微观弯曲。

曲率半径很大时的辐射损耗,称其为宏观弯曲损耗或弯曲损耗。轻微的弯曲所产生的附加损耗非常小,基本上观测不到。当曲率半径减小时,损耗以指数形式增加,直到曲率半径达到某一临界值,才可观测到弯曲损耗。而当曲率半径进一步减小到临界值以下时,损耗就会突然变得非常大。

任何一个能在纤芯中传的模式都有一个尾部延伸到包层中的消逝场,而消逝场的大小随着到纤芯距离的增加而以指数形式下降。纤芯中的场与其延伸到包层中的尾部一起传播,因而可传播模式的部分能量在包层内,一旦发生弯曲,位于曲率中心远侧的消逝场尾部必须以较大的速率才能与纤芯中的场一同前进,正如图5.10中所示的那样,图中传播的是基模。当距纤芯的距离达到某一临界距离 $X_c$ 处时,消逝场尾部的运动速率必须大于光速才能跟上纤芯中的场,显然这是不可能的,因而在距离 $X_c$ 之外的尾部场就去失了,其中所含的能量也随之损失掉了。

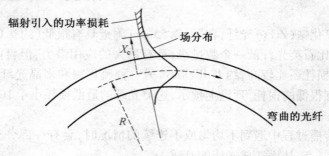

图 5.10　弯曲的光波导中基模的场分布图

### 2. 光纤的色散特性

光是一种电磁波,当光与光纤这种介质相遇时会发生相互作用,介质的响应通常与光波的频率有关,这种特性称为色散,它表明折射率对频率的依赖关系。一般来说,色散的起源与介质通过束缚电子的振荡吸收电磁辐射的特征谐振频率有关。

光纤色散是光纤通信的另一个重要特性,光纤的色散会使输入脉冲在传输过程中展宽,产生码间干扰,增加误码率,这样就限制了通信容量。因此制造优质的、色散小的光纤,对增加通信系统容量和加大传输距离是非常重要的。

引起光纤色散的原因很多,由于信号不是单一频率而引起的色散有材料色散和波导色散,由于信号不是单一模式所引起的色散称为模式色散。

假设被调制的光信号在光纤的输入端同等地激励起所有的模式,每种模式携带的光功率也是一样的,而且每种模式包含光源谱宽范围内所有的频谱分量,这样就相当于原信号使用同一种方法调制了光源的每一个频谱分量。当光信号在光纤中传播时,就可以把每一个频谱分量看成是独立传播的,那么在传播方向的单位距离上所经历的时延(或称为群时延),其表达式为

$$\frac{\tau_g}{L} = \frac{1}{V_g} = \frac{1}{c}\frac{\mathrm{d}\beta}{\mathrm{d}k} = -\frac{\lambda^2}{2\pi c}\frac{\mathrm{d}\beta}{\mathrm{d}\lambda} \tag{5.9}$$

式中　　$L$—— 脉冲传播的距离;

　　　　$\beta$—— 光纤轴向的传播常数。

$k = 2\pi/\lambda$,而群速率则为

$$V_g = c\left(\frac{\mathrm{d}\beta}{\mathrm{d}k}\right)^{-1} = \left(\frac{\partial\beta}{\partial\omega}\right)^{-1} \tag{5.10}$$

它是脉冲的能量沿光纤传播的速率。

因为群时延是波长的函数,因此任何特定模式的任意频谱分量传播相同距离所需的时间都不一样。这种时延差所造成的后果就是光脉冲传播时延随时间的推移而展宽。

如果光源谱宽不是太宽,那么在传播路径上单位波长间隔产生的时延差可以近似表示为 $\mathrm{d}\tau_g/\mathrm{d}\lambda$。对于谱宽为 $\delta\lambda$,以中心波长 $\lambda_0$ 为中点的两个频谱分量,经过距离为 $L$ 的传播后,时延差 $\delta\tau$ 为

$$\delta\tau = \frac{\mathrm{d}\tau_g}{\mathrm{d}\lambda}\delta\lambda = -\frac{L}{2\pi c}\left(2\lambda\frac{\mathrm{d}\beta}{\mathrm{d}\lambda} + \lambda^2\frac{\mathrm{d}^2\beta}{\mathrm{d}\lambda^2}\right)\delta\lambda \tag{5.11}$$

如果以角频率 $\omega$ 来表示，上式又可以写成

$$\delta\tau = \frac{\mathrm{d}\tau_g}{\mathrm{d}\omega}\delta\omega = \frac{\mathrm{d}}{\mathrm{d}\omega}\left(\frac{L}{V_g}\right)\delta\omega = L\left(\frac{\mathrm{d}^2\beta}{\mathrm{d}\omega^2}\right)\delta\omega \tag{5.12}$$

如果光源谱宽 $\delta\lambda$ 是用其均方根值表示，则脉冲的展宽程度可以近似地由脉冲宽度的均方根值表示：

$$\sigma_g \approx \left|\frac{\mathrm{d}\tau_g}{\mathrm{d}\lambda}\right|\sigma_\lambda = \frac{L\sigma_\lambda}{2\pi c}\left|2\lambda\frac{\mathrm{d}\beta}{\mathrm{d}\lambda} + \lambda^2\frac{\mathrm{d}^2\beta}{\mathrm{d}\lambda^2}\right| \tag{5.13}$$

因子

$$D = \frac{1}{L}\frac{\mathrm{d}\tau_g}{\mathrm{d}\lambda} = \frac{\mathrm{d}}{\mathrm{d}\lambda}\left(\frac{1}{V_g}\right) = -\frac{2\pi c}{\lambda^2}\beta_2 \tag{5.14}$$

称为色散系数。该系数所定义的脉冲展宽是波长的函数，其单位是皮秒每千米每纳米 [ps/(nm·km)]。这是材料色散和波导色散的结果。

（1）光纤的材料色散

由于光纤材料的折射率是波长 $\lambda$ 的非线性函数，从而使光的传输速度随波长的变化而变化，由此而引起的色散叫材料色散。

材料色散的产生是因为折射率是光波长的函数，图5.11中所示为石英的折射率随波长变化的曲线。又因为模式的群速率 $\nu$ 是折射率的函数，所以模式中不同频谱分量的传播速率也是波长的函数。因此，材料色散作为一种模内色散，其影响对于单模波导和 LED 系统（因为 LED 的发射谱宽比半导体激光器宽得多）显得尤为突出。

为了计算材料引入的色散，我们设想一个平面波在无限延伸的电介质中传播，介质的折射率与纤芯折射率相同，均为 $n(\lambda)$，则其传播常数 $\beta$ 为

$$\beta = \frac{2\pi n(\lambda)}{\lambda} \tag{5.15}$$

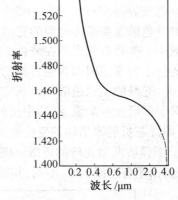

图 5.11　石英的折射率随波长变化的曲线

将这个 $\beta$ 的表达式代入式(5.9)，并使 $k = 2\pi/\lambda$，得到因材料色散引起的群时延 $\tau_{mat}$ 为

$$\tau_{mat} = \frac{L}{c}\left(n - \lambda\frac{\mathrm{d}n}{\mathrm{d}\lambda}\right) \tag{5.16}$$

应用式(5.13)，在光源谱宽为 $\sigma_\lambda$ 时，脉冲展宽 $\sigma_{mat}$，可以由群时延对波长的微分乘上 $\sigma_\lambda$ 而得到

$$\sigma_{mat} = \left|\frac{\mathrm{d}\tau_{mat}}{\mathrm{d}\lambda}\right|\sigma_\lambda = \frac{\sigma_\lambda L}{c}\left|\lambda\frac{\mathrm{d}^2 n}{\mathrm{d}\lambda^2}\right| = \sigma_\lambda L\left|D_{mat}(\lambda)\right| \tag{5.17}$$

式中　$D_{mat}(\lambda)$——材料色散系数。

对于图5.11所示的石英材料，它在单位长度 $L$ 和单位光源谱宽 $\sigma_\lambda$ 上的材料色散在图5.12中给出。从式(5.17)和图5.12可以看出，选择发射谱宽较窄的光源（减小 $\sigma_\lambda$）和较

长的工作波长,是减小材料色散的有效途径。纯净的石英在波长 1.27 μm 处的材料色散为 0。

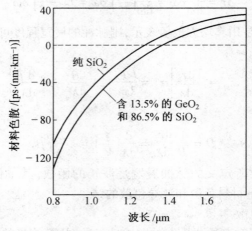

图 5.12　两种材料的材料色散随光波长变化的曲线

（2）光纤的波导色散

同一模式的相位常数 $\beta$ 随波长 $\lambda$ 而变化,即群速度随波长而变化,从而引起色散,称为波导色散。

波导色散主要是由光源的光谱宽度和光纤的几何结构所引起的。一般波导色散比材料色散小。普通石英光纤在波长 1 310 nm 附近波导色散与材料色散可以相互抵消,使二者总的色散为零。因而普通石英光纤在这一波段是一个低色散区。

（3）光纤的模式色散

对于多模光纤来说,纤芯中折射率分布不同时,其色散特性不同,下面分两种情况来讨论,即纤芯折射率呈均匀变化和呈渐变型变化的情况。

① 多模阶跃型光纤的色散。图 5.13 画出了两条不同的子午线,它代表不同模式的传输路径,由于各射线的 $\theta_1$ 不同,其轴向的传输速度不同,因此,引起了模式色散。

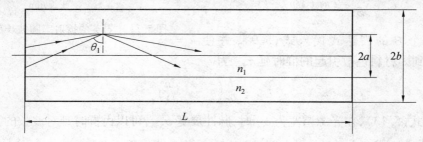

图 5.13　多模阶跃型光纤模式色散

光射线形成导波的条件是 $90° > \theta_1 > \theta_c$,当 $\theta_1 = 90°$ 时,射线与光纤轴线平行,此时轴向速度最快,在长度为 $L$ 的光纤上传输时,所用的时间 $\tau_0$ 最短,为

$$\tau_0 = \frac{L}{\nu_1} = \frac{L}{\dfrac{c}{n_1}} = \frac{Ln_1}{c}$$

当 $\theta_1 = \theta_c$ 时，射线斜率最陡，此时轴向速度最慢，在长度为 $L$ 的光纤上传输时，所用的时间最长，为

$$\tau_{max} = \frac{L}{\nu_1 \sin \theta_c} = \frac{L}{\nu_1} \frac{n_1}{n_2} = \frac{L n_1^2}{c n_2}$$

这两条射线的最大时延差为

$$\Delta \tau_{max} = \tau_{max} - \tau_0 = \frac{L n_1^2}{c n_2} - \frac{L n_1}{c} = \frac{L n_1^2 - L n_1 n_2}{c n_2} =$$

$$\frac{L n_1}{c}\left(\frac{n_1 - n_2}{n_2}\right) \approx \frac{L n_1}{c}\Delta \tag{5.18}$$

从式中看出，多模阶跃型光纤的色散和相对折射指数差 $\Delta$ 有关，而弱导波光纤 $n_1 \rightarrow n_2$，$\Delta$ 很小，因此，使用弱导波光纤可以减小模式色散。

② 多模渐变型光纤的色散。对于纤芯折射指数呈渐变的多模光纤，当折射指数分布不同时，其色散特性不同。

多模渐变型光纤不同的模式群的时延差不同，最大模式群与 $p = 0$ 的模式群之间的时延差用 $\Delta \tau_{pmax}$ 表示，即

$$\Delta \tau_{pmax} = \begin{cases} \dfrac{N\Delta^2}{2c}, & \alpha = 2 \\[3mm] \dfrac{N\Delta}{c} \dfrac{\alpha - 2}{\alpha + 2}, & \alpha \neq 2 \end{cases} \tag{5.19}$$

式中　　$N$——材料的群指数，$N = \dfrac{\mathrm{d}\beta}{\mathrm{d}k} = n + k_0 \dfrac{\mathrm{d}n}{\mathrm{d}k_0}$。

由式（5.19）可以得出结论：$\alpha = 2$ 的平方率型折射指数分布光纤模式色散最小。此折射率分布即是最佳折射指数分布形式。

### 5.2.4　光缆的结构

在光波导技术的实际应用中，光纤必须做成某种缆状结构。根据其是敷设在地下还是置于建筑物内的管道内，是直埋在地下还是安装在室外电线杆上或是置于水下，光缆的结构可以是多种多样的。对于不同的应用，要求有不同的光缆设计，但是都必须遵循一定的光缆设计基本原则。光缆制造的目标是，使它的敷设能采用与常规电缆敷设相同的设备和敷设技术以及注意事项。由于玻璃光纤的机械特性，它需要特殊的线缆结构设计。

光缆的构造一般为缆芯和护层两大部分。在光缆的构造中，缆芯是主体，其结构是否合理，与光纤的安全运行关系很大。一般来说，缆芯结构应满足以下基本要求：首先，光纤在缆芯内处于最佳位置和状态，保证光纤传输性能稳定，在光缆受到一定的拉力、侧压力等外力时，光纤不应承受外力影响；其次，缆芯内的金属线对也应得到妥善安排，并保证其电气性能；另外，缆芯截面应尽可能小，以降低成本和敷设空间。

光缆护层的情况一样，是由护套和外护层构成的多层组合体。其作用是进一步保护光纤，使光纤能适应在各种场合敷设，如架空、管道、直埋、室内、过河和跨海等。对于采用外围加强元件的光缆结构，护层还需具有足够的抗拉、抗压、抗弯曲等机械特性。

按光缆芯组件的不同，光缆的基本结构一般可以分为层绞式、骨架式、束管式和带状

式四种,如图 5.14 所示。我国及欧亚各国使用较多的是传统结构的层绞式和骨架式两种。

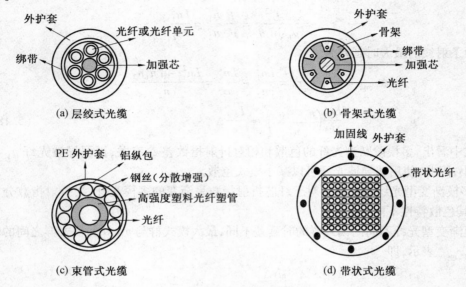

(a) 层绞式光缆

(b) 骨架式光缆

(c) 束管式光缆

(d) 带状式光缆

图 5.14　光缆的基本结构

光缆的种类很多,其分类方法也很多,习惯的分类有:

①根据光缆的传输性能、距离和用途,光缆可以分为市话光缆、长途光缆、海底光缆和用户光缆。

②根据光纤的种类,光缆可以分为多模光缆、单模光缆。

③根据光纤套塑的种类,光缆可以分为紧套光缆、松套光缆、束管式新型光缆和带状式多芯单元光缆。

④根据光纤芯数的多少,光缆可以分为单芯光缆和多芯光缆等。

# 5.3　光纤传输系统的组成

光纤通信是以光波为载波、光纤为传输媒质的一种有线通信方式。光纤通信系统由光发送机、光纤(光缆)、光中继器和光接收机组成,如图 5.15 所示。图中,O/E 和 E/O 分别表示光/电转换和电/光转换。

光纤通信系统通常在发送端使用电信号对光源发出的光载波进行强度调制,并将已调光信号耦合到光纤进行传输,而在接收端使用半导体检测器件,如雪崩光电二极管或光电二极管等,直接检测光信号,并还原为电信号。这里的强度是指单位面积上的光功率。

光纤作为传输媒质,应能以最小的衰减和波形畸变将已调光信号从发送端传输到接收端,但当通信距离达到一定长度时,为了保证通信质量,需加上中继器,对已被衰减或产生畸变的信号脉冲进行补偿和再生。尽管光纤通信系统的无中继传输距离远远大于同轴电缆传输系统的无中继传输距离,但在远程通信时根据端到端的距离的远近,仍需设置一个或多个中继器,这是由于受发送光源的入纤光功率、接收机的灵敏度、光缆线路的衰减

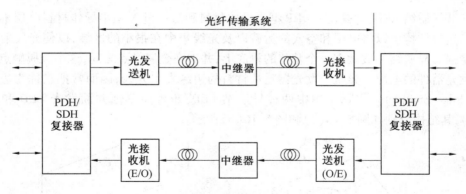

图 5.15　典型光纤传输系统组成框图

和色散的影响,光端机间的最长传输距离受到限制。一般中继距离为 40~80 km,数据速率越高,中继距离越短。

## 5.3.1　光发送机

**1.光源**

在光纤通信系统中,被传输的电信号转换为光信号送入光纤,即完成电/光转换任务。光源是光纤通信系统的关键器件,它产生光通信系统所需要的光载波,其特性的好坏直接影响光纤通信系统的性能。光纤通信系统的发光器通常有以下两种:发光二极管和半导体激光器。

(1)发光二极管

发光二极管(LED)实质上就是 PN 结二极管,一般由半导体材料,如砷镓铝(AlGaAs)或砷镓磷(PGaAs)制造而成。LED 发射的光是电子与空穴复合自发产生的。当加在二极管两端的电压正向偏置时,注入的少数载流子通过 PN 结立即与多数载流子复合,释放的能量就以光的形式发射出来。这个过程原理上同平常使用的二极管是一样的,只是在选择半导体材料及杂质上有所不同。制造的材料要求具有辐射性,能够产生光子,光子以光速传播,但没有质量。而普通的二极管(如锗和硅)在工作过程中没有辐射性也不会产生光子。LED 材料的禁带宽度(Band Gap)决定所要发出的光是不是可见光以及发光的颜色(波长)。

半导体发光二极管(LED)是由适当的 P 型材料或 N 型材料构成的。发光波长在800 nm 范围的 LED 使用的主要材料为镓(Ga)、铝(Al)、砷(As)化物即 GaAlAs 构成的 PN 结。对于长波长的 LED,三层结构或四层结构是在镓材料中掺入铟(In)及砷化物中掺入磷(P)酸盐而构成的 GaInAsP 合金,LED 有以下两种结构:

①同质结 LED:原子结构相同的两种不同的半导体材料混合形式的 PN 结称为同质结构。最简单的 LED 结构是同质结,形成工艺可以是外延生长或单向扩散。同质结光源发出的光在各个方向均相等,只有其中一小部分的光可以耦合到光纤中,同质结光源的光波对于光纤不能作为有用的光源,另外光/电转换效率也很低。同质结发光器常称为表面发射器。

②异质结 LED：它是由一组 P 型半导体材料和另一组 N 型半导体材料分层堆放构成的。这种结构可以将电子和空穴的运载以及光线集中在很小的区域，以使光发射效果大大增强。异质结一般做在一个基片的衬底上，并夹在金属触点之间，这个金属触点用来连接发光器件的电源。异质结发光器是从材料的边缘发出光线，因而常把它称为边缘发光器（Edge Emitter）。实际应用中两种异质结 LED：布鲁斯刻蚀井面发光 LED 和边发光 LED，其结构分别如图 5.16(a)和图 5.16(b)所示。

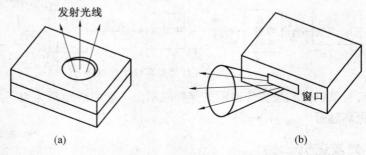

图 5.16　面发光 LED 和边发光 LED

布鲁斯刻蚀井面发光 LED 是一种面发射的 LED。布鲁斯刻蚀井 LED 向各个方向发出光线，刻蚀井可以将发射光汇聚在很小的区域，并可以在发射面上放一个半球形透镜将光汇聚得更小。因而它比标准面发射器更利于光到光纤的充分耦合，但它制造起来比较困难，而且造价比较高。

边发光 LED，这种 LED 发出的光比表面发射 LED 具有更强的方向性，其结构与平面二极管和布鲁斯二极管相似，但它的发光面不是局限在圆形区域内，而是一条发光带，发出的光形成椭圆光束。

（2）半导体激光器

激光器有多种形式，它的尺寸小到仅相当于一颗盐粒、大到可以填满一整间屋子。产生激光的介质可以是气体、液体、绝缘晶体（固态）或半导体。在光纤通信系统中，使用到的激光光源几乎全是半导体激光器。与其他激光器（例如，普通固态和气体激光器）相似，半导体激光器产生的辐射光同样具有空间、时间相干性，即输出光具有强单色性而且光束具有很好的方向性。

尽管存在这样那样的差别，但各种激光器的基本工作原理是相同的。产生激光必须要有以下三个关键过程：光子吸收，自发辐射，受激辐射。在图 5.17 中，以简单的二能级结构描绘了这些过程，其中 $E_1$ 是基态能量，$E_2$ 是激发态能量。按照普朗克定律，两个能级间的跃迁必定会伴随着能量为 $h\nu_{12} = E_2 - E_1$ 光子的吸收或辐射。一般情况下，系统都是处于基态的，当有一个能量为 $h\nu_{12}$ 的光子照射系统时，一个处于基态 $E_1$ 的电子就会吸收这个光子的能量并跃迁到激发态 $E_2$，此过程如图 5.17(a)所示。由于这是一个非稳定状态，因此这个电子很快就又会回到基态，同时会释放出一个能量为 $h\nu_{12}$ 的光子。由于此光子的产生并没有外界激励的作用，所以称之为自发辐射。这时辐射光是各向同性和相位随机的，表现为窄带高斯输出。

在外界激励作用下,电子也有可能从激发态向基态反向跃迁。如图 5.17(c),当一个受激电子还处在激发态时,若有一个能量为 $h\nu_{12}$ 的光子照射,那么这个电子会立即向基态跃迁,同时释放出一个能量为 $h\nu_{12}$ 的光子,此光子与入射光子具有相同的相位。这个辐射过程称为受激辐射。

在热平衡下,处于激发态的电子密度很小。大部分入射光子被吸收掉,以至于受激辐射实际上可以忽略不计。只有当处于激发态的电子数量大于基态电子数量时,受激辐射才能超过光的吸收。这种情况称为粒子数反转。由于这是一种非平衡状态,因此必须通过各种"泵浦"技术来实现粒子数反转。在半导体激光器中,粒子数反转是通过在器件接触面向半导体中注入电子来填充导带中的低能级而实现的。

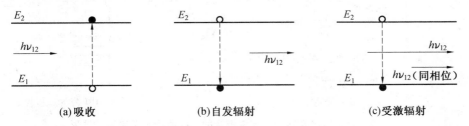

图 5.17　产生激光的三个关键的跃迁过程

### 2. 光发送机的组成

光发送机主要由光源(发光二极管或半导体激光器)、驱动器和码型变换器组成,如图 5.18 所示。图中,也给出了用于保证光发送机所需的辅助单元,它包括光检测器件、光放大器、自动光功率控制电路(APC)和告警电路。由于温度变化和工作时间长,半导体激光器的输出光功率会发生变化。为保证输出光功率的稳定,必须加自动光功率控制电路。

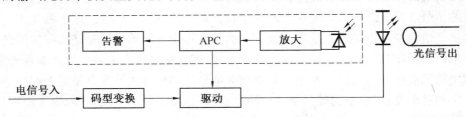

图 5.18　光发送机的组成示意图

待传送的电信号(经码型变换后)送入驱动电路。后者控制半导体激光器或发光二极管的注入电流进行调制,使其输出光波的强度随调制信号而变化,从而实现光的直接强度调制,完成电/光转换的任务。

图 5.19(a)和(b)分别给出了激光器和发光二极管的 P-I(输出光功率-注入电流)曲线及调制脉冲波形。由图可见,对于激光调制,在直接强度调制时,由于调制特性的非线性,需要给激光器加上一个偏置电流 $I_B$,以减少需要的输入信号电流幅度。$I_B$ 的大小一般选在特性曲线的阈值 $I_t$(图中为 100 mA)附近。发光二极管无阈值,故无信息信号时的注入电流可为零。

发光二极管也是一个 PN 结,也利用外电源向 PN 结注入电子来发光。发光二极管无谐振腔,所发出的光不是激光,而是荧光。故发光二极管谱线较宽,光纤色散大,响应速度慢,这些都不利于传输高速率信号。但是,发光二极管的 P-I 曲线具有较好的线性特性且无阈值,如图 5.19（b）所示。这使它具有较好的温度特性,使用中可以不加温控电路。发光二极管比激光器价格低、使用寿命长,所以它在短距离、低速率的光纤通信系统中得到广泛应用。

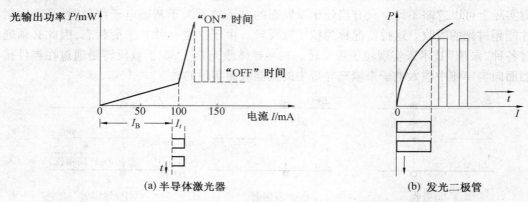

图 5.19　半导体激光器和发光二极管的 P-I 曲线及调制脉冲波形

　　激光器是一个 PN 结,利用外电源向 PN 结注入电子来发光。它发出的激光谱线很窄,受色散的影响小,有较高的功率转换效率,响应速度快,相干性好,故用激光器做光源可以实现宽带传输。

## 5.3.2　光接收机

　　光接收机的主要作用是将经过光纤传输的微弱光信号转换成电信号,并放大、再生成原发射的信号。在光纤通信系统中有两种接收方式:一种是直接检波,即单独使用光检测器直接将光信号变为电信号。这种接收方式的优点是设备简单、经济,是当前实用光纤系统普遍采用的接收方式。另一种是外差检波方式,即光接收机产生一个本地振荡光波,与光纤输出的光波在光混频器中差拍产生中频电信号。这种方式的优点是能大幅度地提高光接收机的灵敏度,但设备比较复杂,对光源的频率稳定度要求很高,还未投入使用,但它却是一种很有发展前途的技术,随着光纤和光电器件制造技术的进一步提高,这种技术会更加成熟和完善。

　　对于强度调制的数字光信号,在接收端采用直接检测方式时,光接收机的主要组成如图 5.20 所示。它由光/电变换、前置放大、主放大器、均衡滤波、判决器、译码器、自动增益控制、时钟恢复及输出接口等几部分构成。

　　光/电变换的功能是把光信号变换为电信号,它主要采用 PIN 光电二极管或雪崩光电二极管。

　　前置放大部分是低噪声、宽频带放大器,它的噪声直接影响接收机灵敏度的高低。

　　主放大器是一个增益可调的放大器,它把来自前置放大器的输出信号放大到判决电路所需的信号电平。其增益应受 AGC 信号控制,使入射功率在一定范围变化时,输出信号幅度保持恒定。

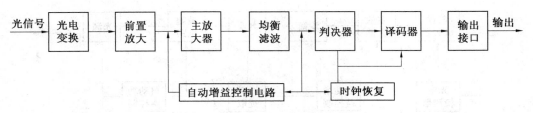

图 5.20　直接检测光接收机组成框图

均衡滤波部分的作用是将输出波形均衡成具有升余弦频谱,以消除码间干扰。

判决器和时钟恢复电路对信号进行再生。在发送端进行了线路编码,在接收端则需有相应的译码电路。

输出接口主要解决光接收端机和电接收端机之间阻抗和电压的匹配问题,保证光接收端机输出信号顺利地送入电接收端机。

### 5.3.3　光中继器

在长途光纤通信系统中,由于光纤存在的损耗会造成光能量的损失,光纤的色散会造成光脉冲的畸变,从而引起系统误码性能劣化,使信息传输质量下降。因此每隔一定距离(50~70 km)必须设置一个光中继器,以补偿由光纤传输所产生的信号衰减和畸变,使光脉冲得到再生。

光中继器的主要功能是补偿光能量的损耗,恢复信号脉冲的形状。通常有两种中继方法:一种是传统方法,传统的光中继器采用光—电—光的转换形式,即先将收到的微弱光信号用光检测器转换成电信号后进行放大、整形和再生后,恢复出原来的数字信号,然后再对光源进行调制,变换为光脉冲信号后送入光纤继续传输,以延长中继距离;另一种是近几年才发展起来的新技术,它采用光放大器对光信号进行直接放大的中继器。

传统的光—电—光中继器构成图如图 5.21 所示。在光纤通信系统中,光中继器作为一种系统的基本单元,除了没有接口码型转换和控制部分外,原理、组成元件和主要特性方面与光接收机和光发射机相同。产生衰减与畸变的光信号被光接收机接收,转变为电信号,然后通过光发射机发射出去。这样,衰减的光信号被放大,同时恢复了失真的波形,使原来的光信号得到再生。

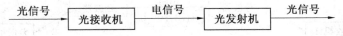

图 5.21　光-电-光中继器构成图

一个功能最简单的中继器应是由没有码型变换系统的光接收机和没有均衡放大和码型转换系统的光发射机组成,如图 5.22 所示。

从光纤接收到的已衰减和变形的脉冲光信号用光电二极管检测转换为电信号,然后经前置放大器、主放大器、判决再生电路在电域实现脉冲信号放大与整形,最后再驱动光源产生符合传输要求的光脉冲信号沿光纤继续传输。

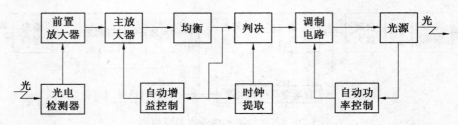

图 5.22　最简单的中继器原理框图

# 5.4　光波分复用技术

　　光通信链路的优势是,许多不同的波长可以在 1 300～1 600 nm 的光谱带宽内沿一根光纤同时发送。将两种或多种各自携带有大量信息的不同波长的光载波信号,在发射端经复用器汇合,并将其耦合到同一根光纤中进行传输,在接收端通过解复用器对各种波长的光载波信号进行分离,然后由光接收机做进一步的处理,使原信号复原,这种技术称为波分复用或 WDM。从概念上讲,WDM 系统与用在微波无线和卫星系统中的频分复用一样,WDM 中的波长(或光频率)必须适当间隔开,以避免信道间串扰。它不仅适用于单模或多模光纤通信系统,同时也适用于单向或双向传输。

### 1. WDM 系统构成

　　根据波长信号传播方向和光纤数量,可分为双光纤单向波分复用系统和单光纤双向波分复用系统。双光纤单向波分复用系统采用两根光纤,每根光纤中所有波长的信号都在同一个方向传输,如图 5.23 所示。单光纤双向波分复用系统采用单根光纤,所有信号可以在两个方向上同时传输,如图 5.24 所示。

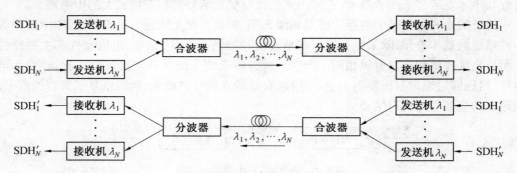

图 5.23　双光纤单向波分复用

　　单光纤双向波分复用系统从传输的方式的角度相对双光纤单向波分复用系统节省资源,它可以省去大量的光纤和光放大器。例如,$N$ 路光载波信号,如果采用单通道方式传输,需要 $2N$ 根光纤,相应地光放大器也需要 $2N$ 个。双光纤单向波分复用系统则需 2 根光纤和 2 组光放大器,成本降低很多,能够复用的路数越多,成本优势越大。如果将双纤传输系统改为单纤传输系统,光纤和光放大器数目又减少一半,通常认为成本会进一步降低。EDFA 要由单向泵浦激励式改为双向泵浦激励式,EDFA 的数目是减少了一半,但单 EDFA 的价格增高了。两对合路分路器虽然变成了一对波分复用器,但复用的路数增多

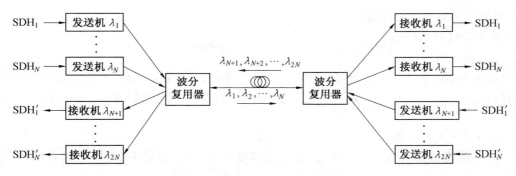

图 5.24　单光纤双向波分复用

了一倍,成本上也没有本质的变化。单纤传输系统相对于双纤传输系统的真正成本优势是光纤的数目减少一半。

根据复用波长之间的间隔,又可分为粗波分复用(CWDM)和密集波分复用(DWDM)。在 CWDM 系统中,整个光纤段内复用的波长数较少,信道间隔较大;而在 DWDM 系统中,则采用多个波长进行复用,如 8,16 或更多个波长,同一窗口信道间隔较小,如 1.6 nm、0.8 nm 或更小。这样,系统的传输速率就会到达 100 Gbit/s、200 Gbit/s 或更高。

DWDM 系统主要由五部分组成:光发射机、光中继放大器、光接收机、光监控信道和网络管理系统。DWDM 系统的总体构成如图 5.25 所示,其中光发射机是 DWDM 系统的核心。根据 ITU-T 建议和标准,光发射机中的半导体激光器必须能够发射标准波长,并具有一定的光谱线宽,此外还必须稳定、可靠。

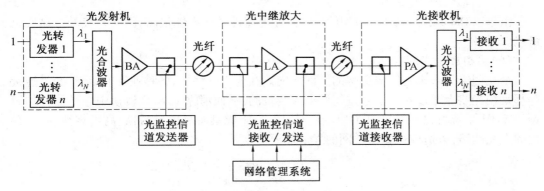

图 5.25　DWDM 系统的总体构成

在系统的发送端首先将来自终端设备(如 SDH 端机)输出的光信号,利用光转发器(OTU)把非规范的波长的光信号转换成符合 ITU-T 建议的标准波长的光信号;利用光复用器(或称作光合波器)合成多通路光信号;通过光功率放大器(BA)放大输出多通路光信号,以提高进入光纤的光功率,一般采用 EDFA 作为光功率放大器。

经过长距离(80~120 km)光纤传输后,需要对光信号进行光中继放大。目前使用的光中继放大器多数为 EDFA。在接收端,光前置放大器(PA)放大经过传输而衰减的主信道的光信号,光前置放大器仍可采用 EDFA。采用光解复用器(或称光分波器)将主信道的多路信号分开,送入不同的光接收机。光接收机要求必须具备一定的灵敏度、动态范围、足够的带宽和噪声性能。

**2. WDM 技术特点**

（1）超大容量传输

由于 WDM 系统的复用光通路速率可以为 2.5 Gbit/s、10 Gbit/s 等，而复用光通路的数量可以是 4、8、16、32，甚至更多，因此系统的传输容量可以达到 300～400 Gbit/s，甚至更大。

（2）节约光纤资源

对于单波长系统而言，1 个 SDH 系统就需要一对光纤；而对于 WDM 系统来讲，不管有多少个 SDH 分系统，整个复用系统只需要一对光纤。例如，对于 16 个 2.5 Gbit/s 系统来说，单波长系统需要 32 根光纤，而 WDM 系统仅需要两根光纤。

（3）各信道透明传输，平滑升级、扩容

只要增加复用信道数量和设备就可以增加系统的传输容量以实现扩容，WDM 系统的各复用信道是彼此相互独立的，所以各信道可以分别透明地传送不同的业务信号，如语音、数据和图像等，彼此互不干扰，这给使用者带来了极大的便利。

（4）利用 EDFA 实现超长距离传输

EDFA 具有高增益、宽带宽、低噪声等优点，且其光信号放大范围为 1 530～1 565 nm，它几乎可以覆盖 WDM 系统的 1 550 nm 的工作波长范围。所以用一个带宽很宽的 EDFA 就可以对 WDM 系统的各复用光通路信号同时进行放大，以实现系统的超长距离传输，并避免了每个光传输系统都需要一个光放大器的情况。WDM 系统的超长传输距离可达数百公里，同时节省大量中继设备，降低成本。

（5）提高系统的可靠性

由于 WDM 系统大多数是光电器件，而光电器件的可靠性很高，因此系统的可靠性也可以保证。

（6）可组成全光网络

全光网络是未来光纤传送网的发展方向。在全光网络中，各种业务的上下、交叉连接等都是在光路上通过对光信号进行调度来实现的，从而消除了 E/O 转换中电子器件的瓶颈。WDM 系统可以和 OADM、OXC 混合使用，以组成具有高度灵活性、高可靠性、高生存性的全光网络，以适应带宽传送网的发展需要。

# 习　题

5.1　简述光纤通信的特点。

5.2　简述光纤通信系统的组成。

5.3　简述光纤的结构。

5.4　光纤的损耗因素主要有哪些？

5.5　按光缆芯组件的不同，光缆的基本结构一般可以分为哪几种？

5.6　光纤通信系统的发光器通常有哪两种？

5.7　简述直接检测光接收机组成及其各部分功能。

5.8　光中继器的主要功能是什么？

5.9　WDM 技术特点是什么？

# 第6章

## 微波与卫星通信技术

　　微波与卫星通信的工作频率都属于微波频率,因此它们既有共同的特点,又有各自的特点,并且组成单独的通信系统。本章主要内容有:微波的特性和微波中继通信的特点,数字微波中继通信系统的组成及关键技术,卫星通信的基本概念和特点,静止与非静止地球轨道卫星通信系统以及卫星通信系统的应用。

## 6.1　数字微波中继通信技术

　　微波通信是 20 世纪 50 年代的产物。由于其通信的容量大而投资费用省(约占电缆投资的五分之一)、建设速度快、抗灾能力强等优点而取得迅速的发展。20 世纪 40 年代到 50 年代产生了传输频带较宽、性能较稳定的微波通信,成为长距离大容量地面干线无线传输的主要手段,模拟调频传输容量高达 2 700 路,也可同时传输高质量的彩色电视,而后逐步进入中容量乃至大容量数字微波传输。20 世纪 80 年代中期以来,随着频率选择性衰落对数字微波传输中断影响的发现以及一系列自适应衰落对抗技术与高状态调制与检测技术的发展,使数字微波传输产生了一个革命性的变化。特别应该指出的是 20 世纪 80 年代至 90 年代发展起来的一整套高速多状态的自适应编码调制解调技术与信号处理及信号检测技术的迅速发展,对现今的卫星通信、移动通信、全数字 HDTV 传输、通用高速有线/无线的接入,乃至高质量的磁性记录等诸多领域的信号设计和信号的处理应用,起到了重要的作用。

### 6.1.1　微波的特性和微波中继通信的特点

#### 1. 微波的特性

　　微波(Microwave)是电磁波谱中介于超短波与红外线之间的波段,它属于无线电波中波长最短(即频率最高)的波段,其频率范围从 300 MHz(波长 1 m)至 3 000 GHz(波长 0.1 mm)。通常又将微波波段划分为分米波、厘米波、毫米波和亚毫米波四个波段。由于微波波长的特殊性,所以它具有以下特点。

　　(1)似光性

　　微波具有类似光一样的特性,主要表现在反射性、直线传播性及集束性等几个方面。

　　(2)穿透性

　　微波照射到介质时具有穿透性,主要表现在云、雾、雪等对微波传播的影响较小,这为全天候微波通信和遥感打下了基础,同时微波能穿透生物体的特点也为微波生物医学打下了基础;另一方面,微波具有穿越电离层的透射特性,为空间通信、卫星通信、卫星遥感和射电天文学的研究提供了难得的无线电通道。

（3）宽频特性

微波具有较宽的频带特性,其携带信息的能力远远超过中短波及超短波,因此现代多路无线通信几乎都工作在微波波段。随着数字技术的发展,单位频带所能携带的信息更多,这为微波通信提供了更广阔的前景。

（4）热效应特性

当微波电磁能量传送到有耗物体的内部时,就会使物体的分子互相碰撞、摩擦,从而使物体发热,这就是微波的热效应特性。

（5）散射特性

当电磁波入射到某物体上时,会在除入射波方向外的其他方向上产生散射。散射是入射波和该物体相互作用的结果,所以散射波携带了大量关于散射体的信息。

（6）抗低频干扰特性

地球周围充斥着各种各样的噪声和干扰,主要归纳为:由宇宙和大气在传输信道上产生的自然噪声,由各种电气设备工作时产生的人为噪声。由于这些噪声一般在中低频区域,与微波波段的频率成分差别较大,它们在微波滤波器的阻隔下,基本不能影响微波通信的正常进行。这就是微波的抗低频干扰特性。

**2. 微波中继通信的特点**

（1）通信频段的频带宽,传输信息容量大

微波频段占用的频带约为 300 GHz,一套微波中继通信设备可以容纳几千甚至几万条话路同时工作,或传输图像信号等宽带信号。

（2）通信稳定、可靠

当通信频率高于 100 MHz 时,工业干扰、雷电干扰及太阳黑子的活动对其影响较小。由于微波频段频率高,这些干扰对微波通信的影响极小。数字微波通信中继站能对数字信号进行再生,使数字微波通信线路噪声不逐站积累,增加了抗干扰性,因此,微波通信稳定、可靠。

（3）接力

在进行地面上的远距离通信时,针对微波视距传播和传输损耗随距离增加的特性,必须采用接力的方式,发端信号经若干个中间站多次转发,才能到达收端。

（4）通信灵活性较大

微波中继通信采用中继方式可以实现地面上的远距离通信,并且可以跨越沼泽、江河、高山等特殊地理环境。在遭遇地震、洪水、战争等灾祸时,通信的建立转移都较容易,这些方面比有线通信具有更大的灵活性。

（5）天线增益高、方向性强

当天线面积给定时,天线增益与工作波长的平方成反比。由于微波通信的工作波长短,天线尺寸可做得很小,通常做成增益高、方向性强的面式天线。这样可以降低微波发信机的输出功率,利用微波天线强的方向性使微波传播方向对准下一接收站,减少通信中的相互干扰。

（6）投资少、建设快

与其他有线通信相比，在通信容量和质量基本相同的条件下，按话路千米计算，微波中继通信线路的建设费用低、建设周期短。

（7）数字化

对于数字微波通信系统来说，是利用微波信道传输数字信号，因为基带信号为数字信号，所以称为数字微波通信系统。

### 6.1.2　数字微波中继通信系统的组成

#### 1. 数字微波中继通信系统

一条数字微波中继通信线路由终端站、中间站、再生中继站和电波的传播空间所构成，如图 6.1(a)所示。终端站的任务是将复用设备送来的基带信号或由电视台送来的视频及伴音信号，调制到微波频率上并发射出去；或者反之，将收到的微波信号解调出基带信号送往复用设备，或将解调出的视频信号及伴音信号送往电视台。线路中间的中继站的任务是完成微波信号的转发和分路，所以中继站又分为中间站、分路站和枢纽站，如图 6.1(b)所示。中间站不能发送、接收话路信号，即不能上下话路，而分路站、枢纽站能上下话路。

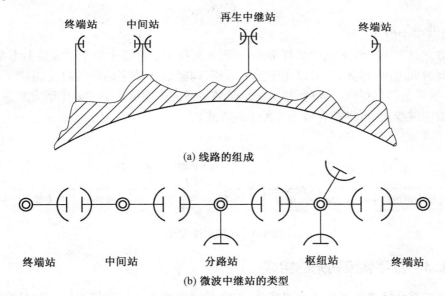

图 6.1　数字微波中继通信线路

#### 2. 微波中继站的中继方式

微波中继站的中继方式可以分成直接中继（射频转接）、外差中继（中频转接）、基带中继（再生中继）三种。不同中继方式的微波系统构成是不一样的。中间站的中继方式可以是直接中继和中频转接，分路站和枢纽站为再生中继方式且可以上下话路。

（1）直接中继

直接中继最简单，只是将收到的射频信号直接移到其他射频上，无需经过微波—中频—微波的上下变频过程，因而信号传输失真小。这种方式的设备量小、电源功耗低，适用于无需上下话路的无人值守中继站，其基本设备如图 6.2 所示。

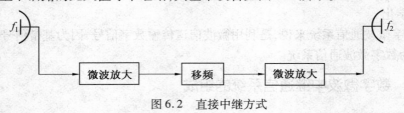

图 6.2　直接中继方式

（2）外差中继

该方式是将射频信号进行中频解调，在中频进行放大，然后经过上变频调制到微波频率，发送到下一站，其基本设备如图 6.3 所示。

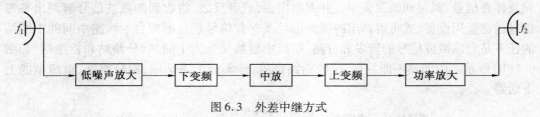

图 6.3　外差中继方式

（3）基带中继

该方式是三种中继方式中最复杂的，如图 6.4 所示。基带中继不仅需要上下变频，还需要调制解调电路，因此，它可以用于上下话路，同时由于数字信号的再生消除了积累的噪声，传输质量得到保证。因此，基带中继是数字微波中继通信的主要中继方式。一般在一条微波中继线上，可以结合使用三种中继方式。

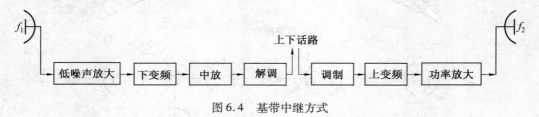

图 6.4　基带中继方式

## 6.1.3　数字微波端站的组成

微波站是数字微波线路的组成部分，数字微波线路的端站和枢纽站一般具有中频的数字调制解调设备。典型数字微波端站由微波天线、射频收发模块、基带收发部分、传输接口等部分组成。图 6.5 为一个典型的数字微波端站组成框图。

（1）双工器

微波通信站都有接收和发射两套系统。为了节省设备，通常收发系统都连到同一天线上去，这就是共用收发天线系统。在图 6.5 中，双工器的作用是将发送和接收的信号分隔开来，即从天线接收到的信号经过双工器后进入接收设备而不通向发送设备，发送信号

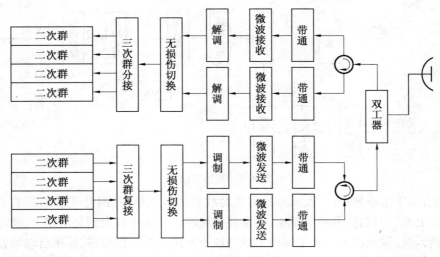

图 6.5　数字微波端站

经过双工器后直接经过天线发射出去而不通向接收设备。

（2）波道滤波器

波道是指无线通信设备的不同射频通道。在微波通信中,经常将一段微波频段分成若干波道,每个微波中继站使用若干波道。图 6.5 中是一备一波道的系统,实际上占用两个波道。

波道滤波器的作用是分隔各个波道的信号,避免造成波道间干扰。另外,由于环行器的隔离度一般为 20 ~ 30 dB,波道滤波器进一步减少了波道间干扰。

（3）微波收信站

微波收信机多采用超外差式接收机结构。通过本振与接收的微波信号进行混频,得到固定中频信号,然后对中频进行放大和滤波,供解调用。由于采用固定中频,设备在中频以下部分是通用的,因此设备可以具有重用性。典型的微波收信机如图 6.6 所示。

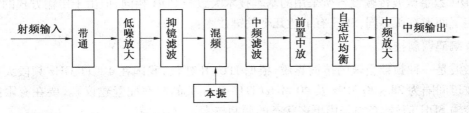

图 6.6　微波收信机

（4）微波发信机

典型的微波发信机如图 6.7 所示。

不同的中继站形式有不同的发信设备组成方案,下面以外差式微波发信设备为典型例子进行简单介绍。在发信设备中,信号的调制方式可分为中频调制和微波直接调制,目前的微波中继系统中大多采用中频调制方式,这样可以获得较好的设备兼容性。

中频信号是已经经过调制的信号,上变频器将中频信号搬移到指定的微波波道上,然后经过微波功放放大,经天线发送出去。这里的勤务信号经过浅调频的方式将信号调制

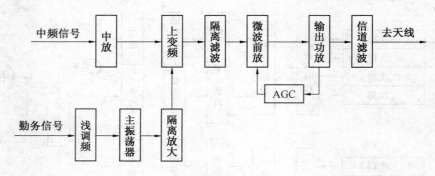

图 6.7　微波发信机

在载波上,由于微波频率高,浅调频的方式对载波的影响很小,因此几乎不影响上变频器的工作。上变频后的信号功率很小,通常要把微波信号功率放大到瓦级以上,通过分路滤波器送到天线,发送出去。为了保持末级功放不超出线性工作范围,要用自动增益控制电路把输出维持在合适的电平。

（5）调制与解调设备

调制是将数字基带信号调制到中频信号;解调是将中频信号解调为数字基带信号。在数字微波通信中,为了提高频谱利用率,经常采用高频谱利用率的调制方式。常用的调制方式有 DQPSK、8PSK、16QAM、64QAM、9QPR 等;解调一般采用相干解调方式。

（6）无损伤切换

在数字微波系统中,为了提高系统的可靠性,对抗信道衰落,改善系统误码性能,大多采用波道设备方式。无损伤切换是保证主用设备与备用设备切换的关键。对无损伤切换的两个基本要求是:切换前,主备用波道间的时变时延和残留固定时延能快速均衡,保证主备用码流对齐;即使在快衰落下,全部切换过程必须在门限误码率到来之前完成。

### 6.1.4　数字微波通信的关键技术

SDH 数字微波传输设备所采用的基本技术大致与 PDH 相同,但由于传输方式的特点又决定了两者有所不同,SDH 有下述几个关键技术:

**1. 编码调制技术**

微波是一种频带受限的传输媒质,根据 ITU-R 建议,我国在 4 ~ 11 GHz 频段大都采用的波道间隔为 28 ~ 30 MHz 及 40 MHz(ITU-R 相关的频率配置建议)。要在有限的频带内传输 SDH 信号,必须采用更多状态的调制技术。

**2. 交叉极化干扰抵消( XPIC ) 技术**

为了进一步增加数字微波系统的容量,提高频谱利用率,在数字微波系统中除了采用多状态调制技术(64QAM、128QAM 或 512QAM 调制)外,还采用双极化频率复用技术,使单波道数据传输速率成倍增长。但在出现多径衰落时,交叉极化鉴别率(XPD)会降低,从而产生交叉极化干扰。为此,需要一个交叉极化抵消器,用以减小来自正交极化信号的干扰。

自适应交叉极化干扰抵消技术的基本原理是从所传输信号相正交的干扰信道中取出

部分信号,经过适当处理后与有用信号相加,用以抵消叠加在有用信号上的来自正交极化信号的干扰。原则上干扰抵消过程可以在射频、中频或基带上进行。采用 XPIC 技术后,对干扰的抑制能力一般可达 15 dB 左右。

### 3. 自适应频域和时域均衡技术

当系统采用多状态 QAM 调制方式时,要达到 ITU-R 所规定的性能指标,对多径衰落必须采取相应的对抗措施。考虑到 ITU-R 的新建议将不再给数字微波系统提供额外的差错性能配额,因此,必须采取强有力的抗衰落措施。在各种抗衰落技术中,除了分集接收技术外,最常用的技术是自适应均衡技术,包括自适应频域均衡技术和自适应时域均衡技术。

频域均衡主要用于减少频率选择性衰落的影响,即利用中频通道插入的补偿网络的频率特性去补偿实际信道频率特性的畸变;时域自适应均衡用于消除各种形式的码间干扰,可用于最小相位和非最小相位衰落。为消除正交干扰,可引进二维时域均衡器。

### 4. 高线性功率放大器和自动发射功率控制

多状态调制技术对传输信道,特别是高功率放大器的线性提出了严格的要求。例如,对采用 64QAM 的系统而言,要求传输信道的三阶交调失真要比主信号至少低 45 dB。若采用 128QAM 或 256QAM 调制技术,则要求更严。为满足系统总传输性能的要求,除了对微波高功放采取输出回退措施外,还要采取一些非线性的补偿技术,如加中频或射频失真器或采用前馈技术等来改善放大器的线性。

高线性功率放大器和自动发射功率控制(ATPC)技术的关键是微波发信机的输出功率在 ATPC 的控制范围内自动地随接收端接收电平的变化而变化。采用 ATPC 技术的优点是,降低了同一路由相邻系统的干扰,减小了衰落对系统的影响,降低了电源消耗,减小非线性失真。

## 6.2　卫星通信技术

16 世纪开普勒发现了行星运动规律(即开普勒三定律),后来牛顿发现了万有引力,这样就奠定了人造卫星依靠惯性绕地球运行的理论基础。

19 世纪,人们提出了"人造卫星"的科学幻想。

20 世纪初,俄国的齐奥尔科夫斯基和德国的岗斯宾特分别提出在宇宙飞行中采用火箭的设想。齐奥尔科夫斯基在 1903 年提出并证明了可以用液态氧和氢作为火箭燃料将飞行器送到大气层外,它就可以像月球一样永远绕着地球运转。

1945 年 10 月英国物理学家克拉克提出用火箭将卫星发射到赤道上空的静止轨道上,每隔 120°设一个静止卫星,以卫星作中继站就能实现全球通信。

1957 年 10 月,苏联成功地发射了世界上第一颗人造地球卫星,证实了上述理论的正确性。

1963 年美国成功发射地球同步卫星(试验卫星)。

1965 年美国成功发射实用的地球同步卫星晨鸟(Early Bird),首先在大西洋地区开始进行商用国际通信业务,并由"国际电信卫星组织"INTELSAT(The International Telecommunication Satellite Organization)定名为INTELSAT-I(IS-I)。这是第一代实用的国际通信卫星,目前已发展到第四代国际通信卫星。

我国于1970年4月24日成功发射了东方红一号卫星(DFH-1)。1972年租用第四代国际卫星(ISW),在上海建立一座30 m直径天线的大型地球站,在北京建立三座同样的地球站,开展国际性商业卫星通信业务。1976年我国参加了国际卫星通信组织,并租用IS-V卫星进行各种卫星通信业务。

1984年4月8日,我国成功地发射了试验性的静止轨道卫星STW-1,定点于125°E。

1986年2月1日,我国发射实用性静止轨道卫星东方红二号(DFH-2),定点于103°E。

1988年3月7日,我国发射了东方红二号甲-1(DFH-2A-1),定点于87.5°E。同年12月22日,发射了东方红二号甲-2(DFH-2A-2)卫星,定点于110.5°E 。两颗卫星各有四个转发器,均工作在C波段(6/4 GHz)。

1990年2月4日我国发射了东方红二号-甲3号(DFH-2A-3),定点于98°E。

1997年5月12日,我国发射了东方红三号(DFH-3)卫星,定点于125°E。

从我国第一颗人造地球卫星东方红一号跃上太空到2012年11月27日,我国用自己研制的12种长征运载火箭分别从酒泉、西昌、太原三个卫星发射中心起飞,成功发射了上百颗国产卫星。

### 6.2.1 卫星通信的基本概念和特点

**1. 卫星通信的概念**

卫星通信是在微波接力通信技术和航天技术基础上发展起来的一门新兴的通信技术。可以说,卫星通信是地面微波接力通信的继承和发展,是微波接力通信向太空的延伸,是微波接力通信的一种特殊形式。

卫星通信,简单地说,是利用人造地球卫星作为中继站转发微波信号,在地球上(包括地面、水面和低层大气中)的两个或多个地球站之间进行的通信。这里所说的地球站是指设在地球表面(包括地面、海洋或大气层)的无线电通信站,而把用于实现通信目的的人造地球卫星称为通信卫星。

卫星通信系统包括如下几个部分:

(1)控制与管理系统

控制与管理系统是保证卫星通信系统正常运行的重要组成部分。它的任务是对卫星进行跟踪测量,控制其准确进入轨道上的指定位置。卫星正常运行后,需定期对卫星进行轨道修正和位置保持。在卫星业务开通前、后需进行通信性能的监测和控制,例如,对卫星转发器功率、卫星天线增益以及地球站发射功率、射频频率和带宽等基本通信参数进行监控,以保证正常通信。

(2)星上系统

通信卫星内的主体是通信装置,其保障部分则有星体上的遥测系统、控制系统和能源装置等。通信卫星的主要作用是无线电中继。星上通信装置包括转发器和天线。一个通信卫星可以包括一个或多个转发器,每个转发器能同时接收和转发多个地球站的信号。

（3）地球站

地球站是卫星通信的地面部分,用户通过它们接入卫星线路,进行通信。地球站一般包括天线、馈线设备、发射设备、接收设备、信道终端设备、天线跟踪伺服设备、电源设备。

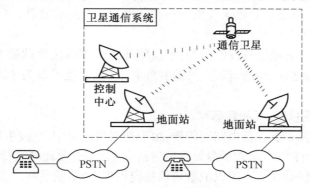

图 6.8　卫星通信系统基本组成

在微波频带,整个通信卫星的工作频带约有 500 MHz 宽度,为了便于放大和发射及减少变调干扰,一般在星上设置若干个转发器。每个转发器被分配一定的工作频带。目前的卫星通信多采用频分多址技术,不同的地球站占用不同的频率,即采用不同的载波。比较适用于点对点大容量的通信。近年来,时分多址技术也在卫星通信中得到了较多的应用,即多个地球站占用同一频带,但占用不同的时隙。与频分多址方式相比,时分多址技术不会产生互调干扰,不需用上下变频把各地球站信号分开,适合数字通信,可根据业务量的变化按需分配传输带宽,使实际容量大幅度增加。另一种多址技术是码分多址（CDMA）,即不同的地球站占用同一频率和同一时间,但利用不同的随机码对信息进行编码来区分不同的地址。CDMA 采用了扩展频谱通信技术,具有抗干扰能力强、较好的保密通信能力、可灵活调度传输资源等优点。它比较适用于容量小、分布广、有一定保密要求的系统。

**2. 卫星通信的特点**

卫星通信是现代通信技术的重要成果,它是在地面微波通信和空间技术的基础上发展起来的。与电缆通信、微波中继通信、光纤通信、移动通信等通信方式相比,卫星通信具有下列特点：

（1）卫星通信覆盖区域大,通信距离远

因为卫星距离地面很远,一颗地球同步卫星便可覆盖地球表面的 1/3,因此,利用 3 颗适当分布的地球同步卫星即可实现除两极以外的全球通信。卫星通信是目前远距离越洋电话和电视广播的主要手段。

（2）卫星通信具有多址连接功能

卫星通信由于是大面积覆盖,在卫星天线波束所覆盖的整个区域内的任一地点都可设置地球站,这些地球站可以共用一颗通信卫星来实现双边或多边通信。这种能同时实现多方向、多地点通信的能力称为“多址通信”,或者说多址连接。

（3）卫星通信频段宽，容量大

卫星使用微波频段，因而可使用频带宽，通信容量大，适于传送电话、电报、数据、宽带电视等多种业务。按照目前的通信技术水平，每个卫星上可设置多个转发器，故通信容量很大。一颗卫星的通信容量达数千以至上万路电话，其通信容量仅次于光纤通信，能提供高速数据通道，可以满足实时收集气象资料和分发加工产品的需要。

（4）卫星通信机动灵活

地球站的建立不受地理条件的限制，不仅能作为大型固定地球站之间的远距离干线通信，还可建在边远地区、岛屿、汽车、飞机和舰艇上，甚至还可以为个人终端提供通信服务。

（5）卫星通信质量好，可靠性高

卫星通信的电波主要在自由空间传播，由于在卫星通信中，电波主要是在大气层以外的宇宙空间传输，而宇宙空间差不多处于理想的真空状态，因此电波传输比较稳定，受天气、季节或人为干扰的影响小，所以卫星通信稳定可靠，通信质量高。就可靠性而言，卫星通信的正常运转率达 99.8% 以上。

（6）卫星通信的成本与距离无关

地面微波中继系统或电缆载波系统的建设投资和维护费用都随距离的增加而增加，而卫星通信的地球站至卫星转发器之间并不需要线路投资，因此，其成本与距离无关。

但卫星通信也有不足之处，主要表现在：

（1）传输时延大

在地球同步卫星通信系统中，通信站到同步卫星的距离最大可达 40 000 km，电磁波以光速（$3×10^8$ m/s）传输，这样，路经地球站—卫星—地球站（称为一个单跳）的传播时间约需 0.27 s。如果利用卫星通信打电话，由于两个站的用户都要经过卫星，因此，打电话者要听到对方的回答必须额外等待 0.54 s。

（2）回声效应

在卫星通信中，由于电波来回转播需 0.54 s，因此产生了讲话之后的"回声效应"。为了消除这一干扰，卫星电话通信系统中增加了一些设备，专门用于消除或抑制回声干扰。

（3）存在通信盲区

把地球同步卫星作为通信卫星时，由于地球两极附近区域"看不见"卫星，因此不能利用地球同步卫星实现对地球两极的通信。

（4）存在日凌中断现象（受太阳风暴和黑子活动影响敏感甚至通信中断）

当太阳、地球和卫星在一条直线上，且卫星位于太阳、地球两者之间，则地球站的天线对准卫星同时也对准了太阳，由于太阳光线的频谱非常宽，对卫星通信可以认为是一强大的噪声源，太阳噪声可以使通信中断，这就是所谓日凌中断。日凌中断在每年的春分和秋分前后各发生一次，每次约延续 6 天，每天发生的持续时间与工作频率、天线口径有关，一般为 6 min 左右。

（5）存在星蚀现象

当太阳、地球和卫星在一条直线上，且地球位于太阳、卫星两者之间，卫星在地球的阴影之内,即地球挡住了照射到卫星的阳光,这就发生了星蚀。其影响是卫星上的太阳能电池不能工作,卫星所需能量要由所携带的蓄电池提供,星蚀发生在 3 月 8 日至 4 月 3 日和 9 月 9 日至 10 月 6 日卫星的星下点(指卫星与地心连线同地表面的交点)进入当地时间子夜,最长时间 72 min。

### 6.2.2　静止地球轨道卫星通信系统

**1. 静止地球轨道卫星系统概述**

较早的卫星通信系统利用静止地球轨道(Geostationary Earth Orbit,GEO)卫星。它在地球赤道平面上,在其上空约 35 800 km 处,可以照射大约地球表面的三分之一。因而环绕赤道均匀分布三个航天器,就可以覆盖极地以外的整个地球,如图 6.9 所示。在 GEO 轨道上,卫星与地球上的物体是相对静止的,故又称静止卫星轨道(Geostationary Satellite Orbit,GSO)。事实上静止地球轨道只有一条,为防止碰撞,GEO 上所能容纳的卫星数量有限。此外,分配给 GEO 卫星系统频谱有限,更是对该系统的重要限制。GEO 卫星通信系统还存在其他一些问题,例如,地球高纬度地区的通信质量不好,南北极地区是盲区;当卫星在地球和太阳之间并成一条直线时,由于卫星天线对准太阳,受太阳辐射干扰,通信会中断;当卫星进入地球的阴影区时也会发生通信中断。GEO 卫星系统的另一个致命弱点是信号传输的迟延和衰耗大。从迟延考虑,一个呼叫从地面到卫星,又从卫星到地面,来回约需 240～270 ms,根据用户到卫星的仰角而定。一个典型的国际电话,来回要迟延 540 ms。在语音通信时,这样大的迟延会在电话中带来回声,影响通话质量,需要采用回声抑制器来消除。在数据通信时,迟延会引起误码的产生,需要采用纠错措施。从衰耗考虑,现阶段这种卫星的功率有限,传输余量很小。电磁波的功率是随其传播距离的平方而降低的,在目前卫星功率条件下,受电池和微波集成电路工艺的限制,最小的接收终端估计需 A4 纸那样大,质量约 2.5 kg。因此,在短期内,这种系统还很难与地面手持话机完成通信链路。

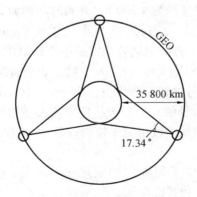

图 6.9　GEO 的卫星分布示意图

目前已经提供商用或拟议中的 GEO 区域移动卫星通信系统有 MSAT、Mobilesat、PRO-DAT、ACeS 和 Thuraya 等。

**2. 亚洲蜂窝系统 ACeS**

（1）系统概述

GEO 卫星蜂窝系统的目标通常有两个：为有限的区域提供服务和支持手持机通信。建立区域性移动卫星通信对于发展中国家具有特殊意义，不仅可为该地区提供移动通信业务，而且可以用低成本的固定终端来满足广大稀业务地区的基本通信需求。如果要在这些地区建立地面通信网，这样的基础设施所需要的投资大、周期长，而且由于业务密度低，在经济上也是不可取的。

全球已有的 GEO 区域性移动卫星通信系统，如北美的 MSAT 和澳大利亚的 Mobilesat 都只能支持车载台（便携终端）或固定终端。目前，已推出若干个以支持手持机为目标的 GEO 区域性蜂窝系统，其中一些正在开发过程中，具有代表性的是东南亚的亚洲蜂窝卫星 ACeS（Asian Cellular Satellite）、亚洲卫星通信 ASC（Afro-Asian Satellite Communications）和美国的蜂窝卫星 CELSAT（Cellular Satellite）。

（2）ACeS 系统的组成

ACeS 系统是一个由印度尼西亚等国建立起来的覆盖东亚、东南亚和南亚的区域卫星移动通信系统。它的覆盖面积超过了 1 100 万平方英里（1 英里＝1.609 公里），覆盖区国家的总人口约为 30 亿，能够向亚洲地区的用户提供双模（卫星-GSM900）的话音、传真、低速数据、因特网服务以及全球漫游等业务。

ACeS 系统包括静止轨道卫星、卫星控制设备（SCF）、1 个网络控制中心（NCC）、3 个信关站和用户终端等部分。它采用了先进而成熟的关键技术，如提供高的卫星有效全向辐射功率值、星上处理和交换功能、网络控制和管理等。

①空间段。ACeS 系统的空间段包括两颗 GEO 卫星 Garuda-1 和 Garuda-2，它们由美国的洛克马丁公司制造。Garuda-1 卫星于 2000 年 2 月 12 日在哈萨克斯坦的拜克努尔由质子火箭发射升空定点在东经 123°的 GEO 位置上，初期运行在倾角为 3°的同步轨道上，三年多后重定位在赤道上空（倾角为 0°）的 GEO 位置上。Garuda-1 卫星采用 A2100AXX 公用舱，发射时质量约为 4 500 kg，开始时功率为 14 kW，设计寿命为 12 年，采用太阳能和电池两种供电方式。Garuda-2 发射后作为 Garuda-1 的备份并扩大覆盖范围。空间段可以同时处理 1.1 万路电话呼叫并能够支持 200 万用户。Garuda 卫星装有两副 12 m 口径的 L 频段天线，每副天线包括 88 个馈源的平面馈源阵，用 2 个复杂的波束形成网络控制各个馈源辐射信号的幅度和相位，从而形成 140 个通信点波束和 8 个可控点波束。另外，还有 1 副 3 m 口径的 C 频段天线用于信关站和 NCC 之间的通信。

②地面段。ACeS 系统的地面段由卫星控制设备、网络控制中心和 ACeS 信关站三部分组成，如图 6.10 所示。

卫星控制设备（SCF）：位于印度尼西亚的 Batam 岛，包括用于管理、控制和监视 Garuda 卫星的各种硬件、软件和其他设施。

网络控制中心（NCC）：与卫星控制设备安置在一起，管理卫星有效载荷资源，管理和控制 ACeS 整个网络的运行。

ACeS 信关站（GW）：提供 ACeS 系统和 PSTN（公众电话交换网）、PLMN（公众地面移动通信网）网络之间的接口，使得其用户能够呼叫世界上其他地方的其他网络的用户。

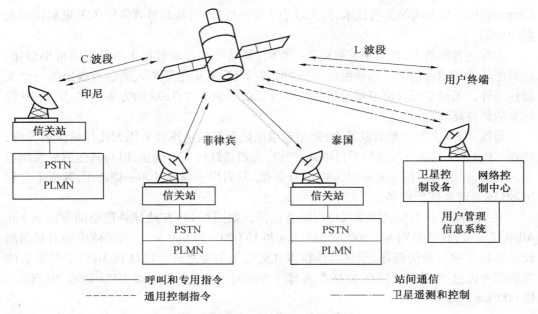

图 6.10　ACeS 系统地面段示意图

每一个信关站都提供独立的基于卫星和 GSM 网络的服务区,用户在本地信关站注册,外地用户可以从其他 ACeS 信关站或 GSM 网络漫游到该信关站。目前 ACeS 系统在印度尼西亚、菲律宾和泰国三个国家建有信关站,每一个信关站通过一个 21 m 的天线与卫星建立链路。信关站实现的主要功能有:用户终端管理、编号管理、呼叫管理、客户服务咨询、流量监管、SIM 卡的生产与发放、计费、收费、账务结算和防止诈骗。

　　③用户段。ACeS 系统主要提供两类终端:手持终端和固定终端。典型的手持终端是ACeSR190,支持用户在运动中通信,可以在 ACeS 卫星模式和 GSM900 模式之间自由切换。固定终端有 ACeS FR-190,由主处理单元和室外的天线组成,可以在偏远地区提供方便的连接。

## 6.2.3　非静止地球轨道卫星通信系统

### 1.非静止地球轨道卫星系统概述

　　GEO 卫星系统的频谱利用率和空间利用率的限制,加上这些必然的劣势,推动了发射卫星到静止轨道以外的轨道,即非静止轨道(Non-Geostationary Satellite Orbit,NGSO)进行移动通信的研究。非静止轨道(NGSO)卫星通信,如低轨道(Low Earth Orbit,LEO)和中轨道(Medium Earth Orbit,MEO)卫星通信,近来获得了重视和实施。这有以下几方面的考虑:

　　①在低轨道,卫星距离地面较近,信道的传播衰耗小、传输迟延短。

　　②在 LEO 和 MEO 上的卫星星座在高纬度有高仰角,通信质量好。

　　③ NGSO 数目理论上几乎是无限的,设计余地很大。

　　④卫星的发射机可以采用较低的功率,简化电源、微波集成电路(Microwave Integrated

Circuits,MIC)和天线等工艺技术,大大减小了卫星的质量,从而显著降低了卫星制作和发射的费用。

⑤在这种距离下,在卫星发射典型功率时,移动终端在现有技术条件下即可小型化,做到像陆地移动通信手机那样可以手持而不必车载,真正达到个人通信所提出的一个关键性条件。无怪乎低轨道卫星通信系统吸引了众多的关注,LEO 的方案迭出,形成 20 世纪末的科技高潮之一。

当然,GEO 方案仍然有其活力,期望着增加航天器的功率和采用大孔径的伸展天线,使新一代 GEO 卫星可以运用手持电话在其广大覆盖区内进行通信,以与其他卫星系统竞争。例如,在区域通信方面采用区域 GEO 系统,只需用一颗卫星和一颗备用,其成本会较 NGSO 的全球系统低得多。

卫星的高度并不如表面所视可以随意选择。如图 6.11,在地球外层空间有两条 Van Allen 辐射带,高度分别为 1 500 ~ 5 000 km 和 13 000 ~ 20 000 km。为了减少辐射对隔离较差的轻量级卫星的破坏,卫星应该设置在此二辐射带之外。LEO 和 MEO 卫星系统的方案都考虑这个因素。LEO 选择在地球上空 500 ~ 1 500 km,而 MEO 则在 10 000 ~ 12 000 km 高度。

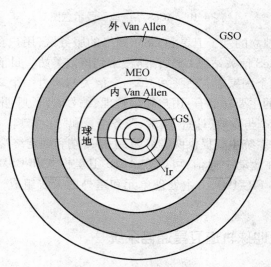

图 6.11　卫星系统的轨道选择

### 2. 铱系统

（1）系统概述

铱系统是由美国摩托罗拉公司(Motorola)于 1987 年提出的一种 LEO 移动卫星通信系统,它与现有通信网结合,可实现全球数字化个人通信。其设计思想与静止轨道移动卫星通信不同。后者采用成本昂贵的大型同步卫星,而铱系统则使用小型的(2.3 m × 1.2 m)相对简单的智能化卫星,这种卫星可由多种商业化的运载装置进行发射。由于轨道很低(约为同步卫星高度的 1/47),必须用许多颗卫星来覆盖全球。因此铱系统的主体是由 77 颗小型卫星互联而成的网络。这些卫星组成星状星座在 780 km 的地球上空围绕

7 个极地轨道运行。所有卫星都向同一方向运转,正向运转越过北极再运行到南极。由于 77 颗卫星围绕地球飞行,其形状类似铱原子的 77 个电子绕原子核运动,故该系统取名为铱系统。

该系统后来进行了改进,将星座改为 66 颗卫星围绕 6 个极地圆轨道运行,但仍用原名称。每个轨道平面分布 11 颗在轨运行卫星及 1 颗备用卫星,轨道倾角为 86.4°,轨道高度为 780 km。另一个改进就是把原单颗卫星的 37 点波束增加到了 48 个波束,使系统能把通信容量集中在通信业务需求量大的地方,也可以根据用户对话音或寻呼业务的特殊需求重新分配信道。此外,新的波束图还能减少干扰。

铱系统卫星有星上处理器和星上交换,并且采用星际链路(星际链路是铱系统有别于其他移动卫星通信系统的一大特点),因而系统的性能极为先进,但同时也增加了系统的复杂性,提高了系统的投资费用。

铱系统市场主要定位于商务旅行者、海事用户、航空用户、紧急援助、边远地区。铱系统设计的漫游方案除了解决卫星网与地面蜂窝网的漫游外,还解决地面蜂窝网间的跨协议漫游,这是铱系统有别于其他移动卫星通信系统的又一特点。铱系统除了提供话音业务外,还提供传真、数据、定位、寻呼等业务。目前,美国国防部是其最大的用户。

(2)系统组成

铱系统主要由卫星星座、地面控制设施、关口站(提供与陆地公共电话网接口的地球站)、用户终端等部分组成,如图 6.12(a)所示。

①空间段。如上所述,铱系统空间段是由包括 66 颗低轨道智能小型卫星组成的星座。这 66 颗卫星联网组成可交换的数字通信系统。每颗卫星质量为 689 kg,可提供 48 个点波束,图 6.12(b)所示为 48 个点波束覆盖的结构,图 6.12(c)所示为铱星结构,其寿命为 5 年,采用三轴稳定。每颗卫星把星间交叉链路作为联网的手段,包括链接同一轨道平面内相邻两颗卫星的前视和后视链路,另外还有多达四条轨道平面之间的链路。星间链路使用 Ka 频段,频率为 23.18 ~ 23.38 GHz。星间链路波束决不会射向地面。卫星与地球站之间的链路也采用 Ka 频段,上行为 29.1 ~ 29.3 GHz,下行为 19.4 ~ 19.6 GHz。Ka 频段关口站可支持每颗卫星与多个关口站同时通信。卫星与用户终端的链路采用 L 频段,频率为 1 616 ~ 1 626.5 MHz,发射和接收以 TDMA 方式分别在小区之间和发收之间进行。

②用户段。铱系统用户段包括地面用户终端,能提供话音、低速数据、全球寻呼等业务。

③地面段。铱系统地面段包括地面关口站、地面控制中心、网络控制中心。关口站负责与地面公共网或专网的接口;网络控制中心负责整个卫星网的网络管理等;控制中心包括遥控、遥测站,负责卫星的姿态控制、轨道控制等。

④公共网段。铱系统公共网段包括与各种地面网的关口站,完成铱系统用户与地面网用户的互连。

(3)基本工作原理

铱系统采用 FDMA/TDMA 混合多址结构,系统将 10.5 MHz 的 L 频段按照 FDMA 方式分成 240 个信道,每个信道再利用 TDMA 方式支持 4 个用户连接。

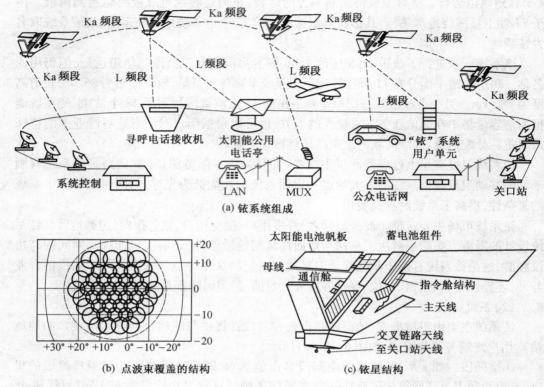

(a) 铱系统组成

(b) 点波束覆盖的结构

(c) 铱星结构

图 6.12　铱系统

铱系统利用每颗卫星的多点波束将地球的覆盖区分为若干个蜂窝小区,每颗铱星利用相控阵天线,产生 48 个点波束,因此每颗卫星的覆盖区为 48 个蜂窝小区。蜂窝的频率分配采用 12 小区复用方式,因此每个小区的可用频率数为 20 个。铱系统具有星间路由寻址功能,相当于将地面蜂窝系统的基站搬到天上。如果是铱系统内用户之间的通信,则可以完全通过铱系统而不与地面公共网有任何联系;如果是铱系统用户与地面网用户之间的通信,则要通过系统内的关口站进行通信。

铱系统允许用户在全球漫游,因此每个用户都有其归属的关口站(HLR)。该关口站除处理呼叫建立、呼叫定位和计费外,还必须维护用户资料,如用户当前位置等。

当用户漫游时,用户开机后先发送"Ready to Receive"信号,如果用户与关口站不在同一个小区中,信号通过卫星发给最近的关口站;如果该关口站与用户的归属关口站不同,则该关口站通过卫星星间链路与用户的 HLR 联系要求用户信息,当证明用户是合法用户时,该关口站将用户的位置等信息写入其 VLR(访问位置寄存器)中,同时 HLR 更新该用户的位置信息,并且该关口站开始为用户建立呼叫。当非铱星用户呼叫铱星用户时,呼叫先被路由选择到铱星用户的归属关口站,归属关口站检查铱星用户资料,并通过星间链路呼叫铱星用户,当铱星用户摘机,完成呼叫建立。

## 6.2.4　卫星通信系统的应用

随着我国经济建设的大规模推进、信息科学技术的飞速发展与广泛应用,卫星应用对带动国民经济发展和推进信息化建设起到越来越重要的作用。我国的卫星应用已为社会经济发展、国防建设、科技进步等发挥了重要的作用,卫星应用的市场规模在逐步扩大。我国的卫星通信应用还正处于起步和发展阶段,卫星通信已粗具规模,具有广阔的应用前景。

**1. 卫星广播**

卫星通信作为一种成熟有效的信号传输方式,不仅被应用于话音、数据传输,也同时被应用于电视信号的传输。利用卫星转发电视信号,这是电视广播技术上的一次飞跃,它比利用地面微波中继通信系统或是同轴电缆系统,传输质量要好得多。

1962年电星一号(Telstar-1)实现了欧美之间的电视传送,标志着卫星电视传送的开始。我国的卫星广播电视事业开始于20世纪70年代。从1982年开始,我国通过国际通信卫星和欧洲的"交响乐"卫星等,进行了电视传输实验。1984年,"东方红一号"的成功发射结束了我国新疆、西藏等边远地区长期靠传送录像带转播中央台节目的历史,标志着我国进入了卫星广播的时代。

中国卫星电视的应用有以下特点:

①卫星电视利用其覆盖面积大、投资少、见效快和节目传送质量高的优势首先向西部的省、自治区覆盖。

②技术数字化。卫星电视信号传送的开始阶段均为模拟信号,随着计算机信息技术的飞速发展,国际上数字压缩技术日益成熟,我国在1997年正式使用DVB-S标准,以数字压缩技术进行电视节目传送。数字电子技术的基本特征是以离散方式处理信息,对视频数据进行压缩(其中最成功的便是所谓MPEG-2压缩算法),使视频的数据量可以降低10倍,从而大大节约了卫星转发器的带宽,使数字电视的应用普及成为可能。

③从C波段向Ku波段发展。从1985~1995年,均使用通信卫星的C波段转发器传送电视节目。随着Ku波段卫星及接收技术的日趋成熟,从1996年陆续使用Ku波段卫星转发器,使用卫星接收天线的口径显著缩小,利于普及。

④卫星电视节目向直播发展。1994年以来,国际上卫星直播电视市场不断扩大,一些发达国家启用了直播卫星(DBS)。中国早在1998年底便开始进行卫星电视直播(DTH)实验,利用"鑫诺1号"的一个Ku波段转发器转发中央8套节目,1999年元旦正式开始试验播出。

卫星电视在中国发展极为迅速,至1999年底,我国已有中央电视台8套节目,31个省、自治区、直辖市的电视节目均通过卫星向全国传送。中央电视台的9套节目通过卫星传至世界5大洲。我国电视节目共使用了11颗通信卫星("亚太1A""亚太2R""亚洲2号""亚洲3号""鑫诺1号""泛美3号""泛美4号""银河3R""热鸟3号""亚洲4号"和"泛美8号")的27个转发器(其中Ku波段8个,C波段19个)。全国已建成的广播电视专用卫星地球站有31座,地面卫星收转台约有25万座。

**2. VSAT 卫星通信**

VSAT(Very Small Aperture Terminal)即甚小口径天线终端,有时也称为卫星小数据站或个人地球站(PES),它是指一类具有甚小口径天线的、非常廉价的智能化小型或微型地球站,可以方便地安装在用户处。

而 VSAT 卫星通信网(简称 VSAT 网)是指利用大量小口径天线的小型地球站与一个大站协调工作构成的卫星通信网。通过它可以进行单向或双向数据、语音、图像及其他业务通信。VSAT 卫星通信网是 20 世纪 80 年代发展起来的卫星通信网,它的出现是卫星通信采用一系列先进技术的结果,例如,大规模/超大规模集成电路,微波集成和固态功率放大技术,高增益、低旁瓣小型天线,高效多址连接技术,微机软件技术,数字信号处理,分组通信,扩频、纠错编码,高效、灵活的网络控制与管理技术等。VSAT 出现后不久,便受到了广大用户单位的普遍重视,其发展非常迅速,现已成为现代卫星通信的一个重要发展方面。

与地面通信网相比,VSAT 卫星通信网具有以下特点:

①覆盖范围大,通信成本与距离无关,可对所有地点提供相同的业务种类和服务质量。

②灵活性好,多种业务可在一个网内并存,对一个站来说,支持的业务种类、分配的频带和服务质量等级可动态调整;可扩容性好;扩容成本低;开辟一个新的通信地点所需时间短。

③点对多点通信能力强,独立性好,是用户拥有的专用网,不像地面网中受电信部门制约。

④互操作性好,可使采用不同标准的用户跨越不同的地面网,而在同一个 VSAT 卫通信网内进行通信;通信质量好,有较低的误比特率和较短的网络响应时间。

与传统卫星通信网相比,VSAT 卫星通信网具有以下特点:

①面向用户而不是面向网络,VSAT 与用户设备直接通信,而不是如传统卫星通信网中那样中间经过地面电信网络后再与用户设备进行通信。

②天线口径小,一般为 0.3 ~ 2.4 m;发射机功率低,一般为 1 ~ 2 W;安装方便,只需简单的安装工具和一般的地基,如普通水泥地面、楼顶、墙壁等。

③智能化功能强,包括操作、接口、支持业务、信道管理等,可无人操作;集成化程度高,从外表看 VSAT 只分为天线、室内单元(IDU)和室外单元(ODU)三部分。

④VSAT 站很多,但各站的业务量较小;一般用作专用网,而不像传统卫星通信网那样主要用作公用通信网。

综合起来,VSAT 通信网具有以下优点:

①地球站设备简单,体积小,质量轻,造价低,安装与操作简便。它可以直接安装在用户的楼顶上、庭院内或汽车上等,还可以直接与用户终端接口,不需要地面链路作引接设备。

②组网灵活方便。由于网络部件的模块化,便于调整网络结构,易于适应用户业务量的变化。

③通信质量好,可靠性高,适于多种业务和数据率,且易于向 ISDN 过渡。

④直接面向用户,特别适合于用户分散、稀路由和业务量小的专用通信网。

**3. 卫星 Internet 接入应用**

2008 年,我国互联网用户人数已达到 2.5 亿,成为全球范围内互联网用户人数最多的国家。Internet 网络在我国的发展和地面移动通信一样已经进入到一个新的快速发展时期。但我国电信网络带宽资源有限,Internet 下载速度较慢,无法满足用户对下载业务越来越高的需求,尽管 ADSL、VDSL LMDS、Cable Modem 可以用来解决一些宽带 Internet 接入的问题,但由于其成本较高和实际能力,并非适合于任何场合。Internet 许多网络选用卫星通信中的 VSAT 技术方式,来解决宽带接入 Internet 的需求。由于 Internet 网络信息收发的非对称性,使得卫星 VSAT 应用方式比较适合这种业务特点,即下行以高速率传输信息数据,上行检索时则使用地面电话或数据传输线路,当然也可以为 ISP 提供双向的高速数据传输。

我国从 1998 年年底首次采用非对称技术,开通了第一条发/收各为 8/45 Mbit/s 的 Internet 国际卫星中继链路,从此 Chinanet 有了 20 多条国际卫星链路。国内卫星网络用于 ISP 或区域网络也比较多,如 ChinaGBN、CERNet、CSTNet 等,其中 CSTNet 就有远程网通过卫星链路接入核心网。据统计,我国国际 Internet 总带宽为 3 250 MHz,其中使用卫星线路占用带宽达 300 ~ 350 MHz。按国际发展的现状,将来 10% 的用户是通过卫星接入互联网的。目前国际、国内都有很多公司提供了卫星 Internet 接入业务。比如,美国休斯顿公司开发的 DirectPC,它是休斯顿公司和美国马里兰大学共同开发的,AOL(美国在线)也同休斯顿合作推广 DirectPC 这个产品,以解决互联网下载瓶颈问题,通过利用其无线接入技术(DirectPC)和光缆的专线资源,共同为用户提供宽带互联网接入的服务。

另外,在日本 NTT(日本电信电话株式会社)推出了一种名为 Megawave 的业务。Megawave 提供了基于卫星的本地环路业务,它采用标准的拨号 Modem 供用户接入到 Internet,或把 Internet 与企业内部网相连接。Megawave 的多媒体业务综合了视频(MPEG-1 或 2)、音频及数据,采用 0.45 m 天线及组合在路由器里的接收器,可广泛用于企事业单位的局域网;居民用户也可以通过电视机顶盒与之相连接,从而能通过卫星高速获得大量的数据文件和图形 Web 内容,表明了卫星通信用于互联网的广泛应用前景。

## 习　题

6.1　微波的特性有什么?

6.2　微波中继通信的特点是什么?

6.3　微波中继站的中继方式有哪些?

6.4　数字微波中继通信系统由哪几部分组成?

6.5　数字微波通信的关键技术有哪些?

6.6　卫星通信系统包括哪几部分?

6.7　卫星通信的特点有哪些?

6.8　请简要叙述亚洲蜂窝系统 ACeS。

6.9　请简要叙述铱系统。

# 第 7 章

## 移动通信技术

移动通信是当今通信领域中发展最快、应用最广泛、最为前沿的通信技术。目前,移动通信已从模拟技术发展到了数字技术阶段,并且正朝着个人通信这一更高阶段发展。本章主要内容包括移动通信的概念及特点、移动信道的特性、移动通信中的多址接入技术、GSM 移动通信系统、CDMA 移动通信系统以及移动通信新技术。

## 7.1 移动通信的基本概念和特点

### 1. 移动通信的概念与发展

随着科技的发展,人们对通信的要求越来越高。能在任何时候、任何地点,与任何人及时沟通联系、交流信息已成为人们生活中必不可少的一部分。显然,没有移动通信,这种愿望是无法实现的。

移动通信是指通信双方至少有一方在移动中的通信,例如,运动的车辆、船舶、飞机或人与固定点之间进行信息交换,或者移动物体之间的通信都属于移动通信。移动通信的另一个概念是停留在非预定位置的通信双方进行的信息传输和交换,包括移动体之间,移动体与固定点之间的通信。

在过去的 10 年中,世界电信发生了巨大的变化,移动通信特别是蜂窝小区的迅速发展,使用户彻底摆脱终端设备的束缚,实现完整的个人移动性、可靠的传输手段和接续方式。进入 21 世纪,移动通信将逐渐演变成社会发展和进步的必不可少的工具。

第一代移动通信系统(1G)是在 20 世纪 80 年代初提出的,它完成于 20 世纪 90 年代初,如 NMT 和 AMPS,NMT 于 1981 年投入运营。第一代移动通信系统是基于模拟传输的,其特点是业务量小、质量差、安全性差、没有加密和速度低。1G 主要使用模拟语音调制技术,传输速率约 2.4 kbit/s。不同国家采用不同的工作系统。

第二代移动通信系统(2G)起源于 20 世纪 90 年代初期。欧洲电信标准协会在 1996 年提出了 GSM Phase 2+,目的在于扩展和改进 GSM Phase 1 及 Phase 2 中原定的业务和性能。它主要包括 CMAEL(客户化应用移动网络增强逻辑)、SO(支持最佳路由)、立即计费、GSM 900/1800 双频段工作等内容,也包含了与全速率完全兼容的增强型话音编解码技术,使得话音质量得到了质的改进;半速率编解码器可使 GSM 系统的容量提升。在 GSM Phase2+阶段中,采用更密集的频率复用、多复用、多重复用结构技术,引入智能天线、双频段等技术,有效地克服了随着业务量剧增所引发的 GSM 系统容量不足的缺陷;自适应语音编码(AMR)技术的应用,极大提高了系统通话质量;GPRS/EDGE 技术的引入,使 GSM 与计算机通信/Internet 有机结合,数据传送速率可达 115/384 kbit/s,从而使 GSM 功能得到不断增强,初步具备了支持多媒体业务的能力。尽管 2G 技术在发展中不断得到完善,但随着用户规模和网络规模的不断扩大,频率资源已接近枯竭,语音质量不能达到用户满意的标准,数据通信速率太低,无法在真正意义上满足移动多媒体业务的需求。

第三代移动通信系统(3G),也称 IMT 2000,其最基本的特征是智能信号处理技术,智能信号处理单元将成为基本功能模块,支持话音和多媒体数据通信,它可以提供前两代产品不能提供的各种宽带信息业务,例如高速数据、慢速图像与电视图像等。如 WCDMA 的传输速率在用户静止时最大为 2 Mbit/s,在用户高速移动时最大支持 144 kbit/s,占频带宽度 5 MHz 左右。但是,第三代移动通信系统的通信标准共有 WCDMA、CDMA2000 和 TD-SCDMA 三大分支,共同组成一个 IMT 2000 家庭,成员间存在相互兼容的问题,因此已有的移动通信系统不是真正意义上的个人通信和全球通信;再者,3G 的频谱利用率还比较低,不能充分地利用宝贵的频谱资源;第三,3G 支持的速率还不够高,如单载波只支持最大2 Mbit/s的业务等。这些不足点远远不能适应未来移动通信发展的需要,因此寻求一种既能解决现有问题,又能适应未来移动通信的需求的新技术(即新一代移动通信 Next Generation Mobile Communication)是必要的。

4G 是第四代移动通信及其技术的简称,是集 3G 与 WLAN 于一体,能够传输高质量视频图像并且图像传输质量与高清晰度电视不相上下的技术产品。4G 系统能够以 100 Mbit/s的速度下载,比拨号上网快 2 000 倍,上传的速度也能达到 20 Mbit/s,并能够满足几乎所有用户对于无线服务的要求。而在用户最为关注的价格方面,4G 与固定宽带网络在价格方面不相上下,而且计费方式更加灵活机动,用户完全可以根据自身的需求确定所需的服务。此外,4G 可以在 DSL 和有线电视调制解调器没有覆盖的地方部署,然后再扩展到整个地区。很明显,4G 有着不可比拟的优越性。

**2. 移动通信的特点**

与其他通信方式相比,移动通信主要特点如下:

(1)移动通信的电波传播环境恶劣

移动台处在快速运动中,多径传播造成瑞利衰落,接收场强的振幅和相位快速变化。移动台还经常处于建筑物与障碍物之间,局部场强中值(信号强度大于或小于场强中值的概率为 50%)随地形环境而变动,气象条件的变化同样会使场强中值随时间变动,这种场强中值随环境和时间的变化服从对数正态分布,是一种慢衰落。另外,多径传播产生的多径时延扩展,等效为移动信道传输的特性畸变,对数字移动通信影响较大。

(2)移动通信受干扰和噪声的影响

移动通信网是多频道、多电台同时工作的通信系统。当移动台工作时,往往受到来自其他电台的干扰。同时,还可能受到天电干扰、工业干扰和各种噪声的影响。

(3)频谱资源紧缺

在移动通信中,用户数与可利用的频道数之间的矛盾特别突出。为此,除开发新频段外,应该采用频带利用率高的调制技术。例如,采用窄带调制技术,以缩小频道间隔,在空间域上采用频率复用技术,在时间域上采用多信道共用技术等。频率拥挤是影响移动通信发展的主要因素之一。

（4）系统和网络结构复杂

它是一个多用户通信系统和网络，必须使用户之间互不干扰，能协调一致地工作。此外，移动通信系统还应与市话网、卫星通信网、数据网等互连，整个网络结构是很复杂的。

# 7.2　移动信道的特性

移动通信系统的特殊性在于利用无线电波在移动中传递信息，因此移动通信系统使用移动信道。与其他通信信道相比，移动信道是最为复杂的一种信道，其特点如下：

### 1. 易衰减

信号在信道传递时，由于信道的衰耗，因此与信号源越远，信号的强度就越弱，信号的强度与传输的距离有直接关系。有线信道可以看作线传播，移动信道可以看作面传播，距离效应在移动信道上表现得更为明显。根据无线电波空间效应，移动信道中信号的强度与距离的高次幂成反比；而在有线信道中，信号的强度与距离成反比。相同强度的信号传输同样的距离，移动信道与有线信道相比，信道上的衰耗较大，信号的强度会显著降低。

### 2. 干扰强

移动信道是面传播，相对于线传播的有线信道，自然就更加容易引入干扰。例如，在有线信道中，可以保证信号能量远远高于噪声能力，典型的信噪比约为 46 dB，也就是说，信号功率要比噪声功率高上 40 000 倍。而在移动信道中，由于自然环境中的干扰和工业干扰，会引入背景噪声，这种干扰的频率范围往往很广，而且系统中其他设备的存在，也会引入系统内干扰，这种干扰通常是同频干扰。由于以上的众多干扰，移动信道中信号强度与干扰强度往往处于同一数量级，有时甚至更低。

### 3. 不稳定

由于用户在移动中通信，环境不断发生变化，信号传输路径不断发生变化，加上多径效应的存在，因此信号传输质量非常不稳定，随时间不断波动。例如，对有线信道来说，传输线路的物理特性相当稳定，可以确保信噪比的波动通常不超过 2 dB，也就是信号强度基本稳定。与此相对照，移动信道中信号强度的快速衰落是经常发生的，衰落现象非常明显。在城市环境中，一辆行驶车辆上的终端的接收信号在一秒之内可能发生上百次衰落。这种衰落现象严重恶化接收信号的质量，影响通信可靠性。

在移动通信中，由于信号易衰减、干扰强、信号不稳定，有时有用信号的强度比干扰强度还要弱。当发生深度衰落时，接收机就会接收到错误的信号。对于数字传输来说，衰落将使信号的质量大幅下降，甚至不能维持通信的持续进行。

移动信道的传输特性还取决于无线电波传播环境。例如，一个有许多高层建筑的城市与平坦开阔的农村相比，其传播环境有很大不同，两者的移动信道传输特性也大相径庭。而传播环境的复杂性，也使得移动信道的传输特性变得十分复杂。复杂、恶劣的传播条件是移动信道的特征，这是移动通信这一通信方式本身所决定的。对于移动通信来说，恶劣的信道特性是不可回避的问题。要在这样的传播条件下保持可以接受的业务质量，就必须采用各种技术措施来抵消衰落的不利影响。这就需要使用各种抗衰落技术,包括分集、扩频/跳频、均衡、交织和纠错编码等。另外,信号的调制方式对信道的衰落也要有一定的适应能力。

## 7.3　移动通信中的多址接入技术

移动通信系统中是以信道来区分通信对象的,一个信道只容纳一个用户进行通话,许多同时通话的用户,互相以信道来区分,这就是多址。移动通信系统是一个多信道同时工作的系统,具有广播信道和大面积覆盖的特点。在无线通信环境的电波覆盖区内,如何建立用户之间的无线信道的连接,是多址接入方式的问题。解决多址接入问题的方法叫作多址接入技术。

目前在移动通信中应用的多址方式有频分多址(FDMA)、时分多址(TDMA)、码分多址(CDMA)以及它们的混合应用方式等。图 7.1 所示为 $N$ 个信道的 FDMA、TDMA 和 CDMA 的示意图。

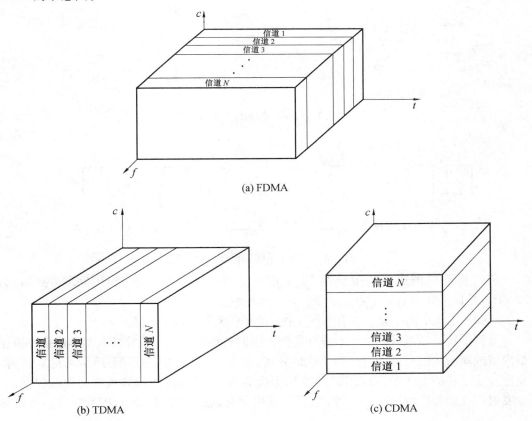

图 7.1　FDMA、TDMA 和 CDMA 的示意图

### 7.3.1 频分多址 FDMA

FDMA 为每一个用户指定了特定信道,这些信道按要求分配给请求服务的用户。在呼叫的整个过程中,其他用户不能共享这一频段。从图 7.2 中可以看出,在频分双工(Frequency Division Duplex,FDD)系统中,分配给用户一个信道,即一对频谱。一个频谱用作前向信道即基站(BS)向移动台(MS)方向的信道;另一个则用作反向信道即移动台向基站方向的信道。这种通信系统的基站必须同时发射和接收多个不同频率的信号;任意两个移动用户之间进行通信都必须经过基站的中转,因而必须同时占用 2 个信道(2 对频谱)才能实现双工通信。它们的频谱分割如图 7.3 所示。在频率轴上,前向信道占有较高的频带,反向信道占有较低的频带,中间为保护频带。在用户频道之间,设有保护频隙 $F_g$,以免因系统的频率漂移造成频道间的重叠。

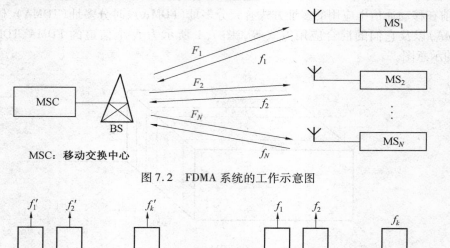

图 7.2  FDMA 系统的工作示意图

MSC:移动交换中心

图 7.3  FDMA 系统频谱分割示意图

前向与反向信道的频带分割,是实现频分双工通信的要求;频道间隔(例如,为 25 kHz)是保证频道之间不重叠的条件。

FDMA 系统中的主要干扰有互调干扰、邻道干扰和同频道干扰。

互调干扰是指系统内由于非线性器件产生的各种组合频率成分落入本频道接收机通带内造成对有用信号的干扰。当干扰的强度(功率)足够大时,将对有用信号造成伤害。克服互调干扰的办法是,除减少产生互调干扰的条件,即尽可能提高系统的线性程度,减少发射机互调和接收机互调之外,主要是选用无互调的频率集,即 FDMA 蜂窝系统的频率规划问题。

邻道干扰是指相邻波道信号中存在的寄生辐射落入本频道接收机带内造成对有用信号的干扰。当邻道干扰功率足够大时,将对有用信号造成损害。克服邻道干扰的方法是,除严格规定收发信机的技术指标,即规定发射机寄生辐射和接收机中频选择性之外,主要是采用加大频道间的隔离度,这也涉及 FDMA 系统的频率规划问题。

同频道干扰一般是指相同频率电台之间的干扰。在蜂窝系统中,同频道干扰是指相邻区群中同信道信号之间造成的干扰。它与蜂窝结构和频率规划密切相关。为了减少同频道干扰,需要合理地选定蜂窝结构与频率规划,表现为系统设计中对同频道干扰因子 $Q$ 的选择。

FDMA 系统的特点如下:

①每信道占用一个载频,相邻载频之间的间隔应满足传输信号带宽的要求。为了在有限的频谱中增加信道数量,系统均希望间隔越窄越好。FDMA 信道的相对带宽较窄(25 kHz 或 30 kHz),每个信道的每一载波仅支持一个电路连接,也就是说 FDMA 通常在窄带系统中实现。

②符号时间与平均延迟扩展相比较是很大的。这说明符号间干扰的数量低,因此在窄带 FDMA 系统中无须自适应均衡。

③基站复杂庞大,重复设置收发信设备。基站有多少信道,就需要多少部收发信机,同时需用天线共用器,功率损耗大,易产生信道间的互调干扰。

④FDMA 系统每个载波单个信道的设计,使得在接收设备中必须使用带通滤波器允许指定信道里的信号通过,滤除其他频率的信号,从而限制邻近信道间的相互干扰。

⑤越区切换较为复杂和困难。因为在 FDMA 系统中,分配好语音信道后,基站和移动台都是连续传输的,所以在越区切换时,必须瞬时中断传输数十至数百毫秒,把通信从一个频率切换到另一频率。对于语音,瞬时中断问题不大,但对于数据传输则将带来数据的丢失。

## 7.3.2 时分多址 TDMA

TDMA 是在一个宽带的无线载波上,把时间分成周期性的帧,每一帧再分割成若干时隙(无论帧或时隙都是互不重叠的),每个时隙就是一个通信信道,分配给一个用户,如图 7.4 所示。系统根据一定的时隙分配原则,使各个移动台在每帧内只能按指定的时隙向基站发射信号(突发信号),在满足定时和同步的条件下,基站可以在各时隙中接收到各移动台的信号面互不干扰。同时,基站发向各个移动台的信号都按顺序安排在预定的时隙中传输,各移动台只要在指定的时隙内接收,就能在合路的信号(TDM 信号)中把发给它的信号区分出来。TDMA 的帧结构如图 7.5 所示。

TDMA 系统的特点如下:

①突发传输的速率高,远大于语音编码速率,每路编码速率设为 $R$ bit/s,共 $N$ 个时隙,则在这个载波上传输的速率将大于 $NR$ bit/s。这是因为 TDMA 系统中需要较高的同步开销。同步技术是 TDMA 系统正常工作的重要保证。

②发射信号速率随 $N$ 的增大而提高,如果达到 100 kbit/s 以上,码间串扰就将加大,必须采用自适应均衡,用以补偿传输失真。

③TDMA 用不同的时隙来发射和接收,因此不需双工器。即使用 FDD 技术,在用户单元内部的切换器,就能满足 TDMA 在接收机和发射机间的切换,因而不需使用双工器。

④基站复杂性减小。$N$ 个时分信道共用一个载波,占据相同带宽,只需一部收发信

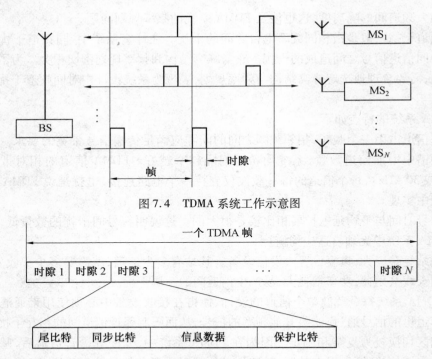

图 7.4　TDMA 系统工作示意图

图 7.5　TDMA 帧结构

机,互调干扰小。

　　⑤抗干扰能力强,频率利用率高,系统容量大。

　　⑥越区切换简单。由于在 TDMA 中移动台是不连续的突发式传输,所以切换处理对一个用户单元来说是很简单的。因为它可以利用空闲时隙监测其他基站,这样越区切换可在无信息传输时进行,因而没有必要中断信息的传输,即使传输数据也不会因越区切换而丢失。

### 7.3.3　码分多址 CDMA

　　CDMA 的技术基础是直接序列扩频技术(DSSS)。使用 CDMA 技术,用户可获得整个系统带宽,系统带宽比需要传送信息的带宽宽很多倍。DSSS 系统的优点是传输带宽超过相干带宽,解扩后可得到几个不同时延的信号。RAKE 接收机可恢复多个时延信号,组成一个信号,可以对低频深衰落起到固有时间分集的作用。这对于移动通信是很有效的,另一优势在于解决了频率再利用的干扰。另外它对移动用户的数目无硬性的限制。

　　在 CDMA 蜂窝通信系统中,用户之间的信息传输也是由基站进行转发和控制的。为了实现双工通信,正向传输和反向传输各使用一个频率,即通常所谓的频分双工。无论正向传输或反向传输,除了传输业务信息外,还必须传送相应的控制信息。为了传送不同的信息,需要设置相应的信道。但是,CDMA 通信系统既不分频道又不分时隙,无论传送何种信息的信道都靠采用不同的码型来区分。CDMA 通信系统的工作示意图,如图 7.6 所示。

　　码分多址系统为每个用户分配了各自特定的地址码,利用公共信道来传输信息。

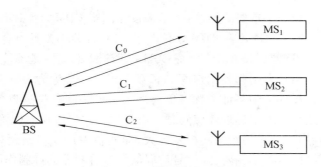

图 7.6　CDMA 通信系统的工作示意图

CDMA 系统的地址码相互具有准正交性以区别地址,而在频率、时间和空间上都可能重叠。系统的接收端必须有完全一致的本地地址码,用来对接收的信号进行相关检测。其他使用不同码型的信号,因为和接收机本地产生的码型不同而不能被解调,它们的存在类似于在信道中引入了噪声或干扰,通常称之为多址干扰。

CDMA 系统的特点如下:

①CDMA 系统的许多用户共享同一频率。不管使用的是 TDD 技术还是 FDD 技术。

②通信容量大:理论上讲,信道容量完全由信道特性决定,但实际的系统很难达到理想的情况,因而不同的多址方式可能有不同的通信容量。CDMA 是干扰限制性系统,任何干扰的减少都直接转化为系统容量的提高。因此一些能降低干扰功率的技术,如话音激活(Voice Activity)技术等,可以自然地用于提高系统容量。

③容量的软特性:FDMA 和 TDMA 系统中同时可接入的用户数是固定的,无法再多接入任何一个用户,而 DS-CDMA 系统中,多增加一个用户只会使通信质量略有下降,不会出现硬阻塞现象。

④由于信号被扩展在一较宽频谱上可以减小多径衰落。如果频谱带宽比信道的相关带宽大,那么固有的频率分集将减少快衰落的作用。

⑤在 CDMA 系统中,信道数据速率很高:因此码片(Chip)时长很短,通常比信道的时延扩展小得多,因为 PN 序列有低的自相关性,所以大于一个码片宽度的时延扩展部分,可受到接收机的自然抑制。另一方面,如采用分集接收最大比合并技术,可获得最佳的抗多径衰落效果。而在 TDMA 系统中,为克服多径造成的码间干扰,需要用复杂的自适应均衡,均衡器的使用增加了接收机的复杂度,同时影响到越区切换的平滑性。

⑥平滑的软切换和有效的宏分集。DS-CDMA 系统中所有小区使用相同的频率,这不仅简化了频率规划,也使越区切换得以完成。每当移动台处于小区边缘时,同时有两个或两个以上的基站向该移动台发送相同的信号,移动台的分集接收机能同时接收合并这些信号,此时处于宏分集状态。当某一基站的信号强于当前基站信号且稳定后,移动台才切换到该基站的控制上去,这种切换可以在通信的过程中平滑完成,称为软切换。

⑦低信号功率谱密度。在 DS-CDMA 系统中,信号功率被扩展到比自身频带宽度宽百倍以上的频带范围内,因而其功率谱密度大大降低。由此可得到两方面的好处:其一,具有较强的抗窄带干扰能力;其二,对窄带系统的干扰很小,有可能与其他系统共用频段,使有限的频谱资源得到更充分的使用。

CDMA 系统存在着两个重要的问题:一是来自非同步 CDMA 网中不同用户的扩频序列不完全正交,这一点与 FDMA 和 TDMA 不同,FDMA 和 TDMA 具有合理的频率保护带或保护时间,接收信号近似保持正交性,而 CDMA 对这种正交性是不能保证的。这种扩频码集的非零互相关系数会引起各用户间的相互干扰——常称为多址干扰 MAI,在异步传输信道以及多径传播环境中多址干扰将更为严重。另一问题是远近效应,许多移动用户共享同一载频信道就会发生远近效应问题。由于移动用户所在的位置处于动态的变化中,基站接收到的各用户信号功率可能相差很大,即使各用户到基站距离相等,深衰落的存在也会使到达基站信号各不相同,强信号对弱信号有着明显的抑制作用,会使弱信号的接收性能很差甚至无法通信。这种现象被称为远近效应。为了解决远近效应问题,在大多数 CDMA 实际系统中使用功率控制指令。蜂窝系统中由基站来提供功率控制指令,以保证在基站覆盖区内的每一个用户给基站提供相同功率的信号。这就解决了由于一个临近用户的信号过大而覆盖了远处用户信号的问题。

# 7.4 GSM 移动通信系统

GSM 移动通信系统(简称 GSM 系统)是第二代蜂窝系统的标准,它是为了解决欧洲第一代蜂窝系统四分五裂的状态而发展起来的。在 GSM 之前,欧洲各国采用不同的蜂窝标准,对于用户来说,不可能用一种制式的移动电话在整个欧洲进行通信。为了建立欧洲统一的数字移动通信标准,欧洲邮电联合会(CEPT)于 1982 年成立了移动通信特别小组(GSM),对开发第二代蜂窝系统的目标进行研究。GSM 通过对各个试验系统进行分析、论证和比较,于 1988 年提出了泛欧数字移动通信网标准,即 GSM 标准。任何一家厂商提供的 GSM 数字蜂窝移动通信系统都必须符合 GSM 技术规范。

**1. GSM 蜂窝系统组成**

GSM 蜂窝系统的网络结构如图 7.7 所示。由图可见,GSM 蜂窝系统的主要组成部分为网络子系统、基站子系统和移动台。

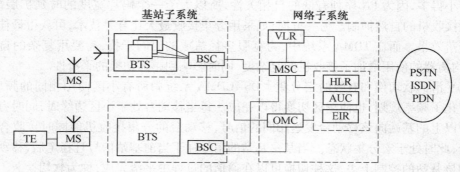

图 7.7　GSM 蜂窝系统的网络结构

(1)网络子系统(NSS)

①移动交换中心(MSC)。移动交换中心的主要功能是对位于本 MSC 控制区域内的移动用户进行通信控制和管理。蜂窝通信网络的核心,它是用于对覆盖区域中的移动台

进行控制和话音交换的功能实体,同时也为本系统连接到别的 MSC 和其他公用通信网络(如公用交换电信网 PSTN、综合业务数字网 ISDN 和公用数据网 PDN)提供链路接口。MSC 主要完成交换功能、计费功能、网络接口功能、无线资源管理与移动性能管理功能等,具体包括信道的管理和分配、呼叫的处理和控制、越区切换和漫游的控制、用户位置信息的登记与管理、用户号码和移动设备号码的登记和管理、服务类型的控制、对用户实鉴权、保证用户在转移或漫游的过程中实现无间隙的服务等。

②归属位置寄存器(HLR)。这是 GSM 系统的中央数据库,存储着该 HLR 控制区内所有移动用户的管理信息。其中包括用户的注册信息和有关各用户当前所处位置的信息等。每一个用户都应在入网所在地的 HLR 中登记注册。

③拜访位置寄存器(VLR)。这是一个动态数据库,记录着当前进入其服务区已登记的移动用户的相关信息,如用户号码、所处位置区域信息等。一旦移动用户离开该 VLR 服务区而在另一个 VLR 中重新登记时,该移动用户的相关信息即被删除。

④鉴权中心(AUC)。AUC 存储着鉴权算法和加密密钥,在确定移动用户身份和对呼叫进行鉴权、加密处理时,提供所需的三个参数(随机号码 RAND、符合响应 SRES、密钥 Kb),用来防止无权用户接入系统和保证通过无线接口的移动用户的通信安全。

⑤设备识别寄存器(EIR)。EIR 也是一个数据库,用于存储移动台的有关设备参数,主要完成对移动设备的识别、监视、闭锁等功能,以防止非法移动台的使用。目前,我国各移动运营商尚未启用 EIR 设备。

⑥操作维护中心(OMC)。OMC 用于对 GSM 系统进行集中操作、维护与管理,允许远程集中操作、维护与管理,并支持高层网络管理中心(NMC)的接口。具体又包括无线操作维护中心(OMC-R)和交换网络操作维护中心(OMC-S)。OMC 通过 X. 25 接口对 BSS 和 NSS 分别进行操作维护与管理,实现事件/告警管理、故障管理、性能管理、安全管理和配置管理功能。

(2)基站子系统(BSS)

基站子系统由多个基站收发信台(BTS)和基站控制器(BSC)组成。基站控制器是基站子系统的控制部分,承担各种接口的管理、无线资源的管理和无线参数的管理。基站收发信台是基站子系统的无线部分,由基站控制器控制,完成基站控制器与无线信道之间的转换,实现基站收发信台与移动台之间通过空中接口的无线传输和相关控制。

基站子系统是 GSM 系统中最基本的组成部分,它通过无线空中接口与移动台连接,负责无线发送、接收和无线资源管理。基站子系统与网络子系统中的移动业务交换中心(MSC)相连接,实现移动用户之间或移动用户和固定网络用户之间的通信连接,传送系统控制信息和用户信息等。

(3)移动台(MS)

移动台是 GSM 移动通信网中用户使用的设备。类型可分为车载台、便携式和手机。其中手机的用户将占移动用户的绝大多数。移动台通过无线接口接入 GSM 系统,即具有无线传输与处理功能。此外,移动台必须提供与使用者之间的接口,或者提供与其他一些终端设备(TE)之间的接口。

移动台另外一个重要的组成部分是用户识别模块(SIM),亦称 SIM 卡。它是一张符合 ISO(开放系统互连)标准的"智慧"磁卡,其中包含与用户有关的无线接口的信息,也包括鉴权和加密的信息。使用 GSM 标准的移动台都需要插入 SIM 卡,只有当处理异常的紧急呼叫时,可以不用 SIM 卡。

**2. GSM 蜂窝系统特点**

GSM 系统的基本特点可归纳如下:

①高的频谱效率。由于采用高效调制器、信道编码、交织、均衡和话音编码技术,使系统具备高频谱效率。

②大容量。由于每个信道的传输带宽增加,使同频复用载干比要求降低到 9 dB,故 GSM 系统的同频复用模式可以缩小到 4×3 或 3×3 甚至更小。

③高的话音质量。鉴于数字传输技术的特点以及 GSM 规范中有关空中接口和话音编码的定义,在门限值以上,话音质量总是可以达到相应的水平面,与无线传输质量无关。

④开放的接口。现有的 GSM 网络采用 7 号信令系统,并采用与 ISDN 用户网络接口一致的三层分层协议,这样易于与 PSTN、ISND 等公共电信网络实现互通,同时便于功能扩展和引入各种 ISDN 业务。

⑤基于 SIM 卡的安全鉴权和漫游功能。

⑥完备的规范和应用的广泛性。

# 7.5　CDMA 移动通信系统

CDMA 技术的出现源自于人类对更高质量无线通信的需求。第二次世界大战期间因战争的需要而研究开发出 CDMA 技术,其初衷是防止敌方对己方通信的干扰,在战争期间广泛应用于军事抗干扰通信,后来由美国高通公司更新成为商用蜂窝电信技术。1995年,第一个 CDMA 商用系统运行之后,CDMA 技术理论上的诸多优势在实践中得到了检验,从而在北美、南美和亚洲等地得到了迅速推广和应用。全球许多国家和地区,包括中国香港、韩国、日本、美国都已建有 CDMA 商用网络。在美国和日本,CDMA 成为国内的主要移动通信技术。在美国,10 个移动通信运营公司中有 7 家选用 CDMA。韩国有 60%的人口成为 CDMA 用户。在澳大利亚主办的第 28 届奥运会中,CDMA 技术更是发挥了重要作用。CDMA 技术的标准化经历了几个阶段。IS-95 是 cdmaOne 系列标准中最先发布的标准,真正在全球得到广泛应用的第一个 CDMA 标准是 IS-95A,这一标准支持 8k 编码话音服务。其后又分别出版了 13k 话音编码器的 TSB74 标准,支持 1.9 GHz 的 CDMA PCS 系统的 STD-008 标准,其中 13k 编码话音服务质量已非常接近有线电话的话音质量。随着移动通信对数据业务需求的增长,1998 年 2 月,美国高通公司宣布将 IS-95B 标准用于 CDMA 基础平台上。IS-95B 可提供 CDMA 系统性能,并增加用户移动通信设备的数据流量,提供对 64 kbit/s 数据业务的支持。其后,cdma2000 成为窄带 CDMA 系统向第三代系统过渡的标准。cdma2000 在标准研究的前期,提出了 $1x$ 和 $3x$ 的发展策略,但随后的研究表明,$1x$ 和 $1x$ 增强型技术代表了未来发展方向。

**1. CDMA 蜂窝系统组成**

CDMA 蜂窝移动通信网的系统结构如图 7.8 所示。

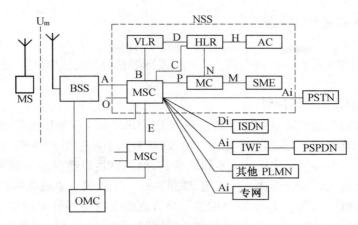

图7.8 CDMA系统结构

从图中可以看出,CDMA系统包含三大子系统,即移动台子系统(MS)、基站子系统(BSS)和网络交换子系统(NSS),其中A、Um、B、C、D、E、H、M、N、O、P均为各功能实体间的接口。另外,CDMA数字移动通信系统还可实现与其他通信网络的互连,Ai、Di即为与其他通信网络互连的接口。与GSM网类似,CDMA数字蜂窝移动通信系统的主要功能单元如下:

(1)移动台(MS)

移动台包括车载台和手持机,由移动终端(MT)和用户识别模块(UIM)组成,通过Um接口接入网络。UIM卡的原理及构造与GSM网中的SIM卡类似,用于移动用户身份认证、网络管理和加密等。在全球众多的CDMA数字蜂窝移动通信网中,中国联通CDMA网率先引入UIM卡技术,成功实现了"机卡分离",大大促进了CDMA移动通信终端市场的发展。

(2)基站子系统(BSS)

基站子系统由一个集中基站控制器(CBSC)和若干个基站收发信机(BTS)组成。CBSC又包含码转换器(XC)和移动管理器(MM),此外,BSS还包括一个无线操作维护中心(OMC-R)。CBSC用于完成无线网络资源管理、小区配置数据管理、接口管理、测量、呼叫控制、定位与切换等功能。

(3)移动交换中心(MSC)

移动交换中心是对其所覆盖区域中的移动台进行控制交换、移动性管理的功能实体,也是移动通信系统与其他公共通信网实现互连的接口。

(4)拜访位置寄存器(VLR)

拜访位置寄存器中存放着其控制区域内所有拜访的移动用户信息,这些信息含有MS建立和释放呼叫以及提供漫游和补充业务管理所需的全部数据。

(5)归属位置寄存器(HLR)

归属位置寄存器是运营者用于管理移动用户的数据库。HLR中存放着该HLR控制的所有移动用户的数据以及每个移动用户的路由信息和状态信息。每个移动用户都应在其入网地的HLR进行注册登记。

### 2. CDMA 蜂窝系统特点

（1）系统容量大

理论上 CDMA 移动网比模拟网大 20 倍，实际要比模拟网大 10 倍，比 GSM 要大 4～5 倍。

（2）系统容量的灵活配置

系统容量的灵活配置与 CDMA 的机理有关。CDMA 是一个自扰系统，所有移动用户都占用相同带宽和频率，我们打个比方，我们将带宽想象成一个大房子。所有的人将进入唯一的大房子。如果他们使用完全不同的语言，他们就可以清楚地听到同伴的声音而只受到一些来自别人谈话的干扰。在这里，屋里的空气可以被想象成宽带的载波，而不同的语言即被当作编码，我们可以不断地增加用户直到整个背景噪音限制住了我们。如果能控制住用户的信号强度，在保持高质量通话的同时，我们就可以容纳更多的用户。

（3）通话质量好

CDMA 系统话音质量很高，声码器可以动态地调整数据传输速率，并根据适当的门限值选择不同的电平级发射。同时门限值根据背景噪声的改变而变化，这样即使在背景噪声较大的情况下，也可以得到较好的通话质量。另外，CDMA 系统采用软切换技术，"先连接再断开"，这样完全克服了硬切换容易掉话的缺点。

（4）频率规划简单

用户按不同的序列码区分，所以不相同 CDMA 载波可在相邻的小区内使用，网络规划灵活，扩展简单。

（5）延长手机电池寿命

采用功率控制和可变速率声码器，手机电池使用寿命延长。

（6）建网成本下降

# 7.6　移动通信新技术

近年来移动用户对高速率数据业务如网页浏览、视频传输等需求的提高，促使了移动通信系统的高速发展。第三代移动通信系统 IMT-2000 的出现使得这些需求在一定程度上得到满足，例如可以提供相比 2G 更大容量、更高质量的通信服务，并支持一定的多媒体应用。但是随着移动通信业务和需求的迅猛发展，以码分多址技术为核心的传统 3G 系统将无法满足需求。数字信号处理技术的飞速发展使得正交频分复用（OFDM）技术逐渐得以实用，并受到广泛关注。3GPP 于 2004 年底启动了长期演进（Long Term Evolution，LTE）项目，以确保其通用移动通信系统（Universal Mobile Telecommunication System，UMTS）的长期竞争力。3GPP2 随后跟进，于 2005 年初启动了空中接口演进（Air Interface Evolution，AIE）项目。可以将 3GPP LTE 和 3GPP2 AIE 项目统称为演进型 3G 技术，它通过引入 OFDM、MIMO 等无线通信新技术，对 3G 核心技术进行了大规模革新。

目前看来，第三代移动通信系统 IMT-2000 的后续演进路线主要有三个（图 7.9）：一是 3GPP 的 WCDMA 和 TD-SCDMA，均从 HSPA 演进至 HSPA+，进而到 LTE；二是 3GPP2 的 cdma2000，由 EV-DO Rev. O/Rev. A/Rev. B 最终到 UMB；三是 IEEE 的 WiMAX，由

802.16e 演进到 802.16m。这其中 LTE 拥有最多的支持者,WiMAX 次之,UMB 则支持者很少。在 2008 年移动世界大会(MWC)上 LTE 略胜一筹,基本确立了其在向 4G 发展中的核心地位。

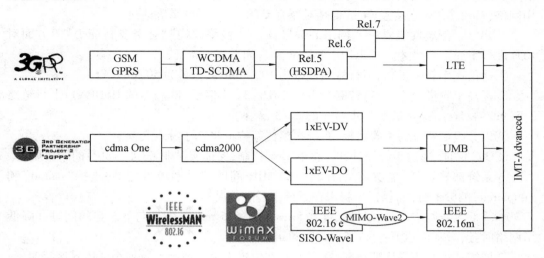

图 7.9　3G 系统后续演进路线

### 7.6.1　LTE 系统

　　LTE 是由 3GPP 组织制定的 UMTS 技术标准的长期演进,于 2004 年 12 月 3GPP 多伦多 TSG RAN#26 会议上正式立项并启动。LTE 系统引入了 OFDM 和多天线 MIMO 等关键传输技术,显著增加了频谱效率和数据传输速率(峰值速率能够达到上行 50 Mbit/s,下行 100 Mbit/s),并支持多种带宽分配:1.4 MHz、3 MHz、5 MHz、10 MHz、15 MHz 和 20 MHz 等,频谱分配更加灵活,系统容量和覆盖显著提升。LTE 无线网络架构更加扁平化,减小了系统时延,降低了建网成本和维护成本。LTE 系统支持与其他 3GPP 系统互操作。

　　LTE 项目是 3G 的演进,并非人们普遍误解的 4G 技术,而是 3G 与 4G 技术之间的一个过渡,是 3.9G 的全球标准,它改进并增强了 3G 的空中接口技术,采用 OFDM 和 MIMO 作为其无线网络演进的唯一标准,这种以 OFDM/FDMA 为核心的技术可以被看作"准 4G"技术。在 20 MHz 频谱带宽下能够提供下行 100 Mbit/s 与上行 50 Mbit/s 的峰值速率。改善了小区边缘用户的性能,提高小区容量和降低系统延迟。

　　这种以 OFDM/MIMO 为核心的技术可以被看作"准 4G"技术。3GPP LTE 项目的主要性能目标包括:在 20 MHz 的频谱带宽下提供下行 326 Mbit/s、上行 86 Mbit/s 的峰值速率;改善小区边缘用户的性能;提高小区容量;降低系统延迟,用户平面内的单向传输时延低于 5 ms,控制平面从睡眠状态到激活状态的迁移时间低于 50 ms,从驻留状态到激活状态的迁移时间小于 100 ms;支持最大 100 km 半径的小区覆盖;能够为 350 km/h、最高 500 km/h高速移动的用户提供大于 100 kbit/s 的接入服务;支持成对或非成对频谱,并可灵活配置从 1.25 MHz 到 20 MHz 多种带宽。

　　3GPP 初步确定 LTE 的架构,也叫演进型 UTRAN 结构(E-UTRAN)。接入网主要由演进型 NodeB(eNodeB)和接入网关(Access Gateway,简称 AGW)两部分构成。AGW 是一个边界节点,若将其视为核心网的一部分,则接入网主要由 eNodeB 一层构成。eNodeB 不仅具有原来 NodeB 的功能,还能完成原来 RNC 的大部分功能。NodeB 和 NodeB 之间将采用网格(Mesh)方式直接互连,这也是对原有 UTRAN 结构的重大改进。

3GPP 从"系统性能要求""网络的部署场景""网络架构""业务支持能力"等方面对 LTE 进行了详细的描述。与 3G 相比,LTE 具有如下技术特征:

①通信速率有了提高,下行峰值速率为 100 Mbit/s、上行为 50 Mbit/s。

②提高了频谱效率,下行链路 5(bit/s)/Hz(3~4 倍于 R6 版本的 HSDPA);上行链路 2.5(bit/s)/Hz,是 R6 版本 HSU-PA 的 2~3 倍。

③以分组域业务为主要目标,系统在整体架构上将基于分组交换。

④QoS 保证,通过系统设计和严格的 QoS 机制,保证实时业务(如 VoIP)的服务质量。

⑤系统部署灵活,能够支持 1.25~20 MHz 间的多种系统带宽,并支持"paired"和 "unpaired"的频谱分配,保证了将来在系统部署上的灵活性。

⑥降低无线网络时延:子帧长度 0.5 ms 和 0.675 ms,解决了向下兼容的问题并降低了网络时延,时延可达 U-plan<5 ms,C-plan<100 ms。

⑦增加了小区边界比特速率,在保持基站位置不变的情况下增加小区边界比特速率,如 MBMS(多媒体广播和组播业务)在小区边界可提供 1 bit/s/Hz 的数据速率。

⑧强调向下兼容,支持已有的 3G 系统和非 3GPP 规范系统的协同运作。

与 3G 相比,LTE 更具技术优势,具体体现在:高数据速率、分组传送、延迟降低、广域覆盖和向下兼容。

LTE 是现有 3G 移动通信技术在 4G 应用前的最终版本,采用了很多原计划用于 4G 的技术如 OFDM、MIMO 等,在一定程度上可以说是 4G 技术在 3G 频段上的应用。和现有的 3G 及 3G+技术相比,LTE 除了具有技术上的优越性之外,也提供了更加接近 4G 的一个台阶,使得向未来 4G 的演进相对平滑,是现有 3G 技术向 4G 演进的必经之路。

### 7.6.2　IMT-Advanced 系统

2012 年 1 月 18 日,国际电信联盟在 2012 年无线电通信全会全体会议上,正式审议通过将 LTE-Advanced 和 WirelessMAN-Advanced(802.16m)技术规范确立为 IMT-Advanced (俗称"4G")国际标准,我国主导制定的 TD-LTE-Advanced 同时成为 IMT-Advanced 国际标准。

从 2009 年初开始,ITU 在全世界范围内征集 IMT-Advanced 候选技术。2009 年 10 月,ITU 共计征集到了六个候选技术。这六个技术基本上可以分为两大类:一是基于 3GPP 的 LTE 的技术,我国提交的 TD-LTE-Advanced 是其中的 TDD 部分;另外一类是基于 IEEE 802.16m 的技术。

ITU 在收到候选技术以后,组织世界各国和国际组织进行了技术评估。在 2010 年 10 月份,在我国重庆,ITU-R 下属的 WP5D 工作组最终确定了 IMT-Advanced 的两大关键技术,即 LTE-Advanced 和 802.16m。我国提交的候选技术作为 LTE-Advanced 的一个组成部分,也包含在其中。在确定了关键技术以后,WP5D 工作组继续完成了电联建议的编写工作,以及各个标准化组织的确认工作。此后 WP5D 将文件提交上一级机构审核,SG5 审核通过以后,再提交给全会讨论通过。

在此次会议上,TD-LTE 正式被确定为 4G 国际标准,也标志着我国在移动通信标准制定领域再次走到了世界前列,为 TD-LTE 产业的后续发展及国际化提供了重要基础。

TD-LTE-Advanced 是我国自主知识产权 3G 标准 TD-SCDMA 的发展和演进技术。TD-SCDMA 技术于 2000 年正式成为 3G 标准之一,但在过去发展的十几年中,TD-SCDMA 并没有成为真正意义上的"国际"标准,无论是在产业链发展、国际发展等方面都非常滞后,而 TD-LTE 的发展明显要好得多。

据了解,2010 年 9 月,为适应 TD-SCDMA 演进技术 TD-LTE 发展及产业发展的需要,我国加快了 TD-LTE 产业研发进程,工业和信息化部率先规划 2 570 ~ 2 620 MHz(共 50 MHz)频段用于 TDD 方式的 IMT 系统,在良好实施 TD-LTE 技术试验的基础上,于 2011 年初在广州、上海、杭州、南京、深圳、厦门六城市进行了 TD-LTE 规模技术试验; 2011 年底在北京启动了 TD-LTE 规模技术试验演示网建设。与此同时,随着国内规模技术试验的顺利进展,国际电信运营企业和制造企业纷纷看好 TD-LTE 发展前景。

目前,日本软银、沙特阿拉伯 STC、Mobily、巴西 Sky Brazil、波兰 Aero2 等众多国际运营商已经开始商用或者预商用 TD-LTE 网络。同时,国际主流的电信设备制造商基本全部支持 TD-LTE,而在芯片领域,TD-LTE 已吸引 17 家厂商加入,其中不乏高通等国际芯片市场的领导者。

4G 通信系统的这些特点,决定了它将采用一些不同于 3G 的技术。对于 4G 中将使用的核心技术,业界并没有太大的分歧。总结起来,有以下几种。

**1. 正交频分复用(OFDM)技术**

OFDM 是一种无线环境下的高速传输技术,其主要思想就是在频域内将给定信道分成许多正交子信道,在每个子信道上使用一个子载波进行调制,各子载波并行传输。尽管总的信道是非平坦的,即具有频率选择性,但是每个子信道是相对平坦的,在每个子信道上进行的是窄带传输,信号带宽小于信道的相应带宽。OFDM 技术的优点是可以消除或减小信号波形间的干扰,对多径衰落和多普勒频移不敏感,提高了频谱利用率,可实现低成本的单波段接收机。

**2. 软件无线电**

软件无线电的基本思想是把尽可能多的无线及个人通信功能通过可编程软件来实现,使其成为一种多工作频段、多工作模式、多信号传输与处理的无线电系统。也可以说,是一种用软件来实现物理层连接的无线通信方式。

**3. 智能天线技术**

智能天线具有抑制信号干扰、自动跟踪以及数字波束调节等智能功能,是未来移动通信的关键技术。智能天线应用数字信号处理技术,产生空间定向波束,使天线主波束对准用户信号到达方向,旁瓣或零陷对准干扰信号到达方向,达到充分利用移动用户信号并消除或抑制干扰信号的目的。这种技术既能改善信号质量又能增加传输容量。

### 4. 多输入多输出(MIMO)技术

MIMO 是指利用多发射、多接收天线进行空间分集的技术,它采用的是分立式多天线,能够有效地将通信链路分解成为许多并行的子信道,从而大大提高容量。信息论已经证明,当不同的接收天线和不同的发射天线之间互不相关时,MIMO 系统能够很好地提高系统的抗衰落和噪声性能,从而获得巨大的容量。在功率带宽受限的无线信道中,MIMO技术是实现高数据速率,提高系统容量、传输质量的空间分集技术。

### 5. 基于 IP 的核心网

4G 移动通信系统的核心网是一个基于全 IP 的网络,可以实现不同网络间的无缝互连。核心网独立于各种具体的无线接入方案,能提供端到端的 IP 业务,能同已有的核心网和 PSTN 兼容。核心网具有开放的结构,能允许各种空中接口接入核心网;同时核心网能把业务、控制和传输等分开。采用 IP 后,所采用的无线接入方式和协议与核心网络(CN)协议、链路层是分离独立的。IP 与多种无线接入协议相兼容,因此在设计核心网络时具有很大的灵活性,不需要考虑无线接入究竟采用何种方式和协议。

## 习　　题

7.1　移动通信的特点是什么?

7.2　移动信道的特性是什么?

7.3　移动通信中应用的多址方式有哪些?

7.4　FDMA 系统的特点是什么?

7.5　TDMA 系统的特点是什么?

7.6　CDMA 系统的特点是什么?

7.7　简述 GSM 蜂窝系统的组成。

7.8　GSM 蜂窝系统的特点是什么?

7.9　简述 CDMA 蜂窝系统的组成。

7.10　CDMA 蜂窝系统的特点是什么?

7.11　第三代移动通信系统 IMT-2000 的后续演进路线主要有哪些?

7.12　4G 中使用的核心技术有哪些?

# 第 8 章

# 多媒体通信技术

多媒体通信技术是将声音、文字、图像和视频等信息融合在一起，综合进行处理的技术。本章将对多媒体通信的基本概念、关键技术、音频信息和图像信息的处理技术进行介绍。

## 8.1　多媒体通信的基本概念

### 8.1.1　多媒体的概念

"媒体"即信息的载体，是指信息传递和存储的最基本的技术和手段。媒体可以划分为以下五大类：

（1）感觉媒体

感觉媒体是指人类通过听觉、视觉、嗅觉、味觉和触觉器官等感觉器官直接感知其信息内容的一类媒体，包括声音、文字、图像、气味、温度等。

（2）表示媒体

表示媒体是指用于数据交换的编码表示，其目的是为了能有效地加工、处理、存储和传输感觉媒体，包括图像编码、文本编码、音频编码等。

（3）显示媒体

显示媒体是指进行信息输入和输出的媒体。输入媒体包括键盘、鼠标、摄像头、话筒、扫描仪、触摸屏等；输出媒体包括显示屏、打印机、扬声器等。

（4）存储媒体

存储媒体是指进行信息存储的媒体，包括硬盘、光盘、软盘、磁带、ROM、RAM 等。

（5）传输媒体

传输媒体是指承载信息，将信息进行传输的媒体，包括双绞线、同轴电缆、光缆、无线电链路等。

在多媒体技术中的"多媒体"通常是指感觉媒体的组合，即声音、文字、图像、数据等各种媒体的组合。

### 8.1.2　多媒体通信终端

多媒体终端主要有两种形式：一种是以计算机为基础加以扩充，使其具备多媒体信息的加工处理能力,即多媒体计算机终端;另一种是采用特定的软硬件设备制成的针对某种具体应用的专用设备,如多媒体会议终端和各种机顶盒以及可视电话、远程医疗中使用的各种专用终端等。

**1. 多媒体计算机终端**

多媒体计算机终端是以计算机为核心,向外延伸出多媒体信息处理部分、输入输出部分、通信接口等部分的终端设备,进行不同的配置就可以实现可视电话、会议电视、可视图文、Internet 等终端的功能。

**2. 机顶盒**

机顶盒的基本功能是能接收通过 HFC 或 ADSL 等接入网传输的下行数据,并对其进行解调、纠错解扰、解压缩等操作。机顶盒一般包括以下几个功能:

(1)人机交互控制功能

机顶盒的人机交互控制功能一般是通过遥控键盘或遥控器来实现的,它除了具备一般键盘所具有的功能以外,还必须能够通过遥控器实现对所播放节目的控制,如快进、快退、播放、暂停、慢放等控制。

(2)通信功能

一般来讲,机顶盒应具备不对称的双向通信能力,即较宽的下行通道和较窄的上行通道,且每个方向上应至少有一个控制通道和一个数据通道。

(3)信号解码功能

由于机顶盒的最主要功能是完成数字视音频信息的接收,因此压缩视音频信息的解码在机顶盒中占有重要的地位。

(4)互联网浏览功能

机顶盒的发展趋势是朝微型电脑发展,成为一个多功能服务的工作平台。用户通过机顶盒即可实现视频点播、数字电视接收、Internet 访问等多媒体信息服务。

(5)信息显示功能

一般来说,机顶盒必须具备视频信号输出接口,以完成和电视机的连接。信息显示功能除了要完成活动视频图像信号的显示之外,还要实现菜单文字或静止图像及图标的显示。

**3. 可视电话终端**

可视电话按照所使用的通信网络来划分,主要包括基于 ISDN 的可视电话、基于分组交换的计算机局域网和 Internet 网络可视电话,以及基于 PSTN 的可视电话。可视电话所使用的终端有基于计算机的可视电话终端和专用可视电话终端。可视电话终端可以实时传输视频、音频等多媒体信息。

### 8.1.3 多媒体通信的特点

所谓多媒体技术就是计算机交互式综合处理多媒体信息,使多种信息建立逻辑连接,集成为一个系统并具有交互性。多媒体通信系统的应用非常广泛,可以提供 VOD 视频点播、远程教学、远程办公、远程医疗、多媒体电子邮件、可视电话、视频会议、数字图书馆、电子百科书等多种多样的业务。

多媒体通信的主要特点包括以下几个方面：

（1）集成性

多媒体通信系统需要将声音、文字、图像等多种不同的媒体信息有机地组合在一起。

（2）交互性

交互性是指在通信系统中人与系统之间的相互控制能力。交互性为用户提供了对通信全过程完备的交互控制能力，是多媒体通信系统区别于其他通信系统的重要标志。

（3）同步性

同步性是指多媒体通信终端上显示的声音、图像和文字等必须以时空上的同步方式进行工作。这是多媒体系统与多种媒体系统之间相互区别的根本标志。

### 8.1.4　多媒体通信对网络的要求

多媒体通信对网络的要求主要包括以下几个方面：

（1）传输带宽要求

多媒体数据包含文本、音频和视频等，数据量非常大，尤其是图像、视频，尽管采用了压缩算法，但还是有很大的数据量，因此不仅需要很大的存储容量，在传输时也需要很大带宽。

（2）实时性要求

多媒体数据中有相当一部分数据是连续性的媒体数据，如音频和视频，这些媒体数据对实时性的要求很高，即要求传输的时延和时延抖动小。在分组交换中，分组之间的时延抖动小于 10 ms 时图像才有连续感。在交互式的多媒体应用中，端到端时延在 100～500 ms 之间，通信双方才会有“实时”的感觉。实时性不仅与传输带宽有关，还会受到通信协议的影响。

（3）可靠性要求

由于在多媒体通信系统中对所传输的信息大都采取了压缩编码的措施，因此对网络误码性能的要求很高。例如，压缩的活动图像可接受的误码率为小于 $10^{-6}$，误块率应小于 $10^{-9}$。

（4）支持多种通信模式

多媒体通信业务多种多样，不同类型的业务有着不同的特点，网络应当能够将不同的业务有机结合起来，提供和支持多种通信模式，如点到点、点到多点、多点到多点，并完成相关管理任务。

## 8.2　多媒体通信系统中的关键技术

多媒体通信涉及的关键技术有多种，其中比较重要的有多媒体信息的输入输出技术、多媒体数据的压缩技术、多媒体信息存储技术、多媒体数据库及其检索技术以及多媒体同步技术等。

### 1. 多媒体信息的输入输出技术

多媒体信息的输入与输出主要体现在用户和多媒体系统之间进行交互的多媒体终端上。多媒体信息的输入输出主要包括字符的输入输出、图形图像的输入输出、音频信息的输入输出以及视频信息的输入输出。常见的多媒体信息输入设备有键盘、扫描仪、数码相机、数码摄像机等;常见的多媒体信息输出设备有显示器、投影仪等。随着技术的进步,多媒体数据的输入和输出技术越来越多样化,文字识别、语音识别、图形识别等技术的运用,使人们能够更方便地使用多媒体终端。

### 2. 多媒体数据的压缩技术

多媒体信息数字化后的数据量非常巨大,尤其是视频信号。为了节省存储空间,充分利用有限的信道容量传输更多的多媒体信息,必须对多媒体数据进行压缩。多媒体技术中涉及的音频压缩编码标准主要有 G. 711、G. 721、G. 722、G. 728、G. 729、G. 723. 1 等。有关图像压缩编码的标准主要有 JPEG、H. 261、H. 262、H. 263、MPEG-1、MPEG-2、MPEG-4 等。

### 3. 多媒体信息存储技术

尽管采用了数据压缩技术,多媒体信息的数据量仍然非常大,并且多媒体信息传输对实时性的要求较高,因此要求存储设备的存储容量足够大,还要保证存储设备的速度要足够快,带宽要足够宽。满足上述要求的存储设备主要有硬盘、光盘、磁带、冗余磁盘阵列和存储区域网络等。

### 4. 多媒体数据库及其检索技术

随着多媒体技术的发展,传统的关系型数据库管理系统逐渐暴露出了它的局限性,主要有以下三方面:

①多媒体数据所包含的信息量非常大,采用人工注释的方式难以对其进行准确描述。

②多媒体数据随时变化,难以统计和预测。

③多媒体数据内部有各种复杂的时域、空域以及基于内容的约束关系,传统的数据库系统未曾涉及这些方面。

在这种背景下,新的多媒体数据库系统和基于内容的多媒体信息检索方法应运而生。所谓基于内容的检索,就是从媒体数据库中提取出特定的信息检索,然后根据这些线索从大量存储在数据库中的媒体进行查找,检索出具有相似特征的媒体数据。它的研究目标是提供在没有人类参与的情况下能自动识别或理解图像重要特征的算法。目前,基于内容的多媒体信息检索的主要工作集中在识别和描述图像的颜色、纹理、形状和空间关系上,对于视频数据,还有视频分割、关键帧提取、场景变换探测以及故事情节重构等问题。

### 5. 多媒体同步技术

在多媒体系统中集成了多种不同时态特征的媒体,如视频、音频和动画等依赖于时间的时基媒体,文本、静止图像、表格等独立于时间的非时基媒体。多媒体同步就是保持和维护各种媒体对象之间以及各种媒体对象内部所存在的时态关系。多媒体的同步类型分为上层同步、中层同步和底层同步。上层同步也称作表现级同步或交互同步,也即用户级同步。在这一级,用户可以对各个媒体进行控制和编排,如在多媒体幻灯片的演示过程中,使用者可以根据需要对演示过程进行控制。中层同步是信息合成同步,也就是不同类型媒体数据之间的合成,也称为媒体间的同步。比如,在可视电话应用中,音频数据和视频数据必须从始至终在终端上以同步的方式表现。底层同步是系统同步,也称为媒体内部同步。该层同步主要完成各媒体对象内数据流间的时序关系。

常用的媒体间同步方法有以下三种:

(1)时间戳法

时间戳法既可用于多媒体通信,也可用于多媒体数据的存取。在发送或存储多媒体数据时,将各个媒体都按时间顺序分成若干小段,放在同一时间轴上,每个单元都做一个时间记号,即时间戳,处于同一时标的各个媒体单元具有相同的时间戳。这样,各个媒体到达收端或取出时,具有相同时间戳的媒体单元同时进行表现,由此达到媒体之间同步的目的。

(2)同步标记法

同步标记法是在发送时在媒体流中插入同步标记,接收时按同步标记来对各个媒体流进行同步处理。同步标记法有两种实现方法:一种是同步标记用另外一个辅助信道来传输,另一种是插入同步标记法,即同步标记和媒体数据在同一个媒体流中传输。

(3)多路复用同步法

多路复用同步法将多个媒体流的数据复用到一个数据流或一个报文中,从而使它们在多媒体传输中自然保持着媒体间的相互关系,以达到媒体间同步的目的。

# 8.3　音频信息处理技术

音频信息是指自然界中各种音源发出的可闻声和由计算机通过专门设备合成的语音或音乐,包括语音、音乐和效果声。据统计,人类从外界获得的信息大约有 16% 是从耳朵得到的,由此可见音频信息在人类获得信息方面的重要性。

## 8.3.1　音频信号特性和人的听觉特性

### 1. 音频信号特性

音频信号常用频率、声强等参数来描述。

不同类型发声体发出的音频信号的频谱分布各不相同。一般人讲话声音的能量分布较窄,以频带下降 25 dB 计大约为 100 Hz ~ 5 kHz。在电话通信中每一话路的频带一般限制在 300 Hz ~ 3.4 kHz,可将话音信号中的大部分能量发送出去,同时保持一定的可懂度和声色的平衡。相对于话音频谱,歌唱声的频谱要宽得多。各种乐器发声的频谱范围与人的发声器官相比明显要宽得多,电声设备的频带下限一般在 20 Hz 以下,频带上限一般在 20 kHz 以上。

实际声音信号的强度在一定的范围内随时发生着变化。一个声音信号的最大声强与最小声强之差称为该声音信号的动态范围。当按有效声压值表示时,一般话音信号的动态范围为 20 ~ 40 dB,交响乐、戏剧等声音的动态范围可高达 60 ~ 80 dB。

**2. 人的听觉特性**

（1）可闻声的频率范围

人类所能感受到的声音称为可闻声，其频率范围为 20 Hz～20 kHz。对低于 20 Hz 和高于 20 kHz 的声音人类是听不到的。低于 20 Hz 的声音称为次声，高于 20 kHz 的声音称为超声。

（2）人对声音强弱的感觉

人对声音强弱的感觉，主要取决于声音的强度。当声音的强度按指数规律增长时，人大体上会感到声音在匀速地增强。根据人类听觉的这一特点，通常用声强值或声压有效值的对数来表示声音的强弱，分别称为声强级或声压级，单位为分贝。另外，人对声音强弱的感觉还与声音的频率有关。人对 3 kHz～5 kHz 频率的声音最为敏感，而对低于 20 Hz 和高于 20 kHz 的声音，无论其声强级多高都无法听到。

（3）人对声音高低的感觉

人对声音高低的感觉，主要取决于声音的频率。当声音的频率按指数规律增长时，人大体上会感到音高在匀速地升高。因此，音阶的划分是对频率的对数进行等分得到的。

（4）人类听觉的掩蔽效应

通常人们在安静的环境中能够分辨出轻微的声音，而在嘈杂的环境中，轻微的声音会被嘈杂的声音掩蔽而不能听到。一个较弱的声音被另一个较强的声音所掩盖，而出现听不见的现象称为掩蔽效应。一般来说，频率低的声音比较容易掩蔽频率高的声音，而频率高的声音则较难掩蔽频率低的声音。

## 8.3.2　音频信息的压缩编码

音频信息的压缩编码方法可以分为波形编码、参数编码和混合编码三类。

**1. 波形编码**

波形编码是将时域模拟的音频信号通过采样、量化和编码形成数字信号，是基于对音频信号波形的数字化处理。波形编码的优点是实现简单、音质较好、适应性强等；缺点是话音信号的压缩程度不是很高，实现的码速率比较高。

波形编码信号的速率可以用下面的公式计算：

$$编码速率 = 采样频率 \times 编码比特数 \qquad (8.1)$$

采用波形编码时，话音信号的码速率一般在 16 kbit/s 至 64 kbit/s 之间，当码速率低于 32 kbit/s 的时候音质明显降低，低于 16 kbit/s 时音质就非常差了。

常见的波形编码方法有脉冲编码调制、增量调制编码、差值脉冲编码调制、自适应差分脉冲编码调制、子带编码和矢量量化编码等。

（1）差分脉冲编码调制

差分脉冲编码调制（Differential Pulse Code Modulation，DPCM）的基本出发点就是对相邻样值的差值进行量化编码。由于此差值比较小，可以为其分配较少的比特数，进而起到了压缩码速率的目的。在具体的实现过程中，是对样值与其对应的预测值的差值进行量化编码的。

若一个话音信号的样值序列为 $y_1, y_2, \cdots, y_{N-1}, y_N$，则当前样值 $y_N$ 的预测值可以表示为

$$\hat{y}_N = a_1 y_1 + a_2 y_2 + \cdots + a_{N-1} y_{N-1} = \sum_{i=1}^{N} a_i y_i \qquad (8.2)$$

其中，$a_1, a_2, \cdots, a_{N-1}$ 为预测系数，当前样值与其预测值的差值为

$$e_N = y_N - \hat{y}_N \qquad (8.3)$$

差分脉冲编码调制就是对一系列差值进行量化编码。由于话音信号相邻样值之间有很强的相关性，所以预测值与实际值是很接近的，其差值很小，因此可以用比较少的比特数来进行编码表示。

（2）自适应差分脉冲编码调制

自适应差分脉冲编码调制（Adaptive Differential Pulse Code Modulation，ADPCM）将自适应量化技术和自适应预测技术结合在一起用于差分脉冲编码调制 DPCM 中，从而进一步提高编码的性能。在 ADPCM 方式中，量化间隔和预测系数能够随输入信号的统计特性自适应地进行调整。为了减小量化噪声，量化间隔通常正比于输入信号的方差。

（3）子带编码

子带编码（Sub-Band Coding，SBC）的基本思想是将输入信号分解为若干个子频带，然后对各个子带分量根据其不同的统计特性采取不同的压缩策略，以降低码率。SBC 的原理如图 8.1 所示。

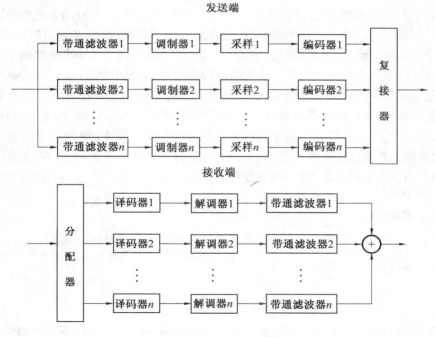

图 8.1　子带编码原理

在音频子带编码中，根据音频信号自身的特性和人的听觉特性将音频信号的频带进行划分，各个子带根据其重要程度区别对待。

（4）矢量量化编码

矢量量化（Vector Quantization，VQ）编码是一种限失真编码，其基本思想是将若干个标量数据组构成一个矢量，然后在矢量空间给以整体量化编码。

矢量量化编码及解码原理如图 8.2 所示。在发送端，首先将音频信号的样值序列按某种方式进行分组，假定每 $k$ 个样值分为一组，这样的一组样值就构成了一个 $k$ 维矢量。不同的矢量对应不同的码字，把所有这些码字进行排列，可以形成一个表，称为码本或码书。每个码字有对应的下标，用二进制数来表示。在矢量量化编码方法中，所传输的不是对应的码字，而是对应每个码字的下标。由于下标的数据量相比于码字本身来说要小得多，因此可以实现数据的压缩。在接收端根据矢量码本，可将收到的码字下标恢复为对应的矢量。

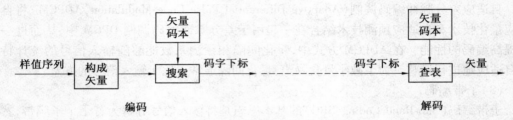

图 8.2　矢量量化编码及解码原理

**2. 参数编码**

参数编码又称声源编码，是将音频信号以某种模型表示，再提取出合适的模型参数进行编码。参数编码的优点是压缩程度高，语音编码速率较低；缺点是音质较差，实现比较复杂。采用参数编码时，话音信号的码速率一般在 2 kbit/s 至 9.6 kbit/s 之间。

话音可以划分为浊音和清音。浊音为准周期波形，其基音周期为 3～15 ms。浊音的频谱能量主要集中在话音带的低端，在基音点和基音谐波点上有小峰点。清音的波形类似随机起伏噪声，没有准周期特性，频谱能量主要集中在话音带的高端，无谐波峰点。

话音信号的产生过程可以抽象为图 8.3 的数学模型。图中，周期信号源表示浊音激励源；随机噪声源表示清音激励源；清/浊音开关用来选择话音的种类；G 为系统增益系数，它的大小决定着话音的强度；时变数字滤波器对应于物理声道，代表着声道的特性。

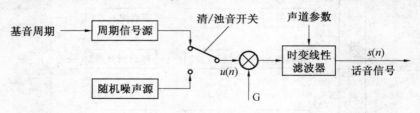

图 8.3　话音信号数学模型

参数编码的典型代表是线性预测编码（Linear Prediction Coding，LPC）。LPC 以图 8.3 所示的话音信号数学模型为基础，认为不同话音是由不同的激励信号参数和声道滤波器参数所决定。对于 LPC，话音信号数学模型中的时变数字滤波器为离散时间全极点滤波器，其传输函数为

$$H(Z) = \frac{1}{1 - \sum_{i=1}^{N} a_i Z^{-i}} \qquad (8.4)$$

式中　　$H(Z)$——传输函数的 $Z$ 变换形式;

　　　　$a_i$——滤波器的系数。

滤波器的输出序列为

$$s(n) = \sum_{i=1}^{N} a_i s(n-i) + Gu(n) \qquad (8.5)$$

式中　　$u(n)$——输入话音信号的时域抽样值;

　　　　$s(n)$——输出话音信号的时域抽样值。

对于浊音,$u(n)$ 为单位冲击序列 $\delta(n)$;对于清音,$u(n)$ 为零均值单位方差的平稳白噪声过程。

根据话音信号的平稳特征,可以近似认为话音在较短时间段内其特征参数是不变的。因此可以将较短时间段(通常为 20 ms)内的话音参数,如音类型、基音周期、增益参数和滤波器参数等,提取出来进行编码后发送。不同时间段的话音参数不同。在接收端译码后获得话音的特征参数,根据这些参数可以恢复出话音。

LPC 的编译码原理如图 8.4 所示。在发送端,首先将原始话音信号送入 A/D 变换器,以 8 kHz 速率抽样变成数字化话音信号;再以 180 个抽样样值为一帧,对应帧周期为 22.5 ms,以一帧为处理单元逐帧进行处理,对每一帧进行线性预测系数分析,并作相应的清/浊音($u/v$)判决、基音($T_p$)提取;之后对这些参量进行量化、编码并送入信道传送。在接收端,经参量译码译出 $a_i(i = 1, 2, \cdots, N)$、$G$、$T_p$、$u/v$,以这些参数作为合成话音信号的参量,最后将合成产生的数字化话音信号经 D/A 变换还原为模拟话音信号。

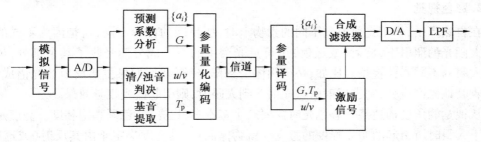

图 8.4　线性预测编译码原理

### 3. 混合编码

混合编码将波形编码和参量编码结合起来,力图综合波形编码的高质量与参量编码的低速率的优点。常见的混合编码方法主要有多脉冲激励线性预测编码(MPE-LPC)、规则脉冲激励线性预测编码(RPE-LPC)、码激励线性预测编码(CELP)、矢量和激励线性预测编码(VSELP)等。混合编码的优点是既能达到高的压缩比,又能保证一定的质量;缺点是算法相对复杂。

# 8.4  图像信息处理技术

## 8.4.1  人的视觉特性

### 1. 视觉灵敏度

人眼对不同波长光的敏感程度是不同的。要使人眼产生相同的亮度感觉,不同波长的光必须施以不同的辐射功率;反之,对于射入人眼相同辐射功率的光,不同波长的光的亮度感觉是不同的。图 8.5 为相对视敏度曲线。从图中可以看出,在白天正常光照下人对波长为 555 nm 的光(黄绿光)最为敏感;在夜晚或在微弱光线下,对波长短的光敏感程度增大。

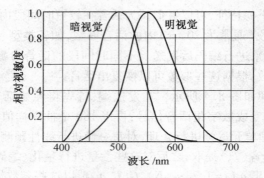

图 8.5  相对视敏度曲线

### 2. 彩色视觉

在自然界中,当阳光照射到不同的景物上时,所呈现的色彩不同,这是因为不同的景物在太阳光的照射下,反射(或透射)了可见光谱中的不同成分而吸收了其余部分,从而引起人眼的不同彩色视觉。比如,一个物体受到阳光照射时,如果主要反射蓝光谱成分,而吸收其他光谱成分,则当反射的蓝光射入到人眼时,则引起蓝光视觉效果。

从视觉的角度描述某一彩色光时需要三个基本参量:亮度、色调和饱和度。亮度是光作用于人眼时所引起的明亮程度的感觉。就物体而言,其亮度决定于由其反射(或透射)的光功率的大小。色调反映了颜色的类别,彩色物体的色调由物体本身的属性——吸收特性、反射或透射特性所决定。饱和度是指彩色光所呈现彩色的深浅程度(或浓度)。对于同一色调的彩色光,其饱和度越高,颜色就越深。高饱和度的彩色光可以因掺入白光而被冲淡,变成低饱和度的彩色光。色调与饱和度又合称为色度,它既说明彩色光的颜色类别,又说明颜色的深浅程度。

### 3. 三基色原理

具有不同光谱分布的色光组合在一起可以引起与某一单色光相同的彩色感觉。比如适当比例的红光和绿光混合起来,可以产生与黄单色光相同的彩色视觉效果。如果适当选择三种基色,将它们按不同比例进行合成,就可以引起各种不同的彩色感觉。三个基色必须是相互独立的,即其中任一基色都不能由其他两基色混合产生。根据三基色原理,可以采用不同的三色组。在彩色电视中,采用的三基色为红、绿、蓝。实际上自然界中的任何一种颜色都能由这三种单色光混合而成。合成彩色的亮度由三个基色的亮度之和决定,而色度则由三个基色分量的比例决定。

**4. 人眼的分辨力**

人眼分辨景物细节的能力称为人眼的分辨力。人眼的分辨力是有限的。比如,当与人眼相隔一定距离的两个黑点靠近到一定程度时,人眼就分辨不出两个黑点存在,而只感觉到是连在一起的一个黑点。人眼对彩色细节的分辨力远比对亮度细节分辨力低。若人眼对与其相隔一定距离的黑白相间的条纹刚能分辨出黑白差别,则把黑白条纹换成不同彩色相间的条纹后,就不再能分辨出条纹来。

影响人眼分辨力的因素主要包括物体在视网膜上成像的位置、照明强度、与景物相对对比度以及被观察物体的运动速度。视网膜黄斑区中央凹部集中有大量锥状细胞,因而对成像在这一区域的物体人眼的分辨力最高。另外,照明强度越高,被观察物体与景物相对对比度越高,物体的运动速度越低,则人眼对物体的分辨力越高。

**5. 视觉惰性和闪烁**

实验证明,当光消失后,亮度感觉也并不瞬时消失,而是按近似指数函数的规律逐渐减小。人眼的这种视觉特性称为视觉惰性。在电影和电视中,正是利用了人眼的这种特性,通过每秒变换 24 次静止画面,可以给人以连续运动的感觉。

对于一个具周期性的光脉冲,当其重复频率不够高时,便会使人产生一明一暗的感觉,这种感觉就是闪烁。当重复频率足够高时,闪烁感觉将消失,随之看到的是一个恒定的亮点。不引起闪烁感觉的最低重复频率称为临界闪烁频率。它与很多因素有关,其中最主要的是光脉冲亮度。光脉冲的亮度越高,临界闪烁频率也相应地增高。在电影银幕的亮度下,人眼的临界闪烁频率为 46 Hz,因此在电影中以每秒 24 幅图像的速度将其投降银幕,并在每幅图像停留的过程中,用一个机械光阀将投射光遮挡一次,这样重复频率达到每秒 48 次,就不会使观众产生闪烁的感觉。临界闪烁频率还与亮度变化幅度有关,亮度变化幅度越大,闪烁频率越高。目前电视技术中广泛采用的"隔行扫描"方式利用的就是视觉的这一特性,它既可以克服大面积闪烁现象(代之以不易察觉的行间闪烁),又可以节省传输系统的频带宽度。

## 8.4.2　图像信息的数字化

为了便于计算机进行处理以及在数字系统中进行传输和存储,需要将模拟图像转换为数字图像。图像信息的数字化过程包括三步:取样、量化和编码。

**1. 取样**

取样又称为抽样,它是指图像信号空间离散化的过程。所选取的取样点也被称为像素,一幅图像是由许多像素组成的。每个像素既是时间、空间的函数,同时又有其光学特性,因此图像中的任何一个像素 $P$ 通常可用八个物理量表示,即

$$P = f(x, y, z, L, H, S, R, t) \tag{8.6}$$

式中　$x$、$y$、$z$——像素的空间位置；

　　　$L$、$H$、$S$——像素的亮度、色调和饱和度；

　　　$R$——图像的分辨率(即每一个像素面积在图像总面积中的比例)；

　　　$t$——时间。

**2. 量化**

经过取样后所获得的图像是由一系列空间上离散的样值序列构成,每个样值是一个有无穷多个可能取值的连续变量。量化是指用有限个离散值来近似表示无限多个连续值的过程。量化的方式包括均匀量化和非均匀量化。

在量化过程中会引入量化误差,即量化结果和被量化模拟量之间具有一定的差值。量化误差造成图像质量的下降,主要包括以下几个方面：

(1) 斜率过载

斜率过载发生在图像灰度急剧变化的边界,由于此处灰度变化太大,即使使用最大的量化值,仍无法反映期间的变化,因此使图像轮廓变得模糊。

(2) 颗粒噪声

颗粒噪声出现在图像灰度变化很小的区域,这时最小的量化间隔仍不足以反映其缓慢的变化过程,因此可能会在两个最小量化电平之间出现来回振荡的局面,造成解码后所恢复的图像中其灰度平坦区域出现颗粒状的细斑。

(3) 边缘忙乱

边缘忙乱是指在变化不太快的边缘出现闪烁不定的现象。这是由于原始图像中存在噪声,它造成不同图像帧之间在同一像素位置产生的量化噪声不同,从而引起缓慢变化的边缘出现这种不确定的现象。

(4) 伪轮廓

伪轮廓发生在图像亮度缓慢变化的区域,此时预测误差较小,但实际系统中所采用量化间隔过大,则会在图像亮度缓慢增加或减小的区域,出现这种伪轮廓的现象。

**3. 编码**

量化后得到的离散电平值需要用二进制码字来表示,这一过程称为编码。

### 8.4.3　图像信息的压缩编码

由于图像的数据量非常大,为了便于存储和传输,必须对图像信息进行压缩处理。

**1. 数据压缩的理论依据和分类**

由香农信息论的内容可知,当离散信源不等概分布或前后符号间存在相关性时,信源的熵将减小,即存在着信息冗余。若采取一定的方法使码元分布更加均匀或去除符号间的相关性,则可以用较少的码元携带相同的信息,达到数据压缩的目的。另外,如果允许损失一部分信息量,也可以减少数据量,实现数据压缩。

数据压缩可以分为无损压缩和有损压缩两类。无损压缩也称为无失真压缩,是指压缩后的数据经过重构可以得到与原来完全相同的数据。有损压缩也称为有失真压缩,压缩过程会使信息量减少,因此压缩后的数据经过重构得到的数据与原来的数据相比会有一定的失真。

**2. 数据压缩的性能指标**

数据压缩的性能指标主要包括压缩比、重现质量、压缩和解压缩速度。

（1）压缩比

压缩比即压缩前后的数据量之比。压缩比越大,说明数据的压缩程度越高。

（2）重现质量

重现质量是指将解码恢复后的图像、声音信号等与原始的图像、声音等对比,失真越小重现质量就越高。对于文本等文件,特别是程序文件,是不允许在压缩和解压缩过程中丢失信息的,因此需要采用无损压缩。对于图像、声音和视频影像,数据经过压缩后允许信息的部分丢失,因此可以采用有损压缩。

（3）压缩和解压缩速度

数据的压缩和解压缩是在一定数学模型的基础上,通过一系列数学运算实现的。计算方法的好坏直接关系压缩和解压缩的速度。

**3. 图像信息中存在的冗余**

图像信息中存在的冗余主要有空间冗余、时间冗余、信息熵冗余、结构冗余、知识冗余和视觉冗余。

（1）空间冗余

空间冗余是数据图像中最基本的冗余,是指图像内部相邻像素之间存在较强的相关性所造成的冗余。将灰度或颜色相同的相邻像素组成的局部区域当作一个整体,则可以用极少的数据来表示,从而达到数据压缩的目的。

（2）时间冗余

时间冗余是指视频图像序列中的相邻图像之间的相关性所造成的冗余。由于相邻图像之间的时间间隔很短,因此两幅相邻图像之间存在着很大相关性,通常只有较小的改变。此时在前一幅图像的基础上,只需用少量数据对图像中改变的部分进行说明,便可以表示出后一幅图像,从而实现数据压缩。

（3）信息熵冗余

如果图像中平均每个像素使用的比特数大于该图像中像素的信息熵,则图像中存在冗余。这种冗余就是信息熵冗余,也称为编码冗余。

（4）结构冗余

结构冗余是指图像各部分结构上的类似性所产生的冗余,例如物体表面上的纹理结构。

（5）知识冗余

知识冗余是指在有些图像中包含与某些先验知识有关的信息而产生的冗余。例如人脸的图像具有固定的结构,可由先验知识得到,因此这类信息对一般人来说是冗余信息。

（6）视觉冗余

由于人类视觉的特性所限,人眼并不能感觉到图像中的所有细小变化。人的视觉分辨率低于实际图像的分辨率所产生的冗余称为视觉冗余。例如,人的视觉可以分辨出 $2^6$

灰度等级,而一般图像量化所采用灰度等级是 $2^8$ 等级。这样的图像中就存在着视觉冗余。

**4. 无损压缩编码**

常用的无损图像压缩编码有哈夫曼(Huffman)编码、游程编码和算术编码。

（1）哈夫曼编码

哈夫曼编码是一种变长编码,它的主要编码思路是对出现概率较大的符号用较短的码来表示,而对于出现概率较小的符号则用较长的码来表示,从而降低平均码长,提高编码效率。

哈夫曼编码的过程实质上是一个构造码树图的过程,具体步骤如下:

①将符号按概率从大到小进行排列,作为码树图的终点。

②对概率最小的两个节点,分别分配码元"1"和码元"0"(通常概率大的节点分配"1",概率小的节点分配"0",反之亦可)。

③将上述两个节点的概率相加,合并成为一个新的节点,重新与其他尚未处理过的节点按照概率从大到小进行排列。

④重复步骤②和步骤③,直至最后只剩下一个节点,即根节点。

⑤将从根节点至各个终点所分配的码元依次排列即得各个符号所对应的码字。

下面以一个具体实例来说明哈夫曼编码的过程。

假设有一个无记忆离散信源 $X$,可以输出八个符号:$s_1, s_2, s_3, \cdots, s_8$,其概率空间如下:

$$X: \quad s_1 \quad s_2 \quad s_3 \quad s_4 \quad s_5 \quad s_6 \quad s_7 \quad s_8$$

$$P(X): \quad 0.1 \quad 0.18 \quad 0.4 \quad 0.05 \quad 0.06 \quad 0.1 \quad 0.07 \quad 0.04$$

则可计算出该信源的熵为

$$H(X) = -\sum_{i=1}^{8} P(s_i) \log_2 P(s_i) =$$
$$-(0.4\log_2 0.4 + 0.18\log_2 0.18 + 2 \times 0.1\log_2 0.1 + 0.07\log_2 0.07 +$$
$$0.06\log_2 0.06 + 0.05\log_2 0.05 + 0.04\log_2 0.04) =$$
$$2.55(\text{bit/符号})$$

若采用等长编码,由于共有 8 个符号,因此码长 $L$ 应为 3。此时编码效率为

$$\eta = \frac{H_2}{H_{2\max}} = \frac{H(X)/L}{H_{2\max}} = \frac{2.55/3}{1} \times 100\% = 85\%$$

若采用哈夫曼编码,则编码过程见图 8.6。

哈夫曼编码结果见表 8.1。

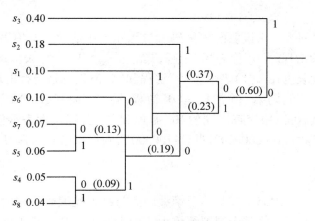

图 8.6　哈夫曼编码

表 8.1　哈夫曼编码结果

| 原始符号 | 概率 | 二进制码字 | 码长 |
|---|---|---|---|
| $s_3$ | 0.40 | 1 | 1 |
| $s_2$ | 0.18 | 001 | 3 |
| $s_1$ | 0.10 | 011 | 3 |
| $s_6$ | 0.10 | 0000 | 4 |
| $s_7$ | 0.07 | 0100 | 4 |
| $s_5$ | 0.06 | 0101 | 4 |
| $s_4$ | 0.05 | 00010 | 5 |
| $s_8$ | 0.04 | 00011 | 5 |

哈夫曼编码的平均码长为

$$\bar{L} = 1 \times 0.4 + 3 \times (0.18 + 0.1) + 4 \times (0.1 + 0.07 + 0.06) + 5 \times (0.05 + 0.04) = 2.61$$

哈夫曼编码的编码效率为

$$\eta = \frac{H_2}{H_{2\max}} = \frac{H(x)/\bar{L}}{H_{2\max}} = \frac{2.55/2.61}{1} \times 100\% = 97.8\%$$

可见,哈夫曼编码相对于等长编码可以有效地减小平均码长,提高编码效率。

需要注意的是:对于同一信源,采用哈夫曼编码法所构造的码并不是唯一的,但其编码效率都是相同的;另外,对不同信源哈夫曼编码的编码效率是不同的。

(2) 游程编码

在一幅图像中,往往存在着灰度或颜色相同的图像子块。由于图像编码是按顺序对每个像素进行编码的,因而会存在多个连续的像素具有相同像素值的情况。此时可以只保留连续相同的像素点数目和像素值,这种方法就是游程编码。所谓游程是指符号序列中某符号连续重复出现而形成的符号串,其长度称为游程长度或游长。游程编码又称为行程编码,是一种统计编码,其基本原理是将具有相同值的多个连续符号用符号值和游程长度代替。

下面以二元序列为例来说明游程编码。二元序列中的符号只有两种取值,即"0"和"1"。序列中,连续出现的"0"称为"0"游程,其游程长度用 $L(0)$ 表示;连续出现的"1"称为"1"游程,其游程长度用 $L(1)$ 表示。"0"游程和"1"游程总是交替出现。若规定二元序列总是从"0"游程开始,则第一个游程是"0"游程,第二个游程必为"1"游程,第三个又是"0"游程……这样就可以用交替出现的"0"游程和"1"游程长度表示任意二元序列。例如,一个二元序列为"111000000000111111100000",则根据游程编码规则,其对应的游程序列为"03975"。

（3）算术编码

算术编码同哈夫曼编码一样都属于熵编码。与哈夫曼编码不同的是,算术编码不是分组码,而是全序列编码,将整个序列编码为一个大于等于 0 小于 1 的二进制数值,其编码效率是可变的,随着数据长度增大而增大,并逐渐收敛于 1。算术编码的基本思想是:对全概率区间 $[0,1)$ 进行划分,为每个信源序列确定一个唯一的子区间,使得该子区间的长度恰好等于该信源序列的概率,然后在该子区间中取一个尽可能短的二进制数作为码字。如果一个信源序列的概率越小,对应子区间的长度就越小,表示这一子区间所需的二进制位数也就越多。

下面以一个具体例子来说明算数编码的编码过程。假设二进制信源的概率分布为 $\begin{Bmatrix} 0 & 1 \\ \dfrac{1}{4} & \dfrac{3}{4} \end{Bmatrix}$,如果要传输的数据序列为 1011。编码的计算过程见表 8.2。

表 8.2  算数编码计算过程

| 步骤 | 符号 | 子区间长度 | 子区间左端 | 子区间右端 |
|---|---|---|---|---|
| 1 | 1 | $\dfrac{3}{4}$ | $\dfrac{1}{4}$ | 1 |
| 2 | 0 | $\dfrac{3}{4}\times\dfrac{1}{4}=\dfrac{3}{16}$ | $\dfrac{1}{4}$ | $1-\dfrac{3}{4}\times\dfrac{3}{4}=\dfrac{7}{16}$ |
| 3 | 1 | $\dfrac{3}{16}\times\dfrac{3}{4}=\dfrac{9}{64}$ | $\dfrac{1}{4}+\dfrac{3}{16}\times\dfrac{1}{4}=\dfrac{19}{64}$ | $\dfrac{7}{16}$ |
| 4 | 1 | $\dfrac{9}{64}\times\dfrac{3}{4}=\dfrac{27}{256}$ | $\dfrac{19}{64}+\dfrac{9}{64}\times\dfrac{1}{4}=\dfrac{85}{256}$ | $\dfrac{7}{16}$ |

信源序列 1011 对应的子区间为 $\left[\dfrac{85}{256},\dfrac{7}{16}\right)$,若用二进制来表示则为 $[0.01010101,0.0111)$。该子区间最短的二进制数为 $0.011$,因此序列 1011 对应的算数编码为 011。

**5. 有损压缩编码**

常用的有损图像压缩编码有预测编码和变换编码。

（1）预测编码

预测编码是根据某一种模型,利用前面的若干个样本值,对当前样本值进行预测,对样本实际值和预测值之差进行编码,它是利用信源相关性来达到压缩目的的。图像预测编码包括帧内预测编码和帧间预测编码。

①帧内预测编码。帧内预测编码是根据图像数据的空间冗余特性,用相邻的已知像素(或图像块)来预测当前像素(或图像块)得到预测值,再对当前像素(或图像块)的实际值与预测值的差值进行量化和编码。这些相邻像素(或图像块)可以是同行的也可以是前几行的,相应的预测编码分别称为一维预测和二维预测。

②帧间预测编码。帧间预测编码是根据图像数据的时间冗余特性,用相邻帧图像来预测当前帧的图像,也称为三维预测。目前帧间预测普遍采用运动补偿技术。

活动图像序列中所存在的相关性大致分为以下几种:

a. 如果场景为静止画面,当前帧和前一帧的图像内容是完全相同的。

b. 对于运动物体而言,如果已知其运动规律,就可以根据其前一帧中的位置来推算出该运动物体在新一帧中的位置。

c. 摄像时镜头做平移、放大和缩小等操作时,图像随时间的变化规律也是可以推算的。

可见,发送端只要将物体的运动信息告知收端,而不需要发送每幅图像中的全部像素,接收端按所接收到的运动信息和前一帧图像信息可以恢复当前帧图像。

要获得高质量的图像,要求系统能准确地从图像序列中提取相关运动物体的信息,即进行运动估值。运动估值方法主要分为像素递归法和块匹配法两大类。

像素递归法是将图像分割成运动区和静止区。静止区内的像素在相邻两帧中的位移为 0,无需进行递归运算。对运动区内的像素,利用该像素左边或正上方像素的位移矢量 D 作为本像素的位移矢量,然后用前一帧对应位置上经位移 D 后的像素值作为当前帧中该像素的预测值。如果预测误差小于某一阈值,则无需传送信息;如果预测误差大于该阈值,编码器则需传送量化后的预测误差,以及该像素的地址,接收端根据所接收的误差信息和地址信息进行图像恢复。另外,当预测误差大于某阈值时,收发双方都将进行位移矢量更新。

块匹配法是首先将图像划分成若干彼此互不重叠的子块(例如,16×16),并认为子块内所有像素的位移量相同,把整个子块视为一个"运动物体"。实际上,在相邻两帧图像中,往往不存在完全相同的子块,因此需要依照一定的准则进行匹配,如最小绝对差准则、最小均方误差准则等。

(2) 变换编码

变换编码利用正交变换来实现图像信号的压缩。变换编码是首先将空间相关的像素点通过变换映射到另外一个正交矢量空间域(变换域)中,之后再进行量化和编码;接收端进行图像恢复时只需进行上述过程的逆变换,把变换域中所描述的图像信号再转换到原来的空间域。由于变换域中各变换系数之间的相关性明显下降,能量比较集中,因而在进行编码时可忽略某些能量很小的分量,从而实现数据压缩。目前常用的正交变换有卡南-洛伊夫(K–L)变换、傅里叶变换、离散余弦变换、沃尔什变换和小波变换等。

## 习　题

8.1　什么是多媒体？

8.2　多媒体通信的主要特点是什么？

8.3　多媒体通信对网络的要求主要包括哪些方面？

8.4　音频信息的压缩编码包括哪三类？

8.5　简述图像信息数字化的过程。

8.6　简述三基色原理及其在彩色电视中的应用。

8.7　什么是视觉惰性？在电视和电影中是如何利用人类视觉的这一特性的？

8.8　图像信息中存在的冗余主要包括哪几种？

# 第9章

# 接入网与接入技术

本章将对接入网的基本概念以及目前几种主要接入技术的特点、系统结构和工作原理等进行介绍。

## 9.1 接入网概述

### 1.接入网的定义和定界

整个电信网按网络功能可以划分为三部分:核心网、用户驻地网和接入网,如图9.1所示。其中,核心网包含了传送网和交换网的功能。用户驻地网是属于用户自己的网络,在规模、终端数量和业务需求方面的差异很大。接入网位于本地交换机与用户之间,其主要作用是使用户接入到核心网。

图9.1　电信网功能划分

国际电信联盟电信标准化部门 ITU-T 在 1995 年通过的 G.902 建议给出的接入网的定义如下:接入网(Access Network,AN)是由业务节点接口(Service Node Interface,SNI)和用户网络接口(User Network Interface,UNI)之间的一系列传送实体(如线路设施和传输设施)组成的,为传送电信业务提供所需传送承载能力的实施系统,可由管理接口(Q3)进行配置和管理。

如图9.2,接入网的覆盖范围可由三个接口定界:网络侧经由业务节点接口 SNI 与业务节点(Service Node,SN)相连;用户侧经由用户网络接口 UNI 与用户相连;管理功能则经 Q3 接口与电信管理网(Telecommunications Management Network,TMN)相连。其中,SN 是提供业务的实体,如本地交换机、IP 路由器、租用线业务节点或特定配置的

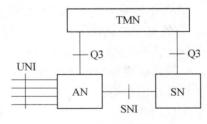

图9.2　接入网的定界

点播电视和广播电视业务节点等。SNI 是接入网 AN 和 SN 之间的接口。UNI 是用户和网络之间的接口。

**2. 接入网的功能结构**

接入网可以划分为五个功能模块:用户口功能模块、业务口功能模块、核心功能模块、传送功能模块和 AN 系统管理功能模块。

（1）用户口功能（User Port Function,UPF）模块

用户口功能模块的主要作用是将特定 UNI 的要求适配到核心功能模块和接入网系统管理功能模块。

具体功能包括:

①终接 UNI 功能。

②A/D 转换和信令转换。

③UNI 的激活/去激活。

④处理 UNI 承载通路/容量。

⑤UNI 的测试和 UPF 的维护。

⑥管理和控制功能。

（2）业务口功能（Service Port Function,SPF）模块

业务口功能模块的主要作用是将特定的 SNI 的要求与公共承载相适配以便核心功能模块处理。

具体功能包括:

①终接 SNI 功能。

②将承载通路的需要和即时的管理以及操作需要映射进核心功能模块。

③特定 SNI 所需要的协议映射。

④SNI 的测试和 SPF 的维护。

⑤管理和控制功能。

（3）核心功能（Core Function,CF）模块

核心功能模块的主要作用是将用户或业务端口的承载要求与公共传送承载适配。

具体功能包括:

①接入承载通路处理。

②承载通路集中。

③ 信令和分组信息复用。

④ATM 传送承载通路的电路模拟。

⑤ 管理和控制功能。

（4）传送功能（Transport Function,TF）模块

传送功能模块的主要作用是在 AN 的不同位置之间为传送提供通道和传输介质。

具体功能包括:

①复用功能。

②交叉连接功能（包括疏导和配置）。

③管理功能。

④物理媒介功能。

（5）AN 系统管理功能（System Management Function,SMF）模块

AN 系统管理功能模块的主要作用是协调各功能的指配、操作和维护。

具体功能包括:

①配置和控制。

②指配协调。

③故障检测和指示。

④用户信息和性能数据收集。

⑤安全控制。

⑥协调 UPF 和 SN 的即时管理和操作功能。

⑦资源管理。

### 3. 接入网提供的接入业务

接入网提供的接入业务主要包括以下几种:

①普通电话业务(Plain Old Telephone Service,POTS)的接入。

②ISDN 业务的接入。

③DDN 专线业务的接入。

④有线电视(CATV)业务的接入。

⑤Internet 业务的接入。

⑥其他业务的接入,如分组交换数据业务的接入、E1 租用线业务等。

这些功能模块之间的关系如图 9.3 所示。

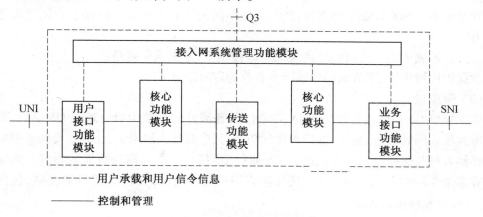

图 9.3 接入网的功能模块

### 4. 接入网的接口

接入网主要有三种类型的接口:用户网络接口 UNI、业务节点接口 SNI 和管理接口 Q3。

(1) 用户网络接口

用户网络接口在接入网的用户侧,支持各种业务的接入,主要包括以太网接口、POTS 模拟电话接口、ISDN 基本速率接口、ISDN 基群速率接口、模拟租用线 2 线接口、模拟租用线 4 线接口、E1 接口、话带数据接口、CATV 接口等。这里所说的"用户"可以是一种简单的用户终端设备,也可以是公司或企业的一个局域网。

（2）业务节点接口

业务节点接口是接入网与提供业务的业务节点相连的接口。业务节点接口包括两类：模拟接口（Z 接口）和数字接口（V 接口）。

为改善通信质量和服务水平，提高接入网的集中维护、管理和控制功能，ITU-T 提出了 V5 接口建议。通过 V5 标准接口，接入网与本地交换机采用数字方式直接相连，程控数字交换设备以数字传输方式连接用户端设备，使数字通道靠近或直接连接到用户，从而去除了接入网在交换机侧和用户侧多余的数/模、模/数转换设备。V5 接口是一种开放的、标准的数字接口，便于不同厂家设备互连。它具有多种业务接入能力，如 PSTN、ISDN 基本速率接口，ISDN 基群速率接口，模拟租用线和数字租用线等，有利于综合业务的发展。

V5 接口的功能包括以下几个方面：

①提供承载通路。

②为 ISDN 的 D 通路提供双向传输能力。

③为 PSTN 用户端口的信令信息提供双向的传输能力。

④提供 ISDN 和 PSTN 每一用户端口状态和 V5 接口重新启动，同步指配数据等公共控制信息传输能力。

⑤2.048 Mbit/s 链路控制功能，包括帧定位、复帧同步、告警指示和对 CRC 信息进行管理控制。

⑥在多个 2.048 Mbit/s 链路存在时，支持不同的 2.048 Mbit/s 链路上交换逻辑通路的能力。

⑦支持承载通路连接（BCC）协议，在 LE 控制下，分配承载通路。

⑧提供比特传输、字节识别和帧同步必要的定时信息。

（3）管理接口

管理接口 Q3 是电信管理网 TMN 与通信网各部分的标准接口。通过 Q3 接口，TMN 可实施对接入网的运行、管理、维护和指配功能，其中对接入网来说，比较重要的是指配功能。在接入网与交换设备互连之前，TMN 通过 Q3 接口对接入网进行安装测试。当接入网含有多个 V5 接口时，可通过 Q3 接口实施用户端口与不同的 V5 接口的关联，包括与 V5 接口内承载通路的关联。

**5. 接入网的主要特点**

接入网的主要特点可归纳为如下几个方面：

①接入网对于所接入的业务提供承载能力，实现业务的透明传送。

②接入网对用户信令是透明的，除了一些用户信令格式转换外，信令和业务处理的功能依然在业务节点中。

③接入网具备交叉连接、复用和传输功能，一般不具备交换功能。

④接入业务种类多，业务量密度低。

⑤接入网的运行环境恶劣，维护成本高。

⑥拓扑结构多种多样。

#### 6. 接入网的分类

接入网的分类如图 9.4 所示。接入网主要分为有线接入网和无线接入网两大类。有线接入网采取的接入技术主要包括铜线接入、光纤接入、混合光纤/同轴电缆接入等。无线接入网主要采取陆地移动通信、微波通信和卫星通信等技术等。

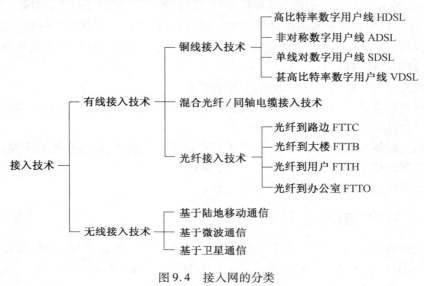

图 9.4　接入网的分类

# 9.2　铜线接入技术

## 9.2.1　铜线接入技术概述

铜线接入是指以电话线作为传输媒质的接入方式。传统的铜线接入技术通过调制解调器拨号实现用户接入,速率可达 56 kbit/s,但这种速率还远远不能满足用户对宽带业务的需求。如何充分利用现有的电话网,采用各种先进的调制技术、数字信号处理技术来提高铜线的传输速率和传输距离是铜线接入技术所要解决的关键问题。

引起电话铜线传输损伤的因素主要包括以下几个方面:

(1)传输损耗

信号通过铜线经过一定距离的传输以后,信号强度都会减弱。传输损耗与距离、线径和频率有关。距离越大,线径越小,频率越高,传输损耗也就越大。

(2)信号反射(回波)

引起信号反射的情况主要有两种:一是收发器与传输线路阻抗不匹配,引起信号反射;二是回路中线径不同,拼接引起阻抗变化导致信号反射。

(3)串扰和其他噪声

串扰是指同一扎内或相邻扎线之间由于电容和电感的耦合而引起的干扰,它是限制传输吞吐能力提高的一个重要因素。串扰与频率有关,随着频率升高而增加。另外,通过铜线传输信号还会受到射频干扰、脉冲干扰和白噪声的影响。射频干扰是指电话线充当天线,可能收到 AM/FM 信号而受到的干扰。脉冲干扰是交换机的开关暂态、振铃等引起的瞬间突发干扰。白噪声是由线路中电子运动产生的固有噪声。

目前流行的铜线接入技术主要是 xDSL 技术。DSL 是"Digital Subscriber Line"的缩写,即所谓的数字用户线。xDSL 是各种 DSL 的统称,主要包括 HDSL、ADSL、VDSL 和 SDSL 等。DSL 技术是基于普通电话线的宽带接入技术,它在同一铜线上分别传送数据和话音信号,数据信号并不通过电话交换机,也不需要拨号,减轻了电话交换机的负载。

xDSL 的主要特点如下:

①可以充分利用现有的电话线路,初期投资少。

②采用分离器将 4 kHz 以下的话音信号与 xDSL 调制后的高频信号分离,使话音与数据并传。

③采用先进的调制技术、回波抵消技术和自适应均衡技术,以提高传输带宽。

④带宽和传输距离有限。

⑤系统升级方便,可平滑向全光纤网过渡。

### 9.2.2 xDSL 的线路编码

采用频带利用率高而又便于实现的先进的线路编码方案是实现 xDSL 的关键之一。xDSL 系统采用的线路编码方法主要有 2B1Q、QAM、CAP 和 DMT。

**1. 2B1Q 无冗余的四电平脉冲幅度调制码**

2B1Q(Two Binary One Quaternary,无冗余的四电平脉冲幅度调制)码,其基本原理是将每两个比特分为一组,用一个四进制的电平来表示,然后调制到载波上,其编码规则见表 9.1。2B1Q 码使得线路传输的符号速率降低至比特速率的一半,频带利用率提高一倍。但是,为达到同样的误比特率,必须有较二进制传输方案更高的信噪比。

2B1Q 码属于基带传输码,含有较多的低频成分,并存在许多旁瓣,要求传输线路具有较好的线性幅频特性,因此实际应用中需要使用自适应均衡滤波器和回波抵消器。

表 9.1　2B1Q 码编码规则

| 符号位 | 幅度位 | 四进制电平 |
|:---:|:---:|:---:|
| 1 | 0 | +3 V |
| 1 | 1 | +1 V |
| 0 | 1 | −1 V |
| 0 | 0 | −3 V |

**2. QAM**

QAM(Quadrature Amplitude Modulation,正交幅度调制)的基本方法是将数据分解为两路半速率的数据流,然后分别用两个相同频率但是相位相差 90° 的载波信号进行抑制载波的双边带调幅,求和后输出。QAM 利用这种已调信号的频谱在同一带宽内的正交性,实现两路并行的数字信息的传输。常见的 QAM 形式有 16−QAM、64−QAM、256−QAM

等。

图 9.5 和图 9.6 所示分别为 16-QAM 调制和解调的原理框图。在输入端,输入数据经过串/并变换后分为两路,分别经过 2 电平到 4 电平变换,再经过低通滤波器后分别与相互正交的载波相乘,最后将两路信号相加就可以得到 16-QAM 信号。在接收端,输入信号分别与本地恢复的两个正交载波信号相乘后,经过低通滤波器、抽样判决、4 电平到 2 电平变换,再经过并/串变换就可以恢复出原始数据。

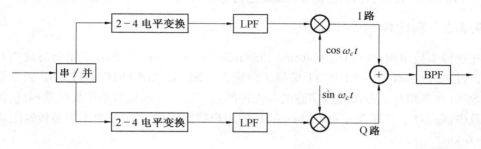

图 9.5  16-QAM 调制原理框图

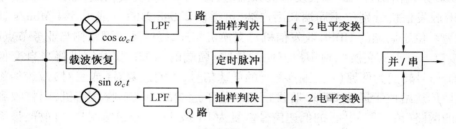

图 9.6  16-QAM 解调原理框图

图 9.7 为 16-QAM 的信号星座图。每一个星座点对应一个从原点出发至该星座点的向量,向量的模代表信号的幅度,向量的幅角代表信号的相位。对于 4 bit 信息来说,每种比特组合都可以用 16 个点的星座图中唯一的一个点来表示。

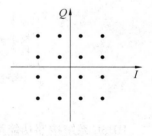

图 9.7  16-QAM 信号星座图

星座点数目越多,传输效率就越高。但星座点越密集,信号间的差异越小,抗噪声性能越差。QAM 是幅度、相位联合调制的技术,它同时利用了载波的幅度和相位来传递信息比特,因此在最小距离相同的条件下可实现更高的传输效率。QAM 信号的功率谱属于带通型,有利于减少码间干扰,受低频干扰和近端干扰的影响也较小,但其实现复杂,成本较高。

**3. CAP**

CAP(Carrierless Amplitude & Phase Modulation,无载波幅度相位调制)是以 QAM 为基础发展而来的,是数字方式实现的 QAM。CAP 调制码是通过两个幅频特性相同、相频特性不同的 Hilbert 数字滤波器完成的调制,而不是载波调制,因此称这项技术是"无载波"。CAP 与 QAM 有相同的频谱特性和理论基础,它们之间的差别只是在实现方式上不同。

### 4. DMT(Discrete Multi-Tone,离散多音频)调制

DMT 是一种多载波调制技术,其核心思想是将整个传输频带分成若干子信道,每个子信道对应不同频率的载波,在不同载波上分别进行调制,根据各个子信道的信噪比,自适应地分配比特率。DMT 这种动态分配数据的策略可以大大提高频带的利用率。

在 ADSL 应用中,普通电话业务以外的高端频谱被划分为 256 个子信道,每个子信道占据 4.3125 kHz 带宽,并使用不同的载波进行 QAM 调制。

## 9.2.3 高比特率数字用户线

高比特率数字用户线(High-bit-rate Digital Subscriber Line,HDSL)采用两对或三对双绞线,可以提供全双工的 E1 或 T1 信号传输能力。HDSL 采用 2B1Q 码或 CAP 码来提高传输效率,并采用高速自适应数字滤波和先进的数字信号处理技术来均衡线路损耗,消除杂音及串话。对于普通 0.4~0.6 mm 线径的用户线路来说,HDSL 的无中继传输距离可达 3~6 km。

HDSL 系统由两台 HDSL 收发信机和两对(或三对)双绞线构成,如图 9.8 所示。两台 HDSL 收发信机分别位于局端和用户端,可提供 2.048 Mbit/s 或 1.544 Mbit/s 速率的传输能力。位于局端的 HDSL 收发信机与交换机相连,提供系统网络侧与业务节点(交换机)的接口。对于从交换机到用户方向的传输,局端的 HDSL 收发信机将来自交换机的 E1 或 T1 信号转变为两路(或三路)并行的低速信号,再通过两对(或三对)双绞线将信息流透明地传送给位于远端 HDSL 收发信机。位于远端的 HDSL 收发信机,则将收到来自交换机的两路(或三路)并行的低速信号恢复为 E1 或 T1 信号送给用户。同样,该系统也能提供从用户到交换机的同样速率的反向传输。

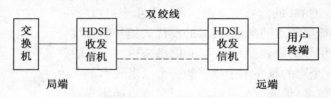

图 9.8　HDSL 系统的组成

HDSL 系统按照功能可以划分为接口部分、映射部分和收发器三个模块。接口部分负责完成码型转换。映射部分完成数据码流的复接与分接。发送部分将 2.048 Mbit/s 或 1.544 Mbit/s 的 PCM 码流分为两部分(或三部分),分别加入 HDSL 帧结构的开销比特,转换成 HDSL 帧的传输码流。与之相对应,接收部分将收到的两路(或三路)HDSL 码流,去掉 HDSL 帧结构中的开销比特,合为一路 2.048 Mbit/s 或 1.544 Mbit/s 的 PCM 码流。收发器是 HDSL 收发信机的核心,包括发送与接收两部分。发送部分将输入的 HDSL 单路码流通过线路编码转换,再经过 D/A 变换以及波形形成与处理,由发送放大器放大后送到外线。接收部分采用回波抵消器,将泄漏的部分发送信号与阻抗失配的反射信号进行回波抵消,再经均衡处理后恢复为原始数据信号,通过线路解码变换为 HDSL 码流,然后送到复用与映射部分处理。

HDSL 除了用于接入网外,还可用于 DDN 节点中继、无线寻呼中继、移动基站中继、局域网互联、视频会议及高速数据传输等。

### 9.2.4　非对称数字用户线

非对称数字用户线(Asymmetric Digital Subscriber Line,ADSL)是 xDSL 技术中应用比较成熟的一种。它是由 Bellcore 在 20 世纪 80 年代末提出来的。ADSL 的上行和下行带宽不对称,因此被称为非对称数字用户线。ADSL 被提出时的主要应用目标是视频点播(Video on Demand,VOD)。随着互联网络的飞速发展,ADSL 被广泛应用于 Internet 接入。

ADSL 不仅继承了 HDSL 的技术成果,而且在信号调制、线路编码、相位均衡、回波抵消等方面采用了更先进的技术。ADSL 采用 QAM、CAP 和 DMT 等调制技术,通过频分复用的方式可在一对普通电话双绞线上同时传送数据业务和话音业务,两种业务相互独立、互不影响。ADSL 典型的上行数据速率为 16 ~ 640 kbit/s,下行数据速率为 1.544 ~ 8.192 Mbit/s,无中继传输距离为 3 ~ 6 km。

#### 1. ADSL 频谱安排

图 9.9 所示为一种典型的 ADSL 频谱划分方式。ADSL 通过频分复用方式将整个频带划分为三个部分:0 ~ 4 kHz 用于普通电话业务;10 ~ 50 kHz 用于传送上行数字信号;50 kHz 以上频带用于传送下行数字信号。

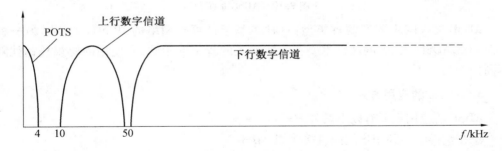

图 9.9　ADSL 频谱划分

#### 2. ADSL 系统组成

ADSL 的系统组成主要包括局端设备和远端设备,如图 9.10 所示。局端设备包括局端 ADSL 传送单元(ADSL Transmission Unit-Central Office End ,ATU-C)、ADSL 接入复用器(Digital Subscriber Line Access Multiplexer ,DSLAM)和 POTS 分离器。远端设备包括远端 ADSL 传送单元(ADSL Transmission Unit-Remote Terminal End,ATU-R)和 POTS 分离器。

（1）POTS 分离器

POTS 分离器是一种三端口设备,包含一个双向高通滤波器和一个双向低通滤波器。其主要作用是使 ADSL 信号与话音信号可以共用一对双绞线,它在一个方向上组合两种信号,而在相反方向上将这两中心号分离。POTS 分离器中的滤波器由无源器件实现,因此当 ADSL 系统出现故障或电源中断时,仍能维持正常的电话通信业务。POTS 分离器可全部或部分集成到 ATU-R 和 ATU-C 中。

（2）远端 ADSL 传送单元

远端 ADSL 传送单元置于用户端，主要完成接口适配、调制解调以及桥接的功能。ATU-C 可以是外置 Modem，也可以是大型网络设备（如路由器）的一部分。

（3）局端 ADSL 传送单元

局端 ADSL 传送单元置于局端，与远端 ADSL 传送单元配对使用，主要完成接口适配、调制解调以及桥接的功能。在同一时刻，一个 ATU-C 只能与一个 ATU-R 连接。

（4）ADSL 接入复用器

ADSL 接入复用器的主要作用是将用户线上的业务流量整合汇聚到与骨干网交换设备相连的高速数据链路上。在下行方向，DSLAM 执行路由选择和解复用的功能；在上行方向，DSLAM 执行复用汇接和更高层的功能。DSLAM 通常与 ATU-C 集成在一起。

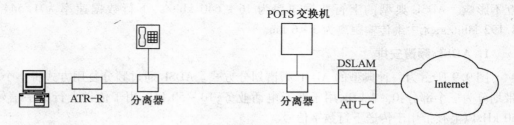

图 9.10　ADSL 系统组成

ADSL 接入网主要有两种类型：一种是基于计算机网络的 IP over ADSL，另一种是 ATM over ADSL。二者的区别主要在于所接入的骨干网不同，所使用的协议栈也就随之不同。

**3. ADSL 的应用方式**

ADSL 的应用主要有以下两种方式：

①在交换端局到用户之间直接使用 ADSL。

②与光纤接入技术相结合，由光节点到用户采用 ADSL 方式。由于光节点靠近用户，信号通过双绞线的传输距离较短，线间串扰较小，因此可以达到较高的传输速率。

# 9.3　混合光纤/同轴电缆接入技术

## 9.3.1　混合光纤/同轴电缆接入的基本概念

混合光纤/同轴电缆（Hybrid Fiber Coax，HFC）是一种经济实用的综合数字服务宽带网接入技术，它是从有线电视网 CATV 发展而成的。在有线电视网出现时，网络规模较小，网络线路一般由纯粹的同轴电缆组成。后来网络规模扩大，随着光纤技术的成熟，光纤被引入到有线电视网络。目前，有线电视网大多采用光纤和同轴电缆共同组成的树形分支结构，即使用光纤作为骨干网，再用同轴电缆以树形结构分配到小区的每一个用户。有线电视网具有频带宽和覆盖面广等特点，可以向用户提供广播式模拟电视业务。HFC

网络实际上是将由光纤和同轴电缆组成的单向模拟的有线电视网进行双向化和数字化改造构成宽带接入网。HFC 系统采用频分复用方式,综合应用模拟和数字传输技术、射频技术和计算机技术,除了提供原有的模拟广播电视业务外,还可实现话音、数据和交互式视频等宽带双向业务的接入和应用。

### 9.3.2　频谱安排

HFC 系统采用副载波频分复用方式,将各种图像、话音和数据信号调制后同时在线路上传输。图 9.11 为一种典型的 HFC 系统频谱安排。5 ~ 42 MHz 频段为上行信道,采用时分多址、正交相移键控等技术提供上行非广播数据通信业务,主要用来传送话音、VOD 控制信息等。50 ~ 750 MHz 频段为下行信道,其中 50 ~ 550 MHz 频段采用残留边带调制技术,提供普通广播电视业务,主要用于传送广播式模拟电视信号,每一路模拟电视信号带宽为 6 ~ 8 MHz,因此可传送 60 ~ 80 路模拟电视信号;550 ~ 750 MHz 频段采用时分多址、正交幅度调制等技术提供下行数据通信业务,主要用于传送话音、VOD 和数字电视信号等。750 ~ 1 000 MHz 频段用于各种双向通信业务。

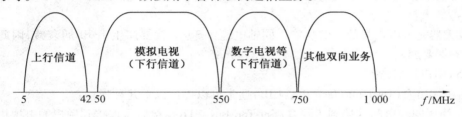

图 9.11　HFC 系统频谱安排

### 9.3.3　系统结构

HFC 典型的系统结构如图 9.12 所示。HFC 网络可以划分为馈线网、配线网和用户引入线三部分。

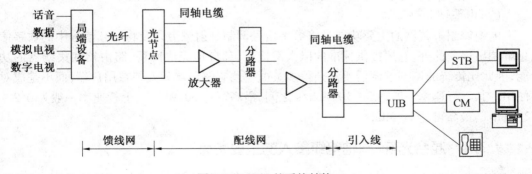

图 9.12　HFC 的系统结构

(1)馈线网

馈线网是指从局端至光节点之间的部分,由光缆线路构成,多采用星型结构,大致对应 CATV 网的干线段。

（2）配线网

配线网是指从光节点至分支点之间的部分，由同轴电缆和放大器构成，采用树型结构，类似于 CATV 网中的树型同轴电缆网，但其覆盖范围扩大为 5～10 km。

（3）用户引入线

用户引入线是指从分支点至用户之间的部分，由同轴电缆构成，距离通常为几十米。

HFC 网络中各个组块的功能如下：

（1）局端设备

局端设备又称前端设备，主要包括频道处理设备、路由器和交换机等。其主要作用是完成电信号调制/解调、电/光和光/电转换、合路/分路等功能。

（2）光节点

1 个光节点可以连接 1～6 根同轴电缆，其主要作用是完成光/电和电/光转换以及电信号的复用/解复用等功能。

（3）分路器

分路器是多根同轴电缆的交接点，完成电信号的分路/合路功能。

（4）放大器

放大器完成电信号放大的功能。同轴电缆每 30 m 就要产生 1 dB 的衰减，因此每隔约 600 m 就要加入一个放大器。

（5）用户接口盒

用户接口盒（User Interface Box，UIB）通常可以提供以下几种连接：

① 使用同轴电缆连接到机顶盒（Set-Top Box，STB），然后再连接到用户的电视机或使用同轴电缆直接连接到用户的电视机。

② 使用电缆调制解调器（Cable Modem，CM）连接到用户的计算机。

③ 使用双绞线连接到内置调制解调器和 PCM 编解码器的用户电话机。

（6）机顶盒

机顶盒的主要作用是将各种数字信号转换成模拟电视机能够接收的信号。

（7）电缆调制解调器

电缆调制解调器的主要功能是将数字信号调制到射频上以及将射频信号中的数字信息解调出来。此外，它还提供标准的以太网接口，部分地完成网桥、路由器和集线器的功能，因此比传统的调制解调器要复杂得多。电缆调制解调器只安装在用户端，而不是成对使用。其下行速率一般在 3～10 Mbit/s 之间，最高可达 30 Mbit/s；上行速率一般为 0.2～2 Mbit/s，最高可达 10 Mbit/s。

### 9.3.4　混合光纤/同轴电缆接入的主要特点

HFC 接入技术的主要优点是可以充分利用现有的有线电视网，成本较低，并且同轴电缆的带宽比铜线的带宽宽得多，是一种相对比较经济、高性能的接入方案。其主要缺点是 HFC 网络采用树形结构，Cable Modem 的上行、下行信道带宽是整个社区用户共享的，一旦用户数增多，每个用户分配到的带宽就会急剧下降。另外，由于采用共享型网络拓扑，数据传送基于广播机制，网络的安全性和保密性较差。

# 9.4　光纤接入技术

## 9.4.1　光纤接入技术的基本概念

光纤接入网也称为光接入网（Optical Access Network，OAN），是指以光纤作为主要传输介质，并利用光波作为载波传送信号的接入网，泛指本地交换机或远端交换模块与用户之间全部或部分采用光纤通信的系统。与双绞线和同轴电缆相比，光纤具有频带宽、容量大、传输损耗小、不易受电磁波干扰以及安全性好等优点，成为主干网的主要传输手段。随着光纤通信技术的发展和光缆、光纤器件成本的下降，光纤逐渐取代双绞线和同轴电缆，越来越多地应用于接入网中。

根据接入网室外传输设施中是否含有源设备，光纤接入网可以分为有源光网络（Active Optical Network，AON）和无源光网络（Passive Optical Network，PON）。AON 采用有源的电复用器分路，包括基于 PDH 的 AON 和基于 SDH 的 AON，其主要优点是传输距离远、传输容量大。PON 采用无源的光分路器分路，由于室外无有源设备，因此避免了外部设备的电磁干扰和雷电影响，抗干扰能力较强，同时也减少了线路和外部设备的故障率，节省了维护成本，可靠性更高。但无源光节点损耗较大，使得 PON 传输距离较短，若传输距离较长，需采用光纤放大器。同 AON 相比，PON 具有可靠性更高、价格更低、安装维护更方便的优势，因此目前大部分光纤接入网都是 PON。

## 9.4.2　光纤接入网的结构

ITU－T 的 G.982 建议给出的光纤接入网参考配置如图 9.13 所示。从图中可以看出，光纤接入网包括四种功能模块：光线路终端（Optical Line Terminal，OLT）、光分配网络（Optical Distribution Network，ODN）、光网络单元（Optical Network Unit，ONU）和适配功能（Adaptation Function，AF）模块。光纤接入网的主要参考点包括：光发送参考点 S、光接收参考点 R、与业务节点间的参考点 V、与用户终端间的参考点 T 以及 AF 与 ONU 间的参考点 a。

下面以无源光网络为例介绍接入网的各个组成部分。

（1）光线路终端

光线路终端的作用是为接入网提供与网络侧的业务节点之间的接口，并通过光分配网与用户侧的一个或多个光网络单元通信。OLT 的主要任务包括分离不同种类的业务，管理来自光网络单元的信令和监控信息以及为光网络单元和自身提供维护和指派功能。OLT 内部由业务部分、核心部分和公共部分组成。业务部分主要指业务端口，要求支持一种或多种业务。核心部分的主要功能包括交叉连接、传输复用以及光/电转换和电/光转换。公共部分主要提供供电和维护管理功能。OLT 可以直接与本地交换机一起放置在交换局端，也可以设置在远端。在物理实现上，OLT 可以是独立设备，也可以与其他功能集成在一个设备内。

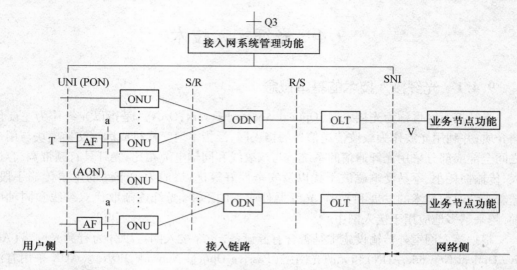

图 9.13　光纤接入网的参考配置

（2）光分配网络

光分配网络位于 OLT 和 ONU 之间，通常采用树型结构，由若干段光缆、光连接器和光分路器（Optical Branching Device，OBD）组成，其主要功能是完成光信号的功率分配及光信号的分接、复接功能，同时还提供光路监控的功能。

（3）光网络单元

光网络单元位于 ODN 和用户设备之间。其主要功能是提供与 ODN 之间的光接口以及与用户设备之间的电接口，完成光/电转换和电/光转换功能。ONU 内部也是由业务部分、核心部分和公共部分组成的。业务部分主要指用户端口，要求提供 $n\times64$ kbit/s 适配及信令转换等功能。核心部分的主要功能包括传输复用以及光/电转换和电/光转换。公共部分主要提供供电和维护管理功能。

（4）适配功能模块

适配功能模块提供用户业务适配功能，如速率适配、信令转换等。在物理实现上，AF模块可以包含在 ONU 内，也可以完全独立。

## 9.4.3　光纤接入网的应用类型

根据光纤向用户延伸的程度，也就是 ONU 在光接入网中所处的具体位置，光纤接入网包括多种应用形式，其中最主要的是光纤到路边（Fiber To The Curb，FTTC）、光纤到大楼（Fiber To The Building，FTTB）、光纤到用户（Fiber To The Home，FTTH）和光纤到办公室（Fiber To The Office，FTTO）。

### 1. 光纤到路边

在 FTTC 结构中，ONU 一般放置于路边的分线盒或交接箱处，从 ONU 到各个用户之间的部分通常仍然采用双绞线，这段可采用 HDSL 或 ADSL 等铜线接入技术。FTTC 利用现有的铜缆设施，可以节省引入线部分的光纤投资，具有较好的经济性。

**2. 光纤到大楼**

在 FTTB 结构中,ONU 放置于用户大楼的内部。FTTB 的光纤化程度比 FTTC 更进一步,因而更适用于高密度用户区,也更接近于长远的发展目标。

**3. 光纤到用户**

在 FTTH 结构中,ONU 放置于用户家中。FTTH 是一种全光纤网,从本地交换机到用户之间全部为光纤连接,中间没有任何铜缆,也没有任何有源设备,是一个真正的透明网络。FTTH 用于居民住宅用户,业务需求量很小,通常采用点到多点的方式。FTTH 具有容量大、信号质量好、可靠性高等优点,因而被认为是接入网发展的方向。

**4. 光纤到办公室**

在 FTTO 结构中,ONU 放置于办公室。FTTO 也是一种全光纤网,因而可以归入与FTTH 一类的网络。FTTO 主要用于企事业单位,业务需求量较大,因而通常采用点到点或环形结构。

### 9.4.4　光纤接入网的复用技术

为了进一步提高光纤的利用率,光纤接入网中采取了空分复用(Space Division Multiplexing,SDM)、波分复用(Wavelength Division Multiplexing,WDM)、时分复用(Time Division Multiplexing,TDM)、码分复用(Code Division Multiplexing,CDM)和副载波复用(Sub-Carrier Multiplexing,SCM)等各种光的复用技术。

**1. 空分复用**

空分复用是一种最简单的复用方式,它利用空间分割构成不同信道进行光复用,比如在一根光缆中利用两根光纤构成两个不同的信道。由于光纤之间的串音很小,不同光纤可以采用同一个波长的光载波。

**2. 波分复用**

波分复用在本质上是光域上的频分复用(Frequency Division Multiplexing,FDM)。在WDM 方式中,发送端采用合波器将不同波长的光载波信号合并起来送入一根光纤进行传输,接收端再用一分波器将这些光载波信号分开,从而在一根光纤中可实现多路光信号的复用传输。同样,双向传输的问题也很容易解决,只需将两个方向的信号分别采用不同波长传输即可。

**3. 时分复用**

电时分复用由于受到电子速率极限的限制,速率不可能很高,因此直接在光域上进行时分复用的光时分复用(Optical Time Division Multiplexing,OTDM)就应运而生了。光时分复用的原理和电时分复用相同,每一帧时间都被划分为若干个时隙,不同的时隙可以传输不同的信号。

图 9.14 是一个典型的光时分复用点对点传输系统。超短脉冲光源在时钟的控制下产生超短光脉冲,经过掺铒光纤放大器(EDFA)放大后分成 $N$ 路,每路光脉冲由各支路信号单独调制,调制后的信号经过不同的延时后用合路器合并成一路高速 OTDM 信号。该

OTDM 信号经光纤传输到达接收端后首先进行时钟提取,提取的时钟作为控制信号送到解复用器解出各个支路信号,再对各个支路信号单独接收。

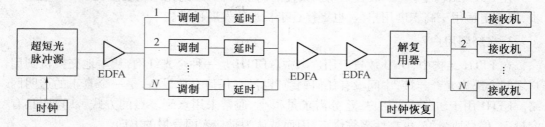

图 9.14　光时分复用点对点传输系统

### 4. 码分复用

光码分复用通信系统,是给每个用户分配唯一的光正交码的码字作为该用户的地址码。在发送端对要传输的数据信息用该地址码进行光编码,在接收端用与发送端相同的地址码进行光解码,从而实现信道复用。

光码分复用通信系统的原理框图如图 9.15 所示。窄光脉冲源产生重复频率与数据流的速率相同的窄光脉冲。当数据为"0"时光开关断开,无光脉冲送至编码器,所以在该码元期间编码器输出始终为 0;当数据为"1"时光开关接通,将窄光脉冲送至光正交码编码器,输出一光正交码,送入公共信道实现复用。在接收端,接收机把从公共信道上收到的复用信号,先进行光解码,解码器的输出为有用信号和多址干扰的迭加,然后经光/电转换、抽样判决恢复出原始的数据流。

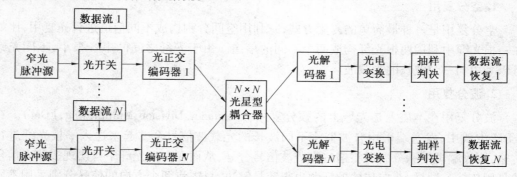

图 9.15　光码分复用通信系统

### 5. 副载波复用

副载波复用方式中,整个通信过程要经过两次调制和两次解调。第一次调制的是电载波,第二次调制的是光载波。解调的顺序相反,第一次解调的是光载波,第二次解调的是电载波。电载波通常被称为副载波,因此把这种复用方式称为副载波复用。图 9.16 所示为副载波复用通信系统的原理框图。在发送端,首先将多个基带信号分别调制不同频率的电载波,之后把这些经过频分复用的电信号群对一个光载波进行调制,然后送入光纤。在接收端,先由光电检测器检出电频分复用信号群,再将各路电载波分开,经过解调,恢复原来的各个基带信号。

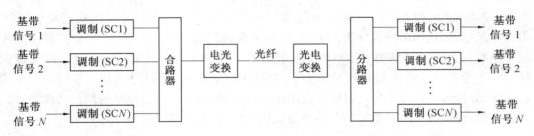

图 9.16　副载波复用通信系统

### 9.4.5　无源光网络

在无源光网络中,信号由光分路器、无源光功率分配器等传至用户,信号处理全部由局端和用户端设备完成,信号在传输过程中无再生放大,实现了透明传输。由于 PON 具有成本低、对业务透明、易于升级和管理等优势,因此在接入网中扮演着越来越重要的角色。根据接入协议的不同,PON 可以分为 ATM 无源光网络(ATM Passive optical network,APON)、以太网无源光网络(Ethernet Passive optical network,EPON)和吉比特无源光网络(Gigabit Passive optical network,GPON)。

#### 1. ATM 无源光网络

（1）APON 的概念和主要特点

在 PON 中采用 ATM 技术,就成为 ATM 无源光网络。APON 将 PON 与 ATM 的特点结合起来,显示了它在各种光纤接入技术中的优势。利用 ATM 的统计复用特性,APON 可以提供从窄带到宽带等各种业务,不仅支持可变速率业务,也支持时延要求较小的业务,具有支持多业务多比特率的能力。

ITU-T 于 1998 年通过了关于 APON 的 G.983.1 建议。该建议提出下行和上行通信分别采用 TDM 和 TDMA 方式来实现用户对同一光纤带宽的共享。同时,还规定了标称线路速率、光网络要求、网络分层结构、物理媒质层要求、会聚层要求、测距方法和传输性能要求等。2000 年 ITU-T 又通过了 G.983.2 建议,即 APON 的光网络终端管理和控制接口规范,规定了与协议无关的管理信息库被管实体、OLT 和 ONU 之间信息交互模型、ONU 管理和控制通道以及协议和消息定义等。该建议主要从网络管理和信息模型上对 APON 系统进行定义,以使不同厂商的设备实现互操作。

APON 主要优点是:在光分配网络中没有有源器件,因而比较简单、可靠,并易于维护管理;采用树型分支结构,多个 ONU 共享光纤介质使系统总成本降低;能够全动态分配带宽,充分利用网络资源;支持多业务多比特率,具有综合接入能力;时延小。虽然 APON 有一系列优势,但也存在利用 ATM 信元造成的传输效率较低、系统相对复杂等缺点。

（2）APON 的系统结构及工作原理

APON 的系统结构如图 9.17 所示。APON 接入的主干网为 ATM 网,它采用无源双星结构,分路比为 32,也就是一个 ODN（即 1 个 OBD）最多支持 32 个 ONU。系统所采用的双向传输方式包括两种:一种方式是使用两根光纤分别传输上行信号和下行信号,工作波长为 1 310 nm 区;另一种方式是使用一根光纤,采取异波长双工,上行和下行工作波长分别为 1 310 nm 区和 1 550 nm 区。下行通信采用 TDM 方式,由 ATM 交换机送来的 ATM 信元先送给 OLT,OLT 将其变为 155.52 Mbit/s 或 622.08 Mbit/s 的速率,并以广播方式传送到所有与 OLT 相连的 ONU,ONU 可以根据信元的 VCI/VPI 选出属于自己的信元传送给用户终端。上行通信采用 TDMA 方式,各个 ONU 收集来自用户的信息,采用突发模式以 155.52 Mbit/s 的速率发送数据。为防止信元冲突,需要有突发信号的同步功能及时延调整功能,以确保 APON 系统为各种业务提供 ATM 标准的接入平台。

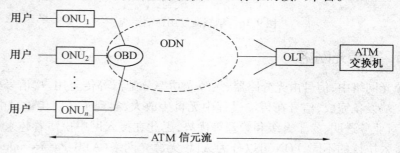

图 9.17　APON 的系统结构

(3)APON 的关键技术

① 测距技术。APON 采用 TDMA,必须保证每个时隙的数据彼此独立,互不干扰。各 ONU 到 OLT 的物理距离不等导致传输时延不同,另外环境温度变化和光电器件的老化等因素也会造成传输时延差异。因此必须引入测距机制,进行时延补偿,避免出现时隙重叠而造成数据干扰。测距程序分为两步:一是在新的 ONU 安装调测阶段进行的静态粗测,这是对物理距离差异进行的时延补偿;二是在通信过程中实时进行的动态精测,以校正由于环境温度变化和器件老化等因素引起的时延漂移。

目前,实现测距的方法主要有扩频法测距、带外法测距和带内开窗测距。

采用扩频法测距时,首先由 OLT 向 ONU 发出测距指令,ONU 收到指令后发送一个特定低幅值的伪随机码,之后 OLT 利用相关技术检测出从发出指令到接收到伪随机码的时间差。这种方法的优点是不中断正常业务,占用的通信带宽很窄,对业务质量的影响不大;缺点是技术复杂,精度不高。

采用带外法测距时,ONU 接到 OLT 发出的测距指令后将低频小幅的正弦波加到激光器的偏置电流中,正弦波的初始相位固定,OLT 通过检测正弦波的相位值计算出环路时延。该方法的优点是测距精度高,对业务质量的影响小;缺点是技术复杂,成本较高。

带内开窗测距的最大特点是粗测时占用通信带宽,当一个 ONU 需要测距时,OLT 命令其他 ONU 暂停发送上行业务,形成一个测距窗口供该 ONU 使用,测距 ONU 发送一个特定信号,在 OLT 处接收到这个信号后计算时延值。精测采用实时监测上行信号,不需另外开窗。此方法的优点是利用成熟的数字技术,实现简单、精度高、成本低;缺点是测距使用上行带宽,对业务质量的影响较大。

②快速比特同步技术。不管采用哪种测距方法,总是受到测距精度限制,各 ONU 到 OLT 的上行比特流还会存在一定的相位差异。在 APON 上行帧的每个时隙里有 3 字节开销,其中保护时间用于防止微小的相位漂移损害信号,前导字节则用于同步获取。同步获

取可以通过将收到的码流与特定的比特图案进行相关运算来实现。一般的滑动搜索方法延时太大,不适用于快速比特同步。可以采用并行的滑动相关搜索方法,将收到的信号用不同相位的时钟进行采样,采样结果同时(并行)与同步比特图案进行相关运算,并比较运算结果,在相关系数大于某个门限时将最大值对应的取样信号作为输出,并把该相位的时钟作为最佳时钟源;如果多个相关值相等,则可以取相位居中的信号和时钟。

③突发数据的收发。为了适应突发数据传输,在收发端都要采用特别的技术。在发送端,要求能够快速开启和关闭光电路。因此,传统的电/光转换模块中采用的加反馈的自动功率控制不适用于突发数据的传输,需要使用响应速度很快的激光器。在接收端,需要快速调整接收门限,以适应不同距离用户的信号衰减。调整工作通过 APON 系统中的时隙前置比特实现。突发模式前置放大器的阈值调整电路可以在几个比特内迅速建立起阈值,接收电路根据这个门限正确恢复数据。

(4) APON 的帧结构

按 G.983.1 建议,APON 可采用两种速率结构,即上下行均为 155.52 Mbit/s 的对称帧结构和下行 622.08 Mbit/s 上行 155.52 Mbit/s 的不对称帧结构。

图 9.18 和图 9.19 所示分别为 APON 的对称帧结构和不对称帧结构。不论是上行方向还是下行方向,ATM 信元都是以 APON 帧格式在 APON 系统中进行传输的。

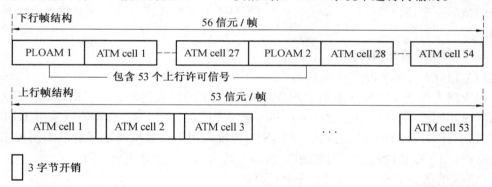

图 9.18　APON 的对称帧结构

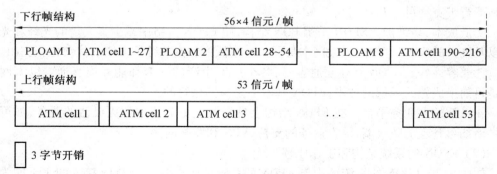

图 9.19　APON 的不对称帧结构

下行方向的 APON 帧结构中,每个时隙包含一个 53 字节的 ATM 信元或一个物理层运行管理维护(Physical Layer Operation Administration and Maintenance,PLOAM)信元,每

隔 27 个时隙插入一个 PLOAM 信元。PLOAM 信元用来传送物理层运行管理维护信息,同时携带 ONU 上行接入时所需的授权信号。155.52 Mbit/s 下行帧包含 56 个时隙,其中 2 个时隙为 PLOAM 信元,54 个时隙为 ATM 信元。622.08 Mbit/s 下行帧包含 224 个时隙,其中 8 个时隙为 PLOAM 信元,216 个时隙为 ATM 信元。

上行帧包含 53 个时隙,每一个时隙包含 56 个字节,其中 3 个字节是开销字节。开销包括三部分:用来防止上行信元间碰撞的保护时间(至少 4 bit)、用作比特同步和幅度恢复的前导字节以及用于指示 ATM 信元或微时隙开始的定界符。这三部分的边界不是固定的,用户可以根据其接收机要求自行设定。另外,上行时隙还可以包含可分割时隙,它由来自多个 ONU 的微时隙组成,MAC 协议利用这些微时隙向 OLT 传送 ONU 的排队状态信息,以实现带宽动态分配。

G.983.1 规定了多种授权信号,分别用于上行发送 ATM 信元、PLOAM 信元、微信元和空闲等的授权指示。ONU 只有收到给予自己的授权信号后,才能在相应的上行时隙发送上行信元。每个下行帧携带 53 个授权信号,分别与上行帧的 53 个时隙对应。授权信号的长度为 8 bit,每个 PLOAM 信元可以携带 27 个授权信号。对于 155.52 Mbit/s 下行帧,第一个 PLOAM 信元携带 27 个授权信号,第二个 PLOAM 信元携带 26 个授权信号,最后一个授权信号区填充空闲授权信号。对于 622.08 Mbit/s 下行帧,第二个 PLOAM 信元携带的最后一个授权信号区与余下的 6 个 PLOAM 信元的授权信号区全部填充空闲授权信号。

**2. 以太网无源光网络**

(1)EPON 的概念和主要特点

以太网无源光网络是指采用 PON 的拓扑结构实现以太网的接入。EPON 除帧结构和 APON 不同外,其余所用的技术与 G.983 建议中的许多内容类似,其下行采用 TDM 传输方式,上行采用 TDMA 传输方式。EPON 与传统的用于计算机局域网的以太网技术不同,它仅采用了以太网的帧结构和接口,而网络结构和工作原理完全不同。

EPON 的优势主要体现在以下几个方面:

①高带宽。EPON 的下行通信采用广播方式,上行通信采用用户共享信道的方式,上行和下行带宽均可达几百到几千 Mbit/s。

②低成本、易维护。EPON 采用 PON 结构,使 EPON 网络中减少了大量的光纤和光器件以及维护的成本。另外,以太网本身器件价格低廉和安装维护方便的优势也很突出。

③兼容性好。EPON 互连互通容易,各个厂家生产的网卡都能互连互通。以太网技术是目前最成熟的局域网技术,EPON 基本上是与其兼容的。

④灵活的多业务平台。在 EPON 结构上易于开发更宽范围和更灵活的业务,如可以提供诸如可管理的防火墙、语音业务的支持、VPN 和互联网接入等业务。

(2)EPON 的系统结构和工作原理

如图 9.20,EPON 的系统结构与 APON 的系统结构类似,但 EPON 接入的主干网为以太网,传输的数据流为以太网帧流。EPON 的分路比最高可达 64。在下行方向上,EPON 系统采用 TDM 方式,OLT 将数据以可变长度的数据包以广播方式传输给所有的 ONU,每个包携带一个具有传输到目的地 ONU 标识符的信头。当数据到达 ONU 时,它接收属于自己的数据包,丢弃其他的数据包。在上行方向上,EPON 系统采用 TDMA 方式,将多个 ONU 的上行信息组织成一个 TDM 信息流传送到 OLT。

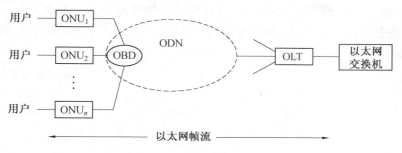

图 9.20　EPON 系统结构

（3）EPON 的关键技术

由于采用 TDMA 方式,因此 EPON 也涉及测距、快速比特同步和突发数据的收发等问题。这些内容在前面已有介绍,下面简单介绍 EPON 的其他几个关键技术。

①带宽分配。EPON 分配给每个 ONU 的上行接入带宽由 OLT 控制决定,带宽与指定给 ONU 的窗口大小和上行传输速率有关。带宽分配包括静态分配和动态分配两种。静态带宽分配是指指定给每个 ONU 的发送窗口尺寸固定;动态带宽分配是指 OLT 根据 ONU 的需要动态地指定发送窗口尺寸。

②实时业务传输质量。语音和视频等实时业务对传输时延和时延抖动的要求较为严格。而以太网的固有机制难以支持端到端的包延时、包丢失率以及带宽控制能力。如何确保实时业务的服务质量是亟待解决的问题。目前主要有两种解决方案:一种是对于不同的业务采用不同的优先权等级,对实时的业务优先传送;另一种是带宽预留,即提供一个开放的高速通道,专门用来传输实时业务,从而确保服务的质量。

③安全性和可靠性。EPON 下行信号以广播的方式发送给所有 ONU,因此为了保证安全性,必须对发送给每个 ONU 的下行信号单独进行加密。OLT 可以定时地发出命令要求 ONU 更新自己的密钥,OLT 就利用每个 ONU 发送来的新密钥对发送给该 ONU 的数据进行加密,确保每个用户的隐私。

（4）EPON 的帧结构

EPON 的下行帧结构如图 9.21 所示。每帧固定时长为 2 ms,其传输速率为 1.25 Gbit/s,以统计时分复用方式携带多个可变长度的数据包（时隙）。每帧的开头为 1 个字节的同步标识符,用于 ONU 与 OLT 的同步。数据包遵循 802.3 协议,由信头、长度

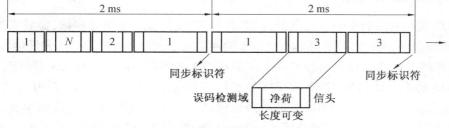

图 9.21　EPON 的下行帧结构

可变净荷和误码检测域组成。

　　EPON 的上行帧结构及其组成过程分别如图 9.22 和图 9.23 所示。同下行帧一样，上行帧每帧固定时长为 2 ms，每帧有一个帧头表示该帧的开始。各帧又进一步分割成时隙，每个时隙分配给一个 ONU，用于发送上行数据。ONU 在指定时隙内可发送多个长度可变的数据包。

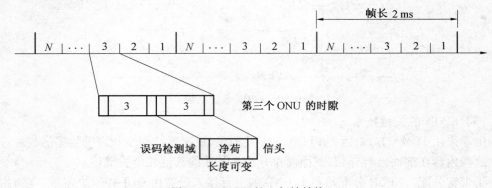

图 9.22　EPON 的上行帧结构

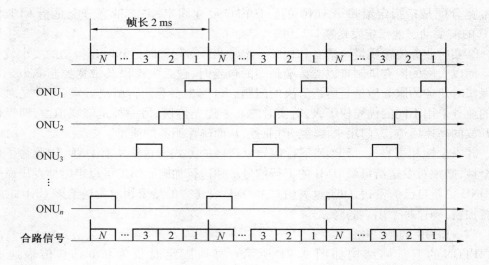

图 9.23　EPON 的上行帧组成过程

### 3. 吉比特无源光网络

　　GPON 是一种具有 Gbit/s 级的高速率、高效率，支持多业务透明传输，能够提供明确的服务质量保证和服务级别，并具有电信级的网络监测和业务管理能力的光纤接入技术。在 2003 年的 ITU-T 会议上通过了 G.984.1、G.984.2 和 G.984.3 的 GPON 系列标准。

　　GPON 的系统结构与 APON 及 EPON 类似，同样在下行方向上采用 TDM 方式，在上行方向上采用 TDMA 方式。GPON 的分路比最高可达 128。GPON 上传送的不是以太帧，而是 ATM 信元和 GEM(GPON Encapsulation Method)帧，即在 GPON 中用 ATM 信元和 GEM 帧来承载语音、数据和视频等业务。

如图 9.24,GEM 帧由帧头和载荷两部分组成。帧头包括四个字段:PLI、Port ID、PTI 和 HEC。PLI 为载荷长度指示,长度为 12 bit,因此所能指示的最大载荷长度为 4 096 字节,当用户数据超过这一长度时必须采用分片机制进行传送。Port ID 为端口 ID,用于支持多端口复用,其长度为 12 bit,最多能支持 4 096 个不同的端口。PTI 为载荷类型指示,用于指示载荷的类型和相应的处理方式,其长度为 3 bit,其中最高位指示载荷是数据帧还是 OAM 帧,第二位指示是否有拥塞发生,最末一位用于指示在分片的情况下该 GEM 帧是否为最后一个分片。HEC 为帧头差错校验,用于帧头的检错和纠错,其长度为 13 bit。载荷可以承载 TDM 帧和以太网帧等多种类型的数据。

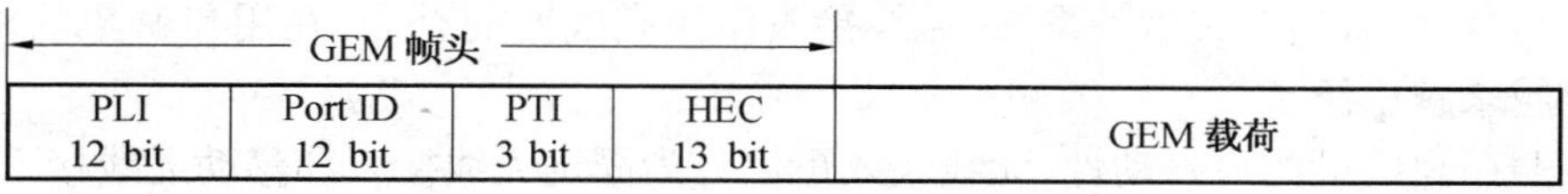

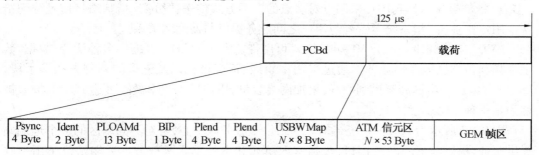

图 9.24　GEM 帧结构

图 9.25 所示为 GPON 的下行帧格式。PCBd(Physical Control Block downstream)为下行物理层控制块,其中 Psync 为物理层同步控制,用于 ONU 与 OLT 的同步。Ident 为超帧指示,其值为 0 时是一个超帧的开始。PLOAMd 用于承载下行物理层运行管理维护信息。BIP 为比特间插奇偶校验码,用作误码检测。Plend 用于说明 USBW Map 字段的长度及载荷中 ATM 信元的数目,为了增加可靠性,Plend 出现了两次。USBW Map 用于上下行带宽分配。载荷部分透明承载 ATM 信元及 GEM 帧。

图 9.25　GPON 下行帧格式

图 9.26 所示为 GPON 的上行帧格式。上行帧的构成由下行帧中 USBW Map 字段确定。PLOu(Physical Layer Overhead upstream)为上行物理层开销,用于突发传输同步,包含前导码、定界符、BIP、PLOAMu 指示及 FEC 指示,其长度由 OLT 在初始化 ONU 时设置。PLSu 为上行功率测量序列,长度为 120 字节,用于调整光功率。PLOAMu 用于承载上行 PLOAM 信息,包含 ONU ID、Message 及 CRC,长度为 13 字节。DBRu 包含 DBA 及 CRC,

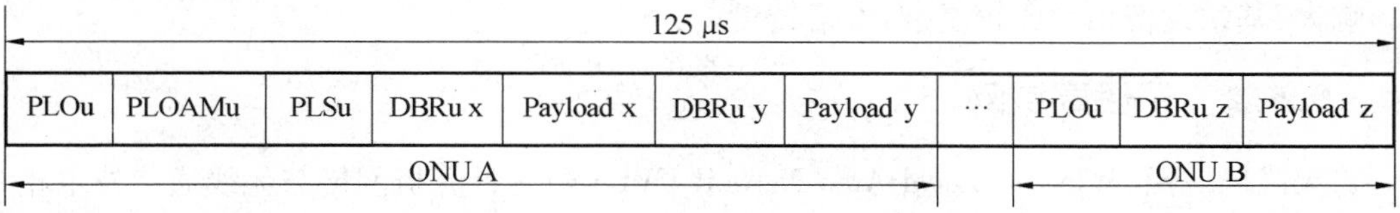

图 9.26　GPON 上行帧格式

用于申请上行带宽,共 2 字节。Payload 承载 ATM 信元或者 GEM 帧。

# 9.5　无线接入技术

无线接入是指从交换节点到用户终端之间,部分或全部采用了微波、卫星等无线方式的接入技术。无线接入技术的最大特点和最大优点是具有接入不受线缆约束的自由性。由于无线接入系统具有组网灵活快速、升级维护方便、建网费用低等优点,因此特别适用于海岛、山区和农村等用户密度小或有线链路难以到达的地区以及作为临时性通信手段使用。另外,随着通信技术的发展,无线接入作为有线网的补充,在用户密集的市区中的应用也越来越广泛。

按照用户终端的可移动性,无线接入可以分为固定无线接入和移动无线接入两大类。固定无线接入的服务对象是位置固定或仅在小范围内移动的用户,其用户终端包括电话机、传真机和计算机等。移动无线接入的服务对象是移动用户,其用户终端主要包括手持式、便携式和车载式电话等。

## 9.5.1　本地多点分配业务

本地多点分配业务(Local Multipoint Distribution Service,LMDS)是 20 世纪 90 年代发展起来的一种宽带固定无线接入技术。所谓"本地"是指基站覆盖的范围在 5 km 以内;"多点"指信号从基站到用户采用点对多点的广播方式传送;"分配"指基站将信号分配给各个用户;"业务"指系统运营者与用户之间业务提供与使用的关系。

LMDS 工作频段一般为 10 ~ 40 GHz,可用带宽大于 1 GHz,可提供多种话音、数据、数字视频和租用线等多种业务。通过采用多扇区、正交极化以及先进的调制方式等手段,LMDS 可以进一步提高频谱利用率,增加网络容量,用户接入速率最高可达 155 Mbit/s,被称为是一种"无线光纤"技术。

图 9.27 所示为 LMDS 系统结构。基站位于服务区中心,可对不同扇区的多个远端站提供服务,提供与核心网的接口,包括室内单元和室外单元两部分。远端站位于用户驻地,也包括室内单元和室外单元两部分。远端站的主要任务是接收基站的下行广播信号,从中提取属于自己的业务信号,将其分配到各个用户;同时将来自本站各个用户的信号进行复用并发送到基站。网管系统提供故障管理、配置管理、性能管理、安全管理和计费等基本功能,如自动功率控制、本地和远端软件下载、自动性能测试和远程管理等。

LMDS 系统的主要优点是工作频带宽,系统容量大,前期投资少,网络运行维护费用比较低。但由于系统采用了微波波段的频率,服务区覆盖范围小,受气候条件和建筑物的影响大,基站设备相对比较复杂,价格较贵。

## 9.5.2　无线局域网

无线局域网(Wireless Local Area Network,WLAN)是计算机网络与无线通信技术相结合的产物,利用电磁波代替传统的缆线进行信息传输,提供传统有线局域网的功能。WLAN 具有安装便捷、高移动性、经济性和易扩展等优点,但在系统容量、可靠性、共存性

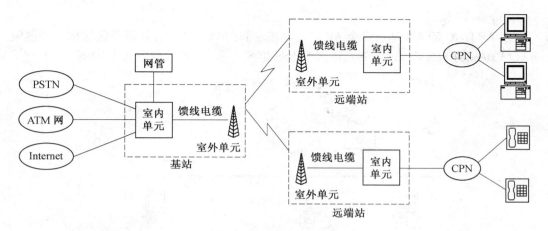

图 9.27　LMDS 系统结构

等方面具有一定的局限性。WLAN 的标准主要有 IEEE 802.11 系列标准和 ETSI Hiper-
LAN1/HiperLAN2 标准。目前,WLAN 的推广和认证工作主要由产业标准组织无线保真
(WiFi)联盟完成,所以 WLAN 技术常常被称之为 WiFi。

　　WLAN 的组网方式主要有点对点模式、基础架构模式、多 AP(Access Point,访问点)
模式、无线网桥模式和无线中继器模式五种。

　　(1) 点对点模式

　　如图 9.28,点对点模式 WLAN 由无线工作站组成,无需
AP,各个工作站直接进行通信。点对点模式 WLAN 中的各个节
点必须能够同时"看"到网络中的其他节点,因此只适用于少数
用户的组网环境。

　　(2) 基础架构模式

　　基础架构模式 WLAN 由无线访问点、无线工作站及分布式
系统(Distributed System,DS)构成,覆盖的区域称为基本服务区
(Basic Service Set,BSS),覆盖范围可达上百米。无线访问点也

图 9.28　点对点模式

称为无线 hub,所有的无线通信都通过 AP 完成,AP 可以连接到有线网络,实现无线网络
和有线网络的互连。基础架构模式如图 9.29 所示。

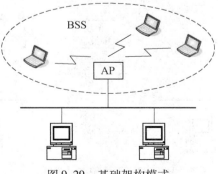

图 9.29　基础架构模式

### (3)多 AP 模式

多 AP 模式 WLAN 是由多个 AP 以及连接它们的 DS 组成的,其覆盖区域称为扩展服务区(Extended Service Set,ESS),由多个 BSS 组成。多 AP 模式如图 9.30 所示。

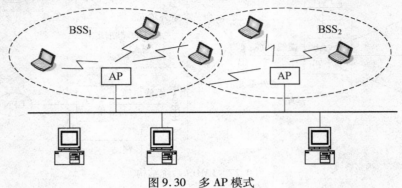

图 9.30　多 AP 模式

### (4)无线网桥模式

无线网桥模式是指利用一对 AP 连接两个有线或无线局域网网段,如图 9.31 所示。

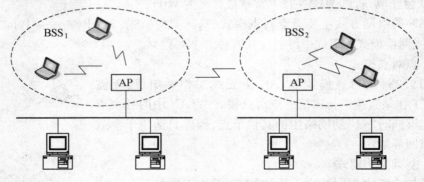

图 9.31　无线网桥模式

### (5)无线中继器模式

无线中继器模式是指利用无线中继器进行转发数据,从而延伸系统的覆盖范围,如图 9.32 所示。

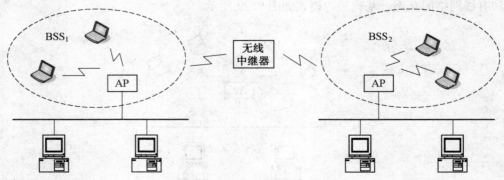

图 9.32　无线中继器模式

## 习　题

9.1　接入网的定义是什么？它由哪三个接口来定界？

9.2　接入网与核心网的主要区别是什么？

9.3　简述接入网的接口类型及其功能。

9.4　简述接入网各个功能模块的功能。

9.5　ADSL 的主要特点是什么？

9.6　简述 ADSL 系统的组成。

9.7　HFC 接入的主要特点是什么？

9.8　根据 ONU 在光接入网中所处的具体位置，光纤接入网主要包括几种应用形式？

9.9　有源光网络和无源光网络的主要特点分别是什么？

9.10　简要分析 APON 的关键技术。

9.11　描述 EPON 的帧结构。

9.12　与有线接入技术相比，无线接入技术有哪些优缺点？

# 第 10 章

# 短距离无线通信技术

随着网络及通信技术的飞速发展,人们对无线通信的需求越来越大,也出现了许多的无线通信协议。本章对目前使用较广泛的蓝牙技术、红外数据通信技术、Zigbee 技术和无线射频识别技术进行介绍。

## 10.1 蓝 牙 技 术

蓝牙,是一种支持设备短距离通信(一般 10 m 内)的无线电技术。能在包括移动电话、PDA、无线耳机、笔记本电脑、相关外设等众多设备之间进行无线信息交换。利用"蓝牙"技术,能够有效地简化移动通信终端设备之间的通信,也能够成功地简化设备与因特网之间的通信,从而使数据传输变得更加迅速高效,为无线通信拓宽道路。蓝牙采用分散式网络结构以及快跳频和短包技术,支持点对点及点对多点通信,工作在全球通用的 2.4 GHz ISM(即工业、科学、医学)频段,其数据速率为 1 Mbit/s。采用时分双工传输方案实现全双工传输。

### 1. 蓝牙技术的特点

蓝牙技术提供低成本、近距离的无线通信,构成固定与移动设备通信环境中的个人网络,使得近距离内各种设备能够实现无缝资源共享。显然,这种通信技术与传统的通信模式有明显的区别。它的初衷是希望以相同成本和安全性实现一般电缆的功能,从而使移动用户摆脱电缆束缚。这就决定了蓝牙技术具备以下技术特性。

(1)能传送语音和数据

蓝牙技术定义了电路交换与分组交换的数据传输类型,能够同时支持语音与数据信息的传输。目前电话网络的语音通话属于电路交换类型,发话者与受话者之间建立起一条专门的连线。网络上的数据传输则属于分组交换类型。分组交换是将数据切割成具有地址标记的分组数据包后通过多条共享通道发送出去。这两种传输类型都不能同时传输语音和数据信息。

蓝牙技术支持电路交换和分组交换,即能同时传输语音和数据信息。蓝牙定义了 2 种链路类型:SCO(面向连接的同步链路)和 ACL(面向无连接的异步链路)。每种链路支持 16 种不同的分组类型。SCO 数据包既可以支持数据传送,也可以支持语音传送。语音编码方式采用 PCM 或 CVSD(连续可变斜率增量调制),由用户选择。ACL 支持对称和非对称两种帧格式,ACL 和 SCO 可以同时工作,这意味着语音和数据可以同时被传送。

（2）使用全球通用的频段

要使通信产品快速地普及，必须使通信频率位于全球各个国家开放的频段上。蓝牙技术工作在全球通用的 2.4 GHz 频段，即 ISM 频段。ISM 频段是指用于工业、科学和医学的全球公用频段，它包括 902～928 MHz 和 2.4～2.484 GHz 两个频率段范围，可以免费使用而不用申请。蓝牙技术采用 PLUG&PLAY 功能，可以解释成"即插即用"，即任何具有蓝牙功能的设备一旦搜寻到另一个具有蓝牙功能的设备可以立即建立连接，而用户无须进行任何设置。

ISM 频段是对所有无线电系统都开放的频段，为了避免与此频段上的其他系统或设备（如无绳电话、微波炉等）互相干扰，蓝牙系统还特别设计了快速确认和跳频的方案，以确保链路的稳定性。跳频技术是把频带分成若干个跳频信道，在一次连接中，无线电收发器按一定的伪随机编码序列快速地从一个信道跳到另一个信道，只有收发双方按这个规律通信，而其他的干扰源不会按同样的规律变频。跳频的瞬时带宽很窄，但通过扩展频谱技术可使这个窄频带扩展成宽频带，使可能产生干扰的影响降低。与其他工作在相同频段的系统相比，蓝牙跳频更快，数据包更短，因此，蓝牙系统比其他系统更稳定。

（3）低成本、低功耗和低辐射

轻、薄、小是蓝牙技术的基本目标之一。结合蓝牙技术与芯片制造技术把蓝牙系统组合在单芯片内，与许多电子元件组成蓝牙模块后，以 USB 或是 RS-232 接口与现有的设备互相连接，或是内嵌在各种信息设备内，达到低成本、低功耗和低辐射的目标。飞利浦公司的蓝牙 SiP（BGB203/4）技术方案实现了业内最高的集成水平，并符合蓝牙 1.2 版标准。该蓝牙 SiP 包含了连接所需的所有器件：射频、基带、存储器、滤波器、对称/不对称转换器和其他分立元件，并将这些器件都集成在一个低成本的 HVQFN 封装里，只有 49 mm² 大小，厚度仅为 0.8 mm。

将蓝牙模块看作一个短距离通信系统，目前它的价格不算高。如果将其视为一个无线电缆，则价格仍然不低，长期目标将锁定在 5 美元以下。为了能够替代一般电缆，蓝牙芯片价格必须达到这个目标，这样才具备和一般电缆差不多的价格，从而被广大普通消费者所接受，使这项技术得到普及。目前，蓝牙芯片价格降不下来既有经济原因，也有技术原因。从技术角度来看，蓝牙芯片集成了无线、基带和链路管理层功能。如果由软件实现链路管理层功能，那么芯片被简化，价格也将趋于合理。而从经济角度来看，蓝牙芯片的大批量生产无疑将摊薄成本，降低价格。目前，大规模购买的蓝牙模块平均价格已经降至 5 美元以下，国内主流蓝牙芯片的价格大约为 100 元以内。

蓝牙芯片的发射功率能够根据使用模式自动调节，正常工作时的发射功率为 1 mW，发射距离一般为 10 m。蓝牙规范定义了三种节能状态：休眠（Park）、保持（Hold）和呼吸（Sniff）。这些状态既能处于低功率状态，也能处于连接状态。当传输信息量减少或无数据传输时，蓝牙设备将减少处于激活状态的时间；而进入低功率工作模式，这种模式比正常工作模式节省约 70% 的发射功率。也正是由于蓝牙设备的发射功率很小，通信过程中产生的无线辐射完全符合工业标准，不会危害使用蓝牙设备的用户或进入蓝牙有效通信范围内的人们。目前蓝牙的最大发射距离通常可以达到 100 m，基本可以满足常见的短距离无线通信的需要。

（4）安全性

蓝牙系统的安全问题一直是深受关注的,因为蓝牙的移动性与开放性使得安全问题极为重要。同其他无线信号一样,蓝牙信号很容易被截取。因此,蓝牙协议提供了认证和加密,以实现链路级安全。蓝牙系统认证与加密服务由物理层提供,采用流密码加密技术,适于硬件实现,密钥由高层软件管理。如果用户有更高级别的保密要求,可以使用更高级、更有效的传输层和应用层安全机制。

安全措施不仅在确保消息和文件以无线方式进行传递时的隐私方面很重要,而且在确保电子商务合同的诚实性方面也很重要。相应地,蓝牙标准也提供了灵活的安全体系结构,既能够确保访问可信任的设备和业务,而又不对其他不可信设备和服务提供访问权限。除此之外,跳频技术保密性和蓝牙有限的传输范围也使窃听变得困难。但最近国内外发生了多起用户的蓝牙手机受病毒感染的事件,需要引起足够的重视。

（5）多用性

蓝牙技术可以应用在多种电子设备上,如移动电话、无绳电话、笔记本计算机、掌上计算机、传真机、数字相机、调制解调器、打印机、投影仪、局域网、免提式耳机和游戏操纵杆等;此外,开门及报警装置、家庭电子记事本或备忘录、遥控电灯、冰箱、微波炉和洗衣机等各种家用电器同样能够安装蓝牙模块而实现组网通信。

（6）网络特性

蓝牙技术是一种点对多点的通信协议,蓝牙设备间的数据传输不仅能够点对点,也支持点对多点的方式。蓝牙组网时最多可以有 256 个蓝牙单元设备连接形成微微网,其中 1 个主节点和 7 个从节点处于工作状态,其他处于空闲模式。多个微微网可以组成发散网。换句话说,一个蓝牙设备最多可以同时连接另外 7 个蓝牙设备,周围最多可有 255 个待机（Standby）状态的蓝牙设备。利用蓝牙技术可将个人身边的设备都连接起来,形成一个个人区域网。

**2. 蓝牙技术应用**

（1）居家中应用

现代家庭与以往的家庭有许多不同之处。在现代技术的帮助下,越来越多的人开始了居家办公,生活更加随意而高效。他们还将技术融入居家办公以外的领域,将技术应用扩展到家庭生活的其他方面。

通过使用 Bluetooth 技术产品,人们可以免除居家办公电缆缠绕的苦恼。鼠标、键盘、打印机、膝上型计算机、耳机和扬声器等均可以在 PC 环境中无线使用,这不但增加了办公区域的美感,还为室内装饰提供了更多创意和自由（设想,将打印机放在壁橱里）。此外,通过在移动设备和家用 PC 之间同步联系人和日历信息,用户可以随时随地存取最新的信息。

Bluetooth 设备不仅可以使居家办公更加轻松,还能使家庭娱乐更加便利:用户可以在 30 英尺（1 英尺 = 0.304 8 米）以内无线控制存储在 PC 或 Apple iPod 上的音频文件。Bluetooth 技术还可以用在适配器中,允许人们从相机、手机、膝上型计算机向电视发送照片以与朋友共享。

（2）工作中的应用

过去的办公室因各种电线纠缠不清而非常混乱。从为设备供电的电线到连接计算机至键盘、打印机、鼠标和 PDA 的电缆，无不造成了一个杂乱无序的工作环境。在某些情况下，这会增加办公室危险，如员工可能会被电线绊倒或被电缆缠绕。通过 Bluetooth 无线技术，办公室里再也看不到凌乱的电线，整个办公室也像一台机器一样有条不紊地高效运作。PDA 可与计算机同步以共享日历和联系人列表，外围设备可直接与计算机通信，员工可通过 Bluetooth 耳机在整个办公室内行走时接听电话，所有这些都无需电线连接。

Bluetooth 技术的用途不仅限于解决办公室环境的杂乱情况。启用 Bluetooth 的设备能够创建自己的即时网络，让用户能够共享演示稿或其他文件，不受兼容性或电子邮件访问的限制。Bluetooth 设备能方便地召开小组会议，通过无线网络与其他办公室进行对话，并将个人的构思传送到计算机。

不管是在一个未联网的房间里工作或是试图召开热情互动的会议，Bluetooth 无线技术都可以帮助您轻松开展会议、提高效率并增进创造性协作。市场上有许多产品都支持通过 Bluetooth 连接从一个设备向另一个设备无线传输文件。类似 eBeam 投影系统之类的产品支持以无线方式将会议记录保存在计算机上。

消除台式机杂乱的连线，实现无线高效办公。Bluetooth 无线键盘、鼠标及演示设备可以简化工作空间。将 PDA 或手机与计算机无线同步可以及时有效地更新并管理用户的联系人列表和日历。

您需要快速、有效且安全的销售方式吗？ 有越来越多的移动销售设备支持 Bluetooth 功能，销售人员也得以使用手机进行连接并通过 GPRS、EDGE 或 UMTS 移动网络传输信息。您可以使用 Bluetooth 技术将移动打印机连接至膝上型计算机，现场为客户打印收据。不管是在办公室、在餐桌上，或是在途中，您都可以减少文书处理，缩短等待时间，为客户实现无缝事务处理。

提高物流效率。通过使用 Bluetooth 技术连接，货运巨擘 UPS 和 FedEx 已成功减少了需要置换的线缆的使用，并显著提高了工人的效率。

（3）驾车应用

开车接听或者拨打电话的情况在街头并不少见，这种行为不但违反交通法规，还存在安全隐患。特别是自从 2013 年 1 月 1 日起中国新交通规则启用，其中明确规定：机动车驾驶人驾驶机动车有拨打、接听手机等妨碍安全驾驶的行为的，一次记 2 分，有些地区根据情况还将对驾驶员在驾驶过程中的接打电话行为处以经济处罚。那么，蓝牙耳机在安全驾驶上的应用也就应运而生。

# 10.2　红外数据通信技术

红外线数据标准协会（Infrared Data Association，IrDA）成立于 1993 年，是个致力于建立无线传播连接的国际标准非营利性组织。目前在全球拥有 160 个会员，参与的厂商包括计算机及通信硬件、软件及电信公司等。简单地讲，IrDA 是一种利用红外线进行点对点通信的技术，其相应的软件和硬件技术都已比较成熟。

**1. 红外通信技术上的主要优点**

①无需专门申请特定频率的使用执照,这一点,在当前频率资源匮乏,频道使用费用增加的背景下是非常重要的。

②具有移动通信设备所必需的体积小、功率低的特点。HP 公司目前已推出结合模块应用的约从 $2.5\times8.0\times2.9$ mm³ 到 $5.3\times13.0\times3.8$ mm³ 的专用器件,与同类技术相比,耗电量也是最低的。

③传输速率在适合于家庭和办公室使用的微微网(Piconet)中是最高的,由于采用点到点的连接,数据传输所受到干扰较少,速率可达 16 Mbit/s。

④除了在技术上有自己的技术特点外,IrDA 的市场优势也是十分明显的。目前,全世界有 5 000 万设备采用 IrDA 技术,并且仍然每年以 50% 的速度增长。有 95% 的手提电脑安装了 IrDA 接口。在成本上,红外线 LED 及接收器等组件远较一般 RF 组件便宜,IrDA 端口的成本在 5 美元以内,如果对速率要求不高甚至可以低到 1.5 美元以内。

**2. 红外通信技术的局限性**

①IrDA 是一种视距传输技术,也就是说两个具有 IrDA 端口的设备之间如果传输数据,中间就不能有阻挡物,这在两个设备之间是容易实现的,但在多个电子设备间就必须彼此调整位置和角度等。

②IrDA 设备中的核心部件——红外线 LED 不是一种十分耐用的器件,对于不经常使用的扫描仪、数码相机等设备虽然游刃有余,但如果经常用装配 IrDA 端口的手机上网,可能很快就不堪重负了。

IrDA 除了传输速率由原来的 FIR(Fast Infrared)的 4 Mbit/s 提高到最新 VFIR(Very Fast Infrared)的 16 Mb/s 标准;接收角度也由传统的 30°扩展到 120°。这样,在台式电脑上采用低功耗、小体积、移动余度较大的含有 IrDA 接口的键盘、鼠标就有了基本的技术保障。同时,由于 Internet 的迅猛发展和图形文件逐渐增多,IrDA 的高速率传输优势在扫描仪和数码相机等图形处理设备中更可大显身手。

# 10.3 Zigbee 技术

Zigbee 是基于 IEEE802.15.4 标准的低功耗个域网协议。根据这个协议规定的技术是一种短距离、低功耗的无线通信技术。这一名称来源于蜜蜂的八字舞,由于蜜蜂(Bee)是靠飞翔和"嗡嗡"(Zig)地抖动翅膀的"舞蹈"来与同伴传递花粉所在方位信息,也就是说蜜蜂依靠这样的方式构成了群体中的通信网络。Zigbee 技术的特点是近距离、低复杂度、自组织、低功耗、低数据速率、低成本。主要适合用于自动控制和远程控制领域,可以嵌入各种设备。简而言之,ZigBee 就是一种便宜的、低功耗的近距离无线组网通信技术。

**1. Zigbee 技术特性**

(1)低功耗

在低耗电待机模式下,2 节 5 号干电池可支持 1 个节点工作 6 ~ 24 个月,甚至更长。这是 ZigBee 的突出优势。相比较,蓝牙能工作数周,WiFi 可工作数小时。

（2）低成本

通过大幅简化协议（不到蓝牙的 1/10），降低了对通信控制器的要求，按预测分析，以 8051 的 8 位微控制器测算，全功能的主节点需要 32 KB 代码，子功能节点少至 4 KB 代码，而且 ZigBee 免协议专利费。每块芯片的价格大约为 2 美元。

（3）低速率

ZigBee 工作在 20 ～ 250 kbit/s 的速率，分别提供 250 kbit/s（2.4GHz）、40 kbit/s（915 MHz）和 20 kbit/s（868 MHz）的原始数据吞吐率，满足低速率传输数据的应用需求。

（4）近距离

传输范围一般介于 10 ~ 100 m 之间，在增加发射功率后，亦可增加到 1 ~ 3 km。这指的是相邻节点间的距离。如果通过路由和节点间通信的接力，传输距离将可以更远。

（5）短时延

ZigBee 的响应速度较快，一般从睡眠转入工作状态只需 15 ms，节点连接进入网络只需 30 ms，进一步节省了电能。相比较，蓝牙需要 3 ~ 10 s，WiFi 需要 3 s。

（6）高容量

ZigBee 可采用星状、片状和网状网络结构，由一个主节点管理若干子节点，最多一个主节点可管理 254 个子节点；同时主节点还可由上一层网络节点管理，最多可组成 65 000 个节点的大网。

（7）高安全性

ZigBee 提供了三级安全模式，包括无安全设定、使用访问控制清单（Access Control List, ACL）防止非法获取数据以及采用高级加密标准（AES 128）的对称密码，以灵活确定其安全属性。

（8）免执照频段

使用工业科学医疗（ISM）频段——915 MHz（美国），868 MHz（欧洲），2.4 GHz（全球）。

由于此三个频带物理层并不相同，其各自信道带宽也不同，分别为 0.6 MHz、2 MHz 和 5 MHz，分别有 1 个、10 个和 16 个信道。

这三个频带的扩频和调制方式亦有区别。扩频都使用直接序列扩频（DSSS），但从比特到码片的变换差别较大。调制方式都用了调相技术，但 868 MHz 和 915 MHz 频段采用的是 BPSK，而 2.4 GHz 频段采用的是 OQPSK。

在发射功率为 0 dBm 的情况下，蓝牙通常能有 10 m 的作用范围。而 ZigBee 在室内通常能达到 30 ~ 50 m 的作用距离，在室外空旷地带甚至可以达到 400 m。

**2. Zigbee 技术应用**

（1）智能家居

尽管智能家居概念已提出多年，但由于相应的通信技术及应用方面的发展速度缓慢，一直没有走向实用化。随着 ZigBee 技术的出现，智能家居可能在未来的几年内加速走入人们的生活。ZigBee 模块可安装在电视、灯泡、遥控器、儿童玩具、游戏机、门禁系统、空调系统和其他家电产品中，实现家居的照明、温/湿度、安全和电气智能控制。例如，在灯泡中安装 ZigBee 模块，当人们要开灯时，不需要走到墙壁开关处，直接通过遥控便可实现；

当你打开电视机时,灯光会自动减弱;当电话铃响你拿起话机准备通话时,电视机会自动静音。通过 ZigBee 终端设备还可以收集家居的各种信息,传送到中央控制设备;或是通过遥控达到远程控制的目的,提供家居生活自动化、网络化与智能化。通过 ZigBee 网络,人们可以远程控制家里的电器、门窗,查看安保系统信息等。例如,回家前预先开启家里的空调;下雨时遥控关闭门窗;家中有非法入侵者时,及时得到安保系统的通知;及时方便地采集水、电、燃气的用量。总之,只需一个 ZigBee 遥控器,就可控制所有的家电设备(不会再有茶几上横七竖八摆放各种遥控器的情况)。

(2)工业应用

通过 ZigBee 网络自动收集厂区各种设备信息,并将信息送达中央控制系统进行数据处理与分析,以掌握工厂的整体信息。例如,人们可以通过 ZigBee 网络实现厂房内不同区域温/湿度的监控、照明系统感测;及时得到机器运转状况信息进行生产线流程控制等;结合 RFID 标签,可以及时统计库中零配件存量等,这些都可由 ZigBee 网络提供相关信息,达到工业控制和环境监测的目的。当然,目前工厂内已有大量的有线控制系统,但以 ZigBee 为基础的系统可以为控制系统和自动化的成本削减 50% 以上,单单取消管道、线缆和人工的使用这一项就能削减高达 80% 的安装成本,这些是不容忽视的。

(3)智能交通

沿着街道、高速公路及其他地方布置大量 ZigBee 节点设备,人们就不会再担心迷路。安装在汽车里的导航显示器会告知当前所处的位置,正向何处去。全球定位系统(GPS)也能提供类似服务,但是这种新的分布式系统能够提供更精确、更具体的信息。即使在 GPS 覆盖不到的楼内或隧道内,仍能继续使用 ZigBee 系统。从 ZigBee 无线网络能够得到比 GPS 更多的信息,如限速,街道是单行线还是双行线,前面每条街的交通情况或事故信息等。使用这种系统,还可以跟踪公共交通情况,适时地赶上下一班车,而不至于在寒风中或烈日下在车站等上数十分钟。

(4)智能建筑

通过 ZigBee 网络,智能建筑可以感知大楼内随处可能发生的火灾隐情,及早提供相关信息;根据人员分布情况自动控制中央空调,实现能源的节约;及时掌握楼内人员的出入信息,以便有突发事件时及时、准确地发出通知。在机场,携带具有 ZigBee 功能手机的乘客,通过机场候机厅内布建的 ZigBee 网络,可以随时随地得到导航信息,如登机口位置和航班变动情况,甚至附近有什么商店等。

(5)医院应用

在医院,ZigBee 网络可以帮助医生及时、准确地收集急诊病人的信息和检查结果,快速准确地作出诊断。携带 ZigBee 终端的患者不论走到哪里,都可以被 24 小时监控体温、脉搏等;而配有 ZigBee 终端的担架,可以直接遥控电梯门的开关。时间就是生命,ZigBee 网络可以帮助医生和患者争取每一秒的时间。

# 10.4　无线射频识别技术

无线射频识别技术(Radio Frequency Identification, RFID)的基本原理是利用空间电磁波的耦合或传播来进行通信,以达到自动识别被标识对象,获取标识对象相关信息的目的。基本工作方法是将无线射频识别标签安装在被识别物体上(粘贴、插放、挂佩或植入等),当被标识物体进入无线射频识别系统阅读器的阅读范围时,标签和阅读器之间进行非接触式信息通信,标签向阅读器发送自身信息(如 ID 号等),阅读器接收这些信息并进行解码,传输给后台计算机处理,完成整个信息处理过程。

**1. RFID 基本概念**

无线射频识别技术是一种非接触的自动识别技术,其基本原理是利用射频信号和空间耦合(电磁耦合或电磁传播)传输特性,实现对被识别物体的自动识别。

电磁耦合,即所谓的变压器模型,通过空间高频交变磁场实现耦合,依据的是电磁感应定律,如图 10.1 所示。电磁耦合方式一般适合于中、低频工作的近距离射频识别系统。典型的工作频率有:125 kHz、225 kHz 和 13.56 MHz。识别作用距离小于 1 m,典型作用距离为 10 ~ 20 cm。

电磁传播或者电磁反向散射耦合,即所谓的雷达原理模型,发射出去的电磁波碰到目标后反射,同时携带回目标信息,依据的是电磁波的空间传播规律,如图 10.2 所示。电磁反向散射耦合方式一般适合于高频、微波工作的远距离射频识别系统。典型的工作频率有:433 MHz、915 MHz、2.45 GHz 和 5.8 GHz。识别作用距离大于 1 m,典型作用距离为 3 ~ 10 m。

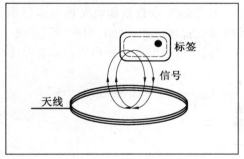
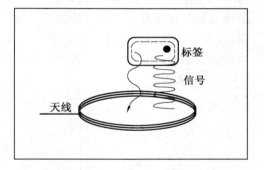

图 10.1　电磁耦合　　　　　　　　　　图 10.2　电磁传播耦合

射频识别系统一般由两部分组成,即电子标签(应答器,Tag)和读头(阅读器,Reader)。在 RFID 的实际应用中,电子标签附着在被识别的物体上(表面或者内部),当带有电子标签的被识别物品通过读头的可识读区域时,读头自动以无接触的方式将电子标签中的约定识别信息取出,从而实现自动识别物品或自动收集物品标识信息的功能。读头系统又包括读头和天线,有的读头是将天线和读头模块集成在一个设备单元中,成为集成式读头。

**2. RFID 的系统组成**

RFID 系统的基本组成如图 10.3 所示。

(1)转发器或标签

单词"转发器"包含两个单词"发射机"和"应答器"的部分含义,这也指明了这个设备的功能。标签和阅读器之间的通信过程可以采用无线通信模式。另外,这个术语也暗

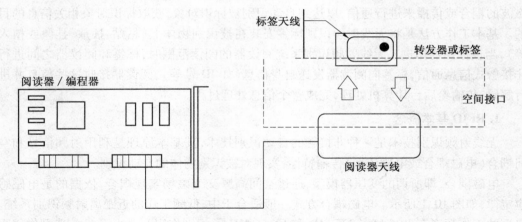

图 10.3 RFID 系统部件

示了 RFID 系统包含的基本部件:标签和阅读器或查询器。在这里查询器通常和阅读器的意思类似,带有解码部件和接口的阅读器可以被看成是查询器。

一般而言,转发器都是由低功耗的集成电路构成的,另外还包括与外部线圈的接口。有些系统使用"线圈芯片"技术来传输数据,该技术还能产生电能(被动模式)。

图 10.4 是一个典型的 RFID 转发器的方框图。转发器的内存包含只读存储器(ROM)、随机存储器(RAM)和用于存储数据的非易失可编程存储器,详细配置和设备的类型及复杂程度有关。可以使用基于 ROM 的存储器来存储安全数据和收发机的运行指令,指令和处理器或处理逻辑电路一起来实现设备内部的管理功能,例如,相关延迟定时、数据流控制和供电切换。在转发器的查询以及相关过程中的临时的数据可以存储在基于 RAM 的存储器中。

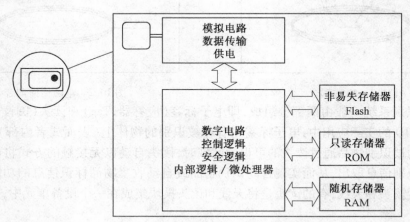

图 10.4 RFID 转发器方框图

非易失可编程存储器的类型有很多种,其中电可擦除只读存储器(EEPROM)是最典型的类型,此类存储器主要用于存储转发器中不经常改变的数据,在设备处于休眠或省电的"沉睡"状态时能够继续保存数据。

数据缓存是内存部件,该部件用于临时地保存解调后的输入数据和需要调制的输出数据,该部件和转发器的天线部件有接口。在被动式转发器中,接口电路还要能够产生自身所需的电能并能触发转发器的功能。必须要有能够接收被调制的数据信号的部件,该部件还能完成必需的数据解调工作及数据转换处理。

转发器使用天线来响应查询操作,还能把自身的响应信号发射出去。

除了载波频率外,RFID 转发器还有其他一些特点,所有这些特点构成了基本的产品规格说明,这些特点包括:转发器供电的方式、承载数据的方式、数据读取速率、编程方式、物理规格、费用。

（2）阅读器/查询器

从复杂性的角度来看,不同阅读器/查询器之间的差异非常大,这主要是和支持标签的类型以及自身实现的功能有关。阅读器需要具备的基本功能是,实现它和标签之间的灵活的数据通信,其他可能实现的功能包括:精细的信号调整、错误检查和纠错。在正确地接收到来自于转发器的信号并完成解码后,需要执行逻辑算法来判断是否这是一个重复的信号,然后还要通知转发器停止发送数据。这个过程是通过"命令响应协议"来实现的,该协议能够克服在时间间隔很短的情况下阅读多个标签时所面临的问题。按照这种模式使用查询器的方式有时被称为"放手式投票"。还有一种相对来说更安全的方法,该方法被称为"举手式投票",其速度较慢,查询器寻找具有特定身份标识的标签,然后依次进行查询,这个过程有时也被称为内容管理。目前有多种技术可用于改进批量阅读的处理过程。另一种可行的方法是把多个阅读器放在一个查询器中,当然成本也会随着增加。

（3）RF 转发器/编程器

RF 转发器/编程器是一种工具,可以把数据写入 WORM 和可读/写的标签中。编程操作通常都是离线执行的,可以批量把程序写入产品。

对部分产品来说,可以在线对其进行重新编程,尤其是在那些把标签当作交互式便携数据文件使用的生产环境中的标签系统。在每个流程中都可能需要记录数据,每个流程结束后收回转发器并记录先前流程中的所有数据,另外还要写入新的数据,这些操作将增加总体的处理时间,还会降低应用的灵活性。比较一下阅读器/查询器和编程器的差异就可以明白,编程器可以根据需要修改转发器中的数据或增加其中的数据,这就避免了对生产线的调整。

编程操作的距离范围要比阅读操作的距离范围小,在一些系统中可能会需要近距离的接触。通常编程器每次只能处理一个标签。目前正在开发针对编程距离范围内大量标签实现选择性编程的技术。

**2. RFID 技术的应用领域**

（1）电子通关,通关车辆验证与放行

海关的检验质量与通关处理速度一直是一个难以解决的矛盾,海关快速通关系统以RFID 技术为核心,有效地提高了车辆运送货物进出关检查的速度,实现快速通关。此时我们可以运用电子标签防水、防伪等特色,且本身还能做资料的记录、修改、删除等功能,来做更完整的检验管理。透过读写器来简化资料读取的动作,配合计算机软件加快资料调阅的速度,从而保障了通关车辆的快速的合法校验。

（2）垃圾称重管理

近年来除了彻底做好垃圾分类，垃圾掩埋场的管理也非常重要，能防止垃圾非法的偷倒行为，并管制垃圾的进出量以及垃圾车的进出管制。改善传统式记录方式，以感应式资料记录器来做资料的搜寻，降低因为人为的失误而造成的损失，提升垃圾掩埋场管理的品质。

以往垃圾掩埋场都是以人工来做进出车辆的管制，此种管制方式不但不准确，有时因为人员的失误，而发生车辆非法进入的事件。使用 RFID 感应式计算机巡逻系统，透过此系统的高度数字化的管理方式，能确实掌握所有的记录。

（3）消防器材、瓦斯钢瓶安检与记录

近年来火灾的事故层出不穷，突显出居家或公共场所的安检不足。一般我们所看到的消防器材的安检记录，只是单纯在器材上贴上记录的纸张，可是经过风吹日晒后所记录的纸张就会模糊不清，如何改善这些缺陷？

电子标签具有防水、防伪等特点，非常适合各种消防器材的管理。

（4）车牌防伪、识别与管理

针对汽、机车车牌的伪造逐年攀升，可通过电子标签来做一个完整的管理系统。一般我们所使用的车牌，只有单纯的号码牌而已，每次查核资料时必须互对车牌号码、行照、引擎号码等才能确实核对资料，操作非常的不便而且繁琐。现在可以运用最新的科技——电子标签来解决所有的问题。

将电子标签应用在汽机车管理上，取代现在所使用的铁制号码车牌。可以将电子标签埋入塑料或其他非金属材质，利用它可擦写的特点，在车子挂牌的同时写入车主的资料，在每次读取的时候，只需以天线感应就能读取资料，方便车辆的管理及追踪。并且在车子失窃时可以配合警察的系统，侦查可疑车辆，并能快速地查询车主的资料。

（5）高速公路不停车收费系统

国外许多高速公路收费都实现了不停车收费，不停车收费系统是利用"自动车辆识别"技术的电子收费系统（简称高速公路不停车自动收费系统）。此 RFID 技术可以解决因停车收费排队而造成的道路拥挤状况。其优点是免人工收费、免现金、免找钱、免停车等待、易于各单位财务管理等。

自动收费系统是在车道上安装无线电收发器（阅读器），当装设有电子标签的车辆经过时，收发器会发出无线电波，从而触发电子标签，并返回车辆资料的信号。当收发器收到信号后，即时将它传达到车道电脑系统，并由车道电脑系统将信息传达到管理中心的中央电脑系统中，由中央电脑对车辆进行检定，核对正确后从客户账户上扣除应付费用。整个过程只需不到一秒钟。

（6）不需刷卡自动安全门禁系统

基于 RFID 人员安全检查系统实现各政府、机关、企事业单位门禁管理，会议检查或其他相关应用中的人员通过时的身份识别、身份验证和出入信息查询过程自动化，实现安全管理自动化而研制的。利用射频识别技术，使出入人员佩戴装有射频识别芯片的身份卡，通过门口，无需任何操作，便可完成从身份识别、身份验证到出入记录的全过程操作。它方便了出入人员的身份检验、出席签到以及管理人员的统计和查询；为有效地掌握、管理人员出入情况提供了安全、可靠的解决方案。

## 习　　题

10.1　蓝牙技术的特点是什么？

10.2　简述蓝牙技术的应用。

10.3　红外通信技术上的主要优点有哪些？

10.4　Zigbee 技术特性是什么？

10.5　Zigbee 技术的应用有哪些？

10.6　无线射频识别技术的基本原理是什么？

10.7　RFID 的系统组成是什么？

10.8　RFID 技术的应用领域有哪些？

# 参考文献

[1] 陈芳烈,章燕翼. 现代电信百科[M]. 2 版. 北京:电子工业出版社,2007.

[2] 彭英,王珺,卜益民. 现代通信技术概论[M]. 北京:人民邮电出版社,2010.

[3] 王丽娜,周贤伟,王兵. 现代通信技术[M]. 北京:国防工业出版社,2009.

[4] 樊昌信,曹丽娜. 通信原理[M]. 6 版. 北京:国防工业出版社,2006.

[5] 章燕翼. 现代电信名词术语解释[M]. 2 版. 北京:人民邮电出版社,2009.

[6] 王慕坤,刘文贵. 通信原理[M]. 2 版. 哈尔滨:哈尔滨工业大学出版社,1995.

[7] 贾世楼. 信息论理论基础[M]. 3 版. 哈尔滨:哈尔滨工业大学出版社,2007.

[8] 纪越峰. 现代通信技术[M]. 3 版. 北京:北京邮电大学出版社,2010.

[9] 毛京丽,桂海源,孙学康,等. 现代通信新技术[M]. 北京:北京邮电大学出版社,2008.

[10] 李建东,郭梯云,邬国扬. 移动通信[M]. 4 版. 西安:西安电子科技大学出版社,
2006.

[11] 曹志刚,钱亚生. 现代通信原理[M]. 北京:清华大学出版社,1992.

[12] 赵宏波,卜益民,陈凤娟. 现代通信技术概论[M]. 北京:北京邮电大学出版社,2003.

[13] 周廷显. 近代通信技术[M]. 哈尔滨:哈尔滨工业大学出版社,1990.

[14] 肖萍萍,吴健学,周芳,等. SDH 原理与技术[M]. 北京:北京邮电大学出版社,2002.

[15] 程时端. 综合业务数字网[M]. 北京:人民邮电出版社,1993.

[16] 王福昌,熊兆飞,黄本雄. 通信原理[M]. 北京:清华大学出版社,2006.

[17] 张宝富,张曙光,田华. 现代通信技术与网络应用[M]. 2 版. 西安:西安电子科技大
学出版社,2010.

[18] 达新宇,孟涛,庞宝茂,等. 现代通信新技术[M]. 西安:西安电子科技大学出版社,
2001.

[19] 薛尚清,杨平先,文宇桥,等. 现代通信技术基础[M]. 北京:国防工业出版社,2005.

[20] 朱世华. 程控数字交换原理与应用[M]. 西安:西安交通大学出版社,1993.

[21] 桂海源. 现代交换原理[M]. 3 版. 北京:人民邮电出版社,2007.

[22] 谢希仁. 计算机网络[M]. 5 版. 北京:电子工业出版社,2008.

[23] 达新宇,林家薇,张德纯. 数据通信原理与技术[M]. 北京:电子工业出版社,2003.

[24] 杜煜,姚鸿. 计算机网络基础[M]. 2 版. 北京:人民邮电出版社,2006.

[25] 袁国良. 光纤通信原理[M]. 2 版. 北京:清华大学出版社,2012.

[26] GERD KEISER. 光纤通信[M]. 3 版. 李玉权,崔敏,蒲涛,等,译. 北京:电子工业出版
社,2002.

[27] 刘学观,郭辉萍. 微波技术与天线[M]. 2 版. 西安:西安电子科技大学出版社,2006.

［28］刘芫健,吴韬,潘苏娟,等.现代通信技术概论［M］.北京:国防工业出版社,2010.

［29］啜钢,李卫东.移动通信原理与应用技术［M］.北京:人民邮电出版社,2010.

［30］张辉,曹丽娜.现代通信原理与技术［M］.西安:西安电子科技大学出版社,2002.

［31］郭庆,王振永,顾学迈.卫星通信系统［M］.北京:电子工业出版社,2010.

［32］储钟圻.数字卫星通信［M］.北京:机械工业出版社,2006.

［33］夏克文,张更新,甘仲民.卫星通信［M］.西安:西安电子科技大学出版社,2008.

［34］全庆一,胡健栋.卫星移动通信［M］.北京:北京邮电大学出版社,2000.

［35］郭梯云,邬国扬,李建东.移动通信［M］.西安:西安电子科技大学出版社,1995.

［36］孙学康,石方文,刘勇.无线传输与接入技术［M］.北京:北京邮电大学出版社,2006.

［37］蔡安妮,孙景鳌.多媒体通信技术基础［M］.北京:电子工业出版社,2000.

［38］翟禹,唐宝民,彭木根,等.宽带通信网与组网技术［M］.北京:人民邮电出版社,2004.

［39］郭世满,马蕴颖,郭苏宁.宽带接入技术及应用［M］.北京:北京邮电大学出版社,2006.

［40］李征,王晓宁,金添.接入网与接入技术［M］.北京:清华大学出版社,2003.

［41］李永忠.现代通信原理与技术［M］.北京:国防工业出版社,2010.

［42］瞿雷,刘盛德,胡咸斌.Zigbee技术及应用［M］.北京:北京航空航天大学出版社,2007.

［43］游战清,刘克胜,张义强,等.无线射频识别技术(RFID)规划与实施［M］.北京:电子工业出版社,2005.

［44］Fette,Aiello,Chandra,等.射频和无线技术［M］.李根强,匡泓,文志成,译.北京:电子工业出版社,2009.